高等学校教学用书

工程化学及实验

魏云鹤　主沉浮　于萍　编

山东大学出版社
SHANDONG UNIVERSITY PRESS
·济南·

图书在版编目(CIP)数据

工程化学及实验/魏云鹤,主沉浮,于萍编.
—济南:山东大学出版社,2013.2(2023.8 重印)
ISBN 978-7-5607-4751-4

Ⅰ.①工…
Ⅱ.①魏… ②主… ③于…
Ⅲ.①工程化学—高等学校—教材
Ⅳ.①TQ02

中国版本图书馆 CIP 数据核字(2013)第 037618 号

策划编辑:李　港
责任编辑:李　港
封面设计:牛　钧

出版发行:山东大学出版社
社　址　山东省济南市山大南路 20 号
邮　编　250100
电　话　市场部(0531)88363008
经　销:新华书店
印　刷:济南华林彩印有限公司
规　格:787 毫米×1092 毫米　1/16
13.5 印张　310 千字
版　次:2013 年 2 月第 1 版
印　次:2023 年 8 月第 8 次印刷
定　价:39.00 元

前　言

化学是研究物质的组成、结构、性质及其变化规律的学科。随着科学技术的迅猛发展,各学科之间的相互交叉和相互渗透越来越明显,化学知识、化学原理、化学方法在各类工程技术中的重要作用越来越广泛地被人们认识。例如,材料的研制和维护需要研究物质的组成和结构,需要掌握化学的分离和提纯技术,需要了解材料的化学处理及防护方法;能源的开发和利用需要运用化学热力学方法来计算能量的转化率,需要电化学知识来设计化学电源,需要原子结构知识来利用核能;在环境保护方面,清洁生产和工业"三废"治理也都离不开化学知识和化学原理;在生命科学领域,各类生物大分子的组成分析、结构测定乃至人工合成更是离不开化学。因此,有人说"化学是21世纪的中心学科",这一观点说明了化学学科在现代科学技术中的地位。

作为工科各专业的学生,毕业后一般并不从事化学学科的专门研究,但不论从事何种工作,缺少化学方面的知识,其知识结构肯定是有缺陷的,其思维将会受到限制,其能力将会受到影响。因此,初步掌握现代化学的基本知识、基本原理和基本方法,是成为高素质、高水平科技人员的必备条件,工科各专业进行化学教育的目的就在于此。工程化学是普通化学教学改革的一个成果,是化学与工程技术间的桥梁,它将现代化学的基本知识、基本原理和基本方法与工程实际紧密结合起来,努力培养学生的化学观念,使其对于今后实际工作中遇到的化学问题,不但知其然,而且知其所以然,为今后的工作打下良好的化学基础。

这本工程化学教材力求体现以下几个特点:

1.在内容的选择上,以中学化学为基础,内容涵盖教育部新颁布的《高等学校普通化学课程教学基本要求》规定的内容,并选编了现代工程技术中与化学学科密切相关的内容。工程技术专业门类繁多,不可能也没有必要规定一个统一的内容让所有的工科大学生都去学习和掌握。因此本教材选编的应用方面的内容,可以根据各专业的特点选讲、选学。每章后的阅读材料可作为学生进一步拓宽知识面的参考。

2.在内容的安排上,以化学基本原理为纲,以工程实际应用为目,将化学与工程实际有机地结合起来。既加强了化学与工程技术领域的相互渗透、相互联系和相互糅合,又保持了化学内容的系统性。

3. 在文字叙述上，力求简明扼要、重点突出，特别是应用方面，繁简适度、深入浅出，既利于教师授课又便于学生自学。

4. 实验教学是工程化学教学的有机组成部分，但目前工程化学课程教学时数普遍较少(一般为 36 学时，含实验)。因此，本书精选了五个与工程有关的实验，供教学时选用，学生也不必再配备实验教材。

在本书编写过程中，孙瑛教授、丛锦华教授、张长桥教授给予了很多指导和帮助，在此表示衷心的感谢。

由于编写者水平有限，书中错误及不妥之处希望读者批评指正。

编者

2012 年 12 月

目　录

第一章　化学反应的基本原理

在给定条件下，某化学反应能否自发进行？若能自发进行，则进行到什么程度为止？反应完成后是吸热还是放热？该热量是多少？若利用化学能做有用功，则最多能做多少有用功？这些都是人们非常关心的问题。研究并解决这些问题的学科就称为化学热力学。化学热力学只研究化学过程的宏观性质，只要知道某化学反应的始态和终态以及反应进行的具体条件，通过相应的计算，就可解决前述一系列问题。因此，化学热力学被称为化学反应的基本原理。另外，一个化学反应怎样发生，进行的速度快慢，经历的具体步骤被称为化学动力学，也属于化学反应基本原理范畴。本章首先介绍化学热力学，然后再介绍化学动力学的基本知识。

第一节　化学反应的热效应

一、基本概念和基本知识

1. 系统和环境

任何物质总是和它周围的物质相互联系着。为研究方便，假想把被研究的对象与周围的物质分割开，被研究的对象称为系统，与系统有关的周围物质称为环境。热力学所研究的对象都是由大量分子组成的宏观系统。若系统与环境既进行物质交换又进行能量交换，则该系统称为敞开系统；若仅有能量交换而无物质交换，则称为封闭系统；若既无物质交换又无能量交换，则称为孤立系统。

根据研究问题的需要，系统可大可小，包含的物质可多可少。例如，烧杯中有一些水溶液，我们以水溶液为系统。若烧杯是敞口的，水可以蒸发，空气中的水蒸气也可以凝结到水中，则该系统为敞开系统。若把烧杯密封起来，以烧杯内的水溶液为系统，杯内的物质出不去，杯外的物质进不来，但可以进行能量交换，则该系统为封闭系统。若烧杯用热绝缘材料包裹，则成为孤立系统。

2. 状态和状态函数

热力学所说的状态是指系统物理性质和化学性质的综合表现。描述状态的物理量则称为状态性质，如温度 T、压强 p、体积 V、物质的量 n 以及后面将要介绍的内能 U、焓 H、熵 S 和吉布斯函数 G 等。当系统的状态确定时，各状态性质皆有确定值；当状态发生变化时，状态性质亦随之改变。所以，状态性质又叫作状态函数。各状态函数互相之间是有联系的，如理想气体状态方程 $pV=nRT$，我们可将它改写为 $p=nRT/V$，也可将它改写为 $V=nRT/p$，即任一状态函数皆可看作是其他状态函数的函数。

状态函数有一个重要的特性，即它的变化值仅取决于系统的始态和终态，而与变化的途径无关。如 1mol 理想气体从始态（300K，101325Pa，0.0246m^3）变到终态（600K，101325Pa，0.0492m^3），其状态函数的改变量为：$\Delta T=T_2-T_1=600K-300K=300K$，$\Delta p=p_2-p_1=101325Pa-101325Pa=0$，$\Delta V=V_2-V_1=0.0492m^3-0.0246m^3=0.0246m^3$。这里用下角标"1"和"2"分别表示系统的始态和终态。不论系统是如何从始态变到终态的，因为始态和终态都已确定，所以状态函数的变化值也随之确定。

3. 内能

系统内部各种能量的总和称为内能，也称作热力学能，符号为 U，单位为 J 或 kJ。内能包括系统内部的分子平动能、转动能、振动能，分子间势能，原子间键能，电子运动能和核能等，但不包括系统整体的动能和势能。

内能是状态函数，即状态确定时，内能具有确定值。由于内能的组成极为复杂，这个确定值目前还无法测知，但只要系统的始、终态确定，内能的变化值 ΔU 就可以精确测定。在热力学中，重要的不是内能的绝对值而是它的变化值。若 $\Delta U>0$，则 $U_2>U_1$，意味着系统的内能增加；若 $\Delta U<0$，则 $U_2<U_1$，系统的内能降低。

4. 热和功

热和功是系统与环境之间进行能量交换的两种形式。热是指系统和环境之间由于温度差的存在而传递的能量，符号为 Q，单位为 J 或 kJ。习惯上，系统吸热 Q 为正值，放热 Q 为负值。

功是指除热以外，系统与环境之间以其他所有方式交换的能量，如体积功、电功等。功的符号为 W，单位为 J 或 kJ。习惯上，环境向系统做功 W 为正值，系统向环境做功 W 为负值，有些书的规定与此正相反，阅读时应予以注意。

通常将体积功以外的功称为其他功或有用功，用符号 W' 表示。若系统不做其他功，则 $W'=0$。

恒压过程体积功的计算公式为

$$W=-p\Delta V \tag{1-1}$$

值得指出的是，功和热都不是系统的状态函数，它们的数值与过程进行的具体途径有关，没有过程也就无所谓功和热。

5. 能量守恒定律

能量只能从一种形式转化为另一种形式，既不会无中生有，也不会自行消失，这一定律称为能量守恒定律，也称为热力学第一定律。它是人们长期经验的总结，是自然界中的一个普遍规律。

假设系统从始态经某一途径变到终态，该过程中系统从环境吸热 Q，向环境做功 W，根据能量守恒定律，系统内能的变化为：

$$\Delta U=Q+W \tag{1-2}$$

该式即为能量守恒定律的数学表达式。

例 1.1 某变化过程中，系统向环境放热 500J，环境向系统做功 300J。求系统内能的变化。

解：$Q=-500J, W=+300J$

根据式(1-2)，得

$\Delta U=Q+W=-500+300=-200(J)$

即系统内能降低了200J。

6. 理想气体分压定律

同温下，将数种不同的理想气体混合于某一容器中，其总压强为每种理想气体的分压强之和，即

$$p=p_1+p_2+\cdots+p_N=\sum p_B(B=1,2,\cdots,N) \tag{1-3}$$

该式即为理想气体分压定律。其中 p_B 是第B种气体所施加的压强，叫作该组分气体的分压强，其大小为该气体在相同温度时单独占有混合气体总体积时所产生的压强。

对混合理想气体中的每种组分气体，理想气体状态方程式仍然适用，即

$$p_BV=n_BRT \tag{1-4}$$

其中 n_B 是B组分气体的物质的量，V 是混合气体所占有的总体积。由式(1-4)得

$$p_B=n_BRT/V \tag{1-5}$$

代入式(1-3)，得

$$p=\sum p_B=\sum n_BRT/V=\sum n_B(RT/V)=nRT/V \tag{1-6}$$

由此可见，理想气体状态方程式对于混合理想气体同样适用。用式(1-5)除以式(1-6)，得

$$p_B/p=n_B/n=x_B \tag{1-7}$$

x_B 是B组分气体物质的量与混合气体总物质的量之比，称作B组分气体的物质的量分数。

由此可见，B组分气体的分压强与混合气体总压强之比等于该组分气体的物质的量分数。所以，对于混合理想气体，知道了总压强和每种组分气体的物质的量分数，就可求出每种组分气体的分压强。

如果各组分气体具有和混合气体相同的温度和压强，其所占有的体积叫作该组分气体的分体积。

$$pV_B=n_BRT \tag{1-8}$$

用式(1-8)除以 $pV=nRT$，得

$$V_B/V=n_B/n=x_B \tag{1-9}$$

其中 V_B/V 叫作B组分气体的体积分数。从式(1-9)中可见，体积分数等于物质的量分数。

例1.2　在15℃和101325Pa时，用排水集气法收集500mL CO_2。这些 CO_2 经干燥后，在0℃和101325Pa时，体积为多少？已知15℃时水的饱和蒸汽压为1706Pa。

解：$p=p(CO_2)+p(H_2O)$

$p(CO_2)=p-p(H_2O)=101325-1706=99619(Pa)$

$p(CO_2)\times V=n(CO_2)RT$

$n(CO_2)=p(CO_2)\times V/RT$

$=99619\times500\times10^{-6}/[8.314\times(273+15)]$

$=0.0208(\mathrm{mol})$

在 0℃和 101325Pa 时

$V=n(CO_2)\times RT/p$

$=0.0208\times8.314\times273/101325$

$=4.66\times10^{-4}(\mathrm{m}^3)=466(\mathrm{cm}^3)$

二、化学反应的热效应和焓变

能量守恒定律是普遍适用的,化学反应过程也遵守能量守恒定律。

化学反应进行时,普遍伴随着能量的变化。在热力学中,当产物温度与反应物温度相同,并且在反应过程中除体积功以外不做其他功时,反应过程中放出或吸收的热量称为化学反应的热效应,简称反应热。热不是状态函数,其值与化学反应进行的具体途径有关。下面用能量守恒定律分别讨论。

1. 恒容反应热效应

设化学反应在恒温、恒容条件下进行,并且不做其他功,由于 $\Delta V=0$,所以 $W=0$。根据式(1-2),应有

$$\Delta U=Q+W=Q_V+0=Q_V \tag{1-10}$$

式中 Q_V 表示恒容反应热效应。

式(1-10)说明在恒容条件下,化学反应的热效应等于反应系统的内能变化。

2. 恒压反应热效应

设化学反应在恒温、恒压条件下进行,并且不做其他功,则反应过程中的功仅为体积功。

将式(1-1)代入式(1-2),得

$$\Delta U=Q+W=Q_p-p\Delta V$$

式中 Q_p 表示恒压反应热效应。上式亦即

$$U_2-U_1=Q_p-pV_2+pV_1$$

因为是恒压过程,$p_2=p_1=p$,移项得

$$Q_p=U_2-U_1+p_2V_2-p_1V_1=(U_2+p_2V_2)-(U_1+p_1V_1)$$

定义

$$H=U+pV \tag{1-11}$$

则

$$Q_p=H_2-H_1=\Delta H \tag{1-12}$$

由于 U、p、V 都是系统的状态函数,所以 H 也是系统的状态函数,并且具有能量单位 J 或 kJ。H 称为焓,ΔH 表示反应前后系统的焓变。由于内能的绝对值无法测知,所以焓的绝对值也无法测知,但只要系统的始态、终态确定,焓的变化值 ΔH 就可以精确测定。在恒压并且不做其他功时,焓变的物理意义就是此过程的热效应。式(1-12)说明,在恒温、恒压下,化学反应的热效应等于系统焓的变化。

由于大部分化学反应都是在敞口容器中进行的,即在恒定的压力下进行,因而 Q_p 或

ΔH 比 Q_V 或 ΔU 更为常用。但一般量热计测定的热效应为 Q_V，所以我们应了解 Q_p 和 Q_V 的关系。

3. Q_p 和 Q_V 的关系

恒温、恒压下，由式(1-11)得

$$\Delta H = \Delta U + p\Delta V \tag{1-13}$$

等压过程中，系统的体积可能发生变化，但根据焦耳实验，理想气体的内能与体积和压力无关，因此，若将参与反应的气体看成理想气体，则反应过程中的 ΔU 与恒压或恒容无关，就是说恒压下 ΔU 仍然等于 Q_V，因此将式(1-10)和式(1-12)代入式(1-13)，得

$$Q_p = Q_V + p\Delta V \tag{1-14}$$

式(1-14)即为恒压反应热效应和恒容反应热效应的关系。由式(1-14)可见，Q_p 和 Q_V 的差别，就是化学反应在恒压过程所做的体积功。

若参加反应的物质为固态或液态，则反应前后体积变化很小，$p\Delta V \approx 0$，此时 $Q_p \approx Q_V$。若有气体物质参与反应，则体积变化往往较大，Q_p 不等于 Q_V。设气体物质为理想气体，则根据理想气体状态方程，恒温、恒压下应有：

$$p\Delta V = \Delta n(\mathrm{g})RT \tag{1-15}$$

式中：$\Delta n(\mathrm{g})$ 为气体生成物和气体反应物的物质的量之差；R 为理想气体常数，其数值和单位为 $8.314\mathrm{J \cdot K^{-1} \cdot mol^{-1}}$。

将式(1-15)代入式(1-13)和式(1-14)，得

$$\Delta H = \Delta U + \Delta n(\mathrm{g})RT \tag{1-13a}$$

$$Q_p = Q_V + \Delta n(\mathrm{g})RT \tag{1-14a}$$

若某化学反应的 Q_V 已用量热计测知，则可用(1-14a)式计算 Q_p。

4. 热化学方程式

所谓热化学方程式，是指注明了反应热效应的化学反应方程式。由于反应热效应还与物质的聚集状态及反应的条件有关，因此在书写热化学方程式时，必须注明这些影响因素。另外，由于 ΔH 和 Q_p 意义相同，因此用 ΔH 或 Q_p 表示反应的热效应都是可以的，但一般倾向于用 ΔH。如

$\mathrm{N_2H_4(l) + O_2(g) = N_2(g) + 2H_2O(l)}$　　$\Delta H_\mathrm{m}^\ominus(298) = -622.3\mathrm{kJ \cdot mol^{-1}}$

$\mathrm{CaCO_3(s) = CaO(s) + CO_2(g)}$　　$\Delta H_\mathrm{m}^\ominus = 177.9\mathrm{kJ \cdot mol^{-1}}$

式中的上角标“$\ominus$”表示反应进行时，各物质都处于标准状态；下角标“m”表示反应按计量方程进行了 1mol；“298”表示反应前后的温度皆为 298.15K；g、l、s 分别表示物质的聚集状态——气、液、固。

标准状态是为了研究方便而人为规定的一种状态。对于气体物质，当其分压为 $p^\ominus$ ($p^\ominus = 101325\mathrm{Pa}$)时，该气体处于标准状态；对于溶液中的物质，当其浓度为 $c^\ominus$ ($c^\ominus = 1\mathrm{mol \cdot L^{-1}}$)时，该物质处于标准状态；对于纯的液态物质和固态物质，由于既无分压也无浓度，因此规定它们的标准态就是纯物质本身。

反应热效应与反应方程式的写法有关，反应方程式的写法不同，对应的热效应数值也不同。如

$\mathrm{2N_2H_4(l) + 2O_2(g) = 2N_2(g) + 4H_2O(l)}$　　$\Delta H_\mathrm{m}^\ominus = -1244.6\mathrm{kJ \cdot mol^{-1}}$

三、盖斯定律

1840 年，瑞士出生的俄国化学家盖斯（Г. И. Гесс）在分析大量化学反应热效应的实验数据后，总结出一条重要规律，即盖斯定律：化学反应的恒压或恒容热效应只与反应系统的始态和终态有关，而与变化的具体途径无关。

以恒压反应热效应为例，因为 $Q_p=\Delta H$，而 H 是状态函数，ΔH 只取决于始态、终态，所以 Q_p 只与始态、终态有关而与变化的途径无关。

利用盖斯定律可以计算一些实验难以测定的反应热效应。如煤气生产中，反应

$$(1)\,C(s)+\frac{1}{2}O_2(g)=\!=\!=CO(g)\qquad \Delta H_m^\ominus(1)$$

的反应热很难测定，但反应

$$(2)\,C(s)+O_2(g)=\!=\!=CO_2(g)\qquad \Delta H_m^\ominus(2)=-393.5\text{kJ}\cdot\text{mol}^{-1}$$

$$(3)\,CO(g)+\frac{1}{2}O_2(g)=\!=\!=CO_2(g)\qquad \Delta H_m^\ominus(3)=-283.0\text{kJ}\cdot\text{mol}^{-1}$$

的反应热都已测得。则 $\Delta H_m^\ominus(1)$ 可根据盖斯定律求算。

设 C 完全燃烧生成 CO_2 可通过两个途径完成：一是直接一步完成；二是先生成 CO 然后再生成 CO_2。根据盖斯定律，有

$$\Delta H_m^\ominus(2)=\Delta H_m^\ominus(1)+\Delta H_m^\ominus(3)$$

所以

$$\begin{aligned}\Delta H_m^\ominus(1)&=\Delta H_m^\ominus(2)-\Delta H_m^\ominus(3)\\&=-393.5-(-283.0)\\&=-110.5(\text{kJ}\cdot\text{mol}^{-1})\end{aligned}$$

由上述讨论可知，盖斯定律也可以表述为：反应方程式相加减对应着反应热效应相加减。这一规律可看作是盖斯定律的另一种表述。

例 1.3 已知：

$$(1)\,C(石墨)+O_2(g)=\!=\!=CO_2(g)\qquad \Delta H_m^\ominus(1)=-393.5\text{kJ}\cdot\text{mol}^{-1}$$

$$(2)\,H_2(g)+\frac{1}{2}O_2(g)=\!=\!=H_2O(l)\qquad \Delta H_m^\ominus(2)=-285.8\text{kJ}\cdot\text{mol}^{-1}$$

$$(3)\,C_3H_8(g)+5O_2(g)=\!=\!=3CO_2(g)+4H_2O(l)\qquad \Delta H_m^\ominus(3)=-2219.9\text{kJ}\cdot\text{mol}^{-1}$$

求：$(4)\,3C(石墨)+4H_2(g)=\!=\!=C_3H_8(g)\qquad \Delta H_m^\ominus(4)=?$

解：$(1)\times3+(2)\times4-(3)=(4)$

$$\begin{aligned}\Delta H_m^\ominus(4)&=3\Delta H_m^\ominus(1)+4\Delta H_m^\ominus(2)-\Delta H_m^\ominus(3)\\&=3\times(-393.5)+4\times(-285.8)-(-2219.9)\\&=-103.8(\text{kJ}\cdot\text{mol}^{-1})\end{aligned}$$

四、标准生成焓和化学反应标准焓变的计算

化学反应多种多样，其热效应不可能被全部测定。尽管根据盖斯定律可计算一部分热效应，但毕竟有限并且稍显复杂。因此，人们又开辟了一种新的反应热效应计算方法。

1. 化合物的标准生成焓

标准状态下，由稳定单质生成 1mol 某纯物质时，反应的焓变称为该物质的标准生成

焓。由于反应热效应与温度有关，所以一般选择298.15K作为参考温度。298.15K下，B物质的标准生成焓的符号为$\Delta_f H_m^\ominus(298,B)$，单位为$J \cdot mol^{-1}$或$kJ \cdot mol^{-1}$。如：

$$H_2(g)+\frac{1}{2}O_2(g)=\!=\!=H_2O(l) \qquad \Delta H_m^\ominus=\Delta_f H_m^\ominus(H_2O,l)$$

$$C(\text{石墨})+O_2(g)=\!=\!=CO_2(g) \qquad \Delta H_m^\ominus=\Delta_f H_m^\ominus(CO_2,g)$$

附录1中给出了部分物质在298.15K时的标准生成焓。

根据标准生成焓的定义，稳定单质的标准生成焓显然等于零，而非稳定单质的则不为零，如$\Delta_f H_m^\ominus$(金刚石)$=1.9kJ \cdot mol^{-1}$。

2.水合离子的标准生成焓

因为没有单独存在的水合正离子或负离子的溶液，所以不可能直接测定单一水合正离子或负离子的标准生成焓。热力学规定，处于标准状态下的水合H^+的生成焓为零，即：$\Delta_f H_m^\ominus(H^+,aq)=0$。式中aq为拉丁文aqua(水)的缩写，在此表示水合物。其他离子的标准生成焓可通过计算得到。

附录2中给出了298.15K时部分水合离子的标准生成焓。

3.化学反应标准焓变的热力学计算

对于298.15K、标准状态下的任意化学反应，根据盖斯定律可以证明：化学反应的标准焓变等于生成物的标准生成焓之和减去反应物的标准生成焓之和，即：

$$\Delta H_m^\ominus=\sum \nu_B \Delta_f H_m^\ominus(298,B) \tag{1-16}$$

式中ν_B为反应方程式中的计量系数，对反应物取负值，对产物取正值。

例1.4　利用附录中的标准生成焓数据，计算298.15K时下列反应的标准焓变。

(1)$Fe_2O_3(s)+3CO(g)=\!=\!=2Fe(s)+3CO_2(g)$

(2)$HCl(g)=\!=\!=H^+(aq)+Cl^-(aq)$

解：(1)根据式(1-16)，得：

$$\begin{aligned}\Delta H_m^\ominus &=[2\Delta_f H_m^\ominus(298,Fe,s)+3\Delta_f H_m^\ominus(298,CO_2,g)]\\&\quad-[\Delta_f H_m^\ominus(298,Fe_2O_3,s)+3\Delta_f H_m^\ominus(298,CO,g)]\\&=[2\times0+3\times(-393.5)]-[(-824.2)+3\times(-110.5)]\\&=-24.8(kJ \cdot mol^{-1})\end{aligned}$$

(2)根据式(1-16)，得：

$$\begin{aligned}\Delta H_m^\ominus(298)&=[\Delta_f H_m^\ominus(298,Cl^-,aq)+\Delta_f H_m^\ominus(298,H^+,aq)]-[\Delta_f H_m^\ominus(298,HCl,g)]\\&=[(-167.2)+0]-(-92.3)\\&=-74.9(kJ \cdot mol^{-1})\end{aligned}$$

显然，若已知一些物质的标准生成焓数据和化学反应热效应，则根据式(1-16)也可计算某一化合物或水合离子的标准生成焓。

第二节　化学反应的方向

一、自发过程

所谓自发过程是指在给定条件下，不需环境做功就能够自动进行的过程。自然界中自发过程的例子很多，如水从高处流向低处，热从高温物体传向低温物体，电流从高电势流向低电势，高压气体向低压气体扩散等等。这些过程都是自动进行的，如果外界不做功，其逆过程则不可能进行。化学反应也有很多自发进行的例子，如：

$C(s)+O_2(g)═══CO_2(g)$

$Cu^{2+}(aq)+Zn(s)═══Cu(s)+Zn^{2+}(aq)$

$NH_4Cl(s)═══NH_3(g)+HCl(g)$

$CaCO_3(s)═══CaO(s)+CO_2(g)$

前两个反应是放热的，这说明系统能量的降低有助于自发过程的发生，这一点很容易理解；但第三和第四个反应都是吸热反应，它们在一定温度下都可以自动地进行，系统的能量不但没有降低反而升高，反应为什么还能自发进行呢？这说明能量是否降低并不是判断反应能否自发进行的唯一依据，还与其他因素有关。

二、混乱度、熵与熵变

1.混乱度与熵

许多事实表明，有一类自发过程进行以后，系统的混乱度增大。所谓混乱度是指系统中微观粒子的混乱程度。对于同一种物质来说，可以想象，当它以晶体状态存在时，其中的微观粒子排列得较为整齐有序，混乱度较小；当它以气体状态存在时，其中的微观粒子可以随意自由运动，混乱度较大；而当它以液体状态存在时，混乱度则介于晶体和气体之间。由于混乱度增大而使过程自发进行的例子很多，如向一杯水中滴入几滴墨水，墨水将会自发地扩散到整杯水中。该过程中，系统内微观粒子的混乱度明显增大。气体扩散的情况也与之类似。从前述自发化学反应的第三、第四两个例子可以看出，反应完成后系统的混乱度明显增大。这些例子都说明，系统的混乱度是否增大是过程是否自发进行的一个原因。

热力学上，系统的混乱度用一个宏观物理量——熵来描述，混乱度越大熵值越大，混乱度越小熵值越小。熵的符号为 S，单位为 $J\cdot K^{-1}$ 或 $kJ\cdot K^{-1}$。

在系统的状态确定时，系统中微观粒子的混乱度是确定的，因此熵也是系统的状态函数，只要状态确定熵就有确定值；当状态发生变化时，熵值也随之改变，但其变化值仅与系统的始态、终态有关，而与变化的途径无关，即 $\Delta S=S_2-S_1$。

2.标准熵

系统的内能和焓值无法确定，但熵值却可根据热力学第三定律予以求算。热力学第三定律指出：在绝对零度时，任何纯净、完美晶态物质的熵值都为零。根据热力学第三定律，在标准状态下，将 1mol 某纯净、完美晶态物质从绝对零度加热到 298.15K 时，其熵变为：

$$\Delta S_m^{\ominus}=S_m^{\ominus}(298)-S_m^{\ominus}(0)=S_m^{\ominus}(298)-0=S_m^{\ominus}(298)$$

因此，测定了加热过程的 $\Delta S_m^{\ominus}(298)$ 就等于测定了 $S_m^{\ominus}(298)$。

$S_m^{\ominus}(298)$ 即为 298.15K 时某物质的标准熵。常见物质在 298.15K 时的标准熵列于附录 1 中。298.15K 时，各单质和化合物的标准熵值皆大于零。

对于溶液中的水合离子，同样因为水合正离子或水合负离子不能单独存在而只能采取相对标准,即规定水合 H^+ 的标准熵为零。其他水合离子的标准熵可通过计算得到。常见水合离子在 298.15K 时的标准熵也列于附录中。值得指出的是,由于采用的是相对标准,所以部分水合离子的标准熵值为负值。

根据熵的概念,同一物质处于不同聚集状态时,有 $S_m^\ominus(g)>S_m^\ominus(l)>S_m^\ominus(s)$。同一物质聚集状态相同而温度不同时,有 $S_m^\ominus$(高温)$>S_m^\ominus$(低温)。同系列不同物质在聚集状态、温度、压力都相同时,有 $S_m^\ominus$(结构复杂的)$>S_m^\ominus$(结构简单的)。

3. 熵变的求算

因为熵是状态函数,所以将生成物的总熵减去反应物的总熵即为化学反应的熵变。若一个化学反应在 298.15K、标准状态下进行,则:

$$\Delta S_m^\ominus(298)=\sum\nu_B S_m^\ominus(298,B) \tag{1-17}$$

式中 ν_B 为反应方程式中的计量系数,对反应物取负值,对产物取正值。

例 1.5　查表计算 298.15K 时下列反应的标准熵变。

(1) $2SO_2(g)+O_2(g)=\!=\!=2SO_3(g)$

(2) $Cu^{2+}(aq)+Zn(s)=\!=\!=Cu(s)+Zn^{2+}(aq)$

解:(1)根据式(1-17),得:

$$\begin{aligned}\Delta S_m^\ominus(298)&=2S_m^\ominus(298,SO_3,g)-[2S_m^\ominus(298,SO_2,g)+S_m^\ominus(298,O_2,g)]\\&=2\times256.65-(2\times248.11+205.03)\\&=-187.95(J\cdot K^{-1}\cdot mol^{-1})\end{aligned}$$

(2)
$$\begin{aligned}\Delta S_m^\ominus(298)&=(-112.1+33.15)-(-99.6+41.63)\\&=-20.98(J\cdot K^{-1}\cdot mol^{-1})\end{aligned}$$

三、吉布斯函数和反应方向的判断

1. 吉布斯函数

前已述及,一个自发过程不仅取决于系统的焓变,还与系统的熵变有关。美国科学家吉布斯(Gibbs)将 H、T、S 组合起来,引入一个新的状态函数 G,即:

$$G=H-TS \tag{1-18}$$

G 称为吉布斯函数或吉布斯自由能。

H、T、S 都是系统的状态函数,因而 G 也是一个状态函数并且具有能量单位。由于 H 的绝对值无法测知,所以 G 的绝对值也无法测知,但只要系统的状态确定,G 就有确定的数值,这一点与 U、H 等状态函数具有相同的性质。

系统在恒温下发生状态变化时,有:$G_2-G_1=(H_2-TS_2)-(H_1-TS_1)$

即

$$\Delta G=\Delta H-T\Delta S \tag{1-19}$$

ΔG 称为系统的吉布斯函数变,单位为 J 或 kJ。上式称为 ΔG 的恒温恒等式。

2. 吉布斯函数变的物理意义

在恒温、恒压条件下,吉布斯函数的变化有物理意义。在条件具备时,减少系统吉布斯函数的值,可以对外做有用功,其减少的数值等于对外做的最大有用功,即

$$-\Delta G=-W'_{最大} \tag{1-20}$$

当然，在恒温、恒压条件下，要想增加系统的吉布斯函数值，必须由环境对系统做有用功。

因此，ΔG 称为系统做有用功的本领。

3. 反应方向的判断

化学反应在恒温、恒压条件下进行时，热力学上已严格证明：$\Delta G<0$，反应正向自发进行；$\Delta G>0$，反应正向不自发进行，逆向自发进行；$\Delta G=0$，化学反应处于平衡状态。即恒温、恒压下，一个自发的化学反应发生后，其吉布斯函数必然降低；恒温、恒压下，若一个化学反应的吉布斯函数有降低的趋势，则该反应一定自发进行。

ΔG 即为人们要寻找的化学反应方向判别标准。由式(1-19)可见，ΔG 不仅与 ΔH 有关，还与 T、ΔS 有关。现将影响 ΔG 正负号的几种情况列于表 1.1 中。

表 1.1　ΔH、ΔS 正负号对 ΔG 正负号的影响

ΔH	ΔS	$\Delta G=\Delta H-T\Delta S$	反应自发性
－	＋	－	任意温度自发进行
＋	－	＋	任意温度不自发进行
－	－	低温－，高温＋	低温自发进行，高温不自发进行
＋	＋	低温＋，高温－	低温不自发进行，高温自发进行

至此，判断给定条件下某化学反应是否自发进行，已归结为 ΔG 的求算问题。

四、标准吉布斯函数变的求算

1. 298.15K 下 $\Delta G_m^\ominus(298)$ 的求算

若一个化学反应在 298.15K、标准状态下进行，则式(1-19)可改写为：

$$\Delta G_m^\ominus(298)=\Delta H_m^\ominus(298)-298.15\Delta S_m^\ominus(298) \qquad (1\text{-}19a)$$

$\Delta H_m^\ominus(298)$可根据 $\Delta_f H_m^\ominus(298,B)$求算，$\Delta S_m^\ominus(298)$可根据 $S_m^\ominus(298,B)$求算，代入(1-19a)式可求 $\Delta G_m^\ominus(298)$。除此以外，人们又开辟了另一条简单的计算途径。

与标准生成焓类似，人们规定：在标准状态下，由稳定单质生成 1mol 某物质时的吉布斯函数变称为该物质的标准生成吉布斯函数。通常选定 298.15K 为参考温度，因而标准生成吉布斯函数的符号为 $\Delta_f G_m^\ominus(298,B)$，单位为 $J\cdot mol^{-1}$或 $kJ\cdot mol^{-1}$。对于溶液中的水合离子，同样规定 $\Delta_f G_m^\ominus(H^+,aq)=0$。

298.15K 时，部分物质和水合离子的 $\Delta_f G_m^\ominus(298,B)$已经测出或算出，皆列于附录 1、2 中。有了 $\Delta_f G_m^\ominus(298,B)$，可根据下式方便地算出 298.15K、标准状态下任意化学反应的$\Delta G_m^\ominus(298)$：

$$\Delta G_m^\ominus(298)=\sum\nu_B\Delta_f G_m^\ominus(298,B) \qquad (1\text{-}21)$$

式中 ν_B为反应方程式中的计量系数，对反应物取负值，对产物取正值。

例 1.6　通过计算说明反应：$2HCl(g)+Br_2(g)=\!=\!=2HBr(g)+Cl_2(g)$在 298.15K、标准状态下能否自发正向进行。

解:(1)根据式(1-21),得:

$$\Delta G_m^\ominus(298)=[2\Delta_f G_m^\ominus(298,HBr,g)+\Delta_f G_m^\ominus(298,Cl_2,g)]-[2\Delta_f G_m^\ominus(298,HCl,g)+\Delta_f G_m^\ominus(298,Br_2,g)]$$
$$=[2\times(-53.22)+0]-[2\times(-95.27)+3.14]$$
$$=80.96(kJ\cdot mol^{-1})>0$$

在题目给定的条件下反应不能自发进行。

2.任意温度下 $\Delta G_m^\ominus(T)$的估算

若一个化学反应在标准状态但不在 298.15K 下进行,则 $\Delta G_m^\ominus(T)$的精确求算较为复杂。这里只介绍一种近似的计算方法。

反应的 $\Delta H_m^\ominus$和 $\Delta S_m^\ominus$与温度是有关系的,但在参加反应的各物质没有相变化的情况下,$\Delta H_m^\ominus$、$\Delta S_m^\ominus$随温度的变化较小,即 $\Delta H_m^\ominus(T)\approx\Delta H_m^\ominus(298)$,$\Delta S_m^\ominus(T)\approx\Delta S_m^\ominus(298)$,根据式(1-19),得:

$$\Delta G_m^\ominus(T)\approx\Delta H_m^\ominus(298)-T\Delta S_m^\ominus(298) \tag{1-19b}$$

例 1.7 在 298.15K 和标准状态下,$CaCO_3(s)$能否自发分解?若不能分解,什么温度下可以分解?

解:查表得:

	$CaCO_3(s)$ ═══	$CaO(s)$ +	$CO_2(g)$
$\Delta_f H_m^\ominus(298)(kJ\cdot mol^{-1})$	−1207.1	−635.5	−393.5
$S_m^\ominus(298)(J\cdot K^{-1}\cdot mol^{-1})$	92.88	39.75	213.6

(1)$\Delta H_m^\ominus(298)=[(-393.5)+(-635.5)]-(-1207.1)$
$$=178.1(kJ\cdot mol^{-1})$$

$\Delta S_m^\ominus(298)=(213.6+39.75)-92.88$
$$=160.47(J\cdot K^{-1}\cdot mol^{-1})$$

$\Delta G_m^\ominus(298)=\Delta H_m^\ominus(298)-298.15\Delta S_m^\ominus(298)$
$$=178.1\times1000-298.15\times160.47$$
$$=130260(J\cdot mol^{-1})=130.26(kJ\cdot mol^{-1})>0$$

所以 298.15K 和标准状态下,$CaCO_3(s)$不能自发分解。

(2)若自发分解,必须 $\Delta G_T^\ominus<0$,根据式(1-19b),有:

$\Delta H_m^\ominus(298)-T\Delta S_m^\ominus(298)<0$

即 $T>\dfrac{\Delta H_m^\ominus(298)}{\Delta S_m^\ominus(298)}=\dfrac{178.1\times1000}{60.47}=1113(K)$

所以标准状态下,当温度高于 1113K 时 $CaCO_3(s)$可自发分解。

五、非标准状态下吉布斯函数变的求算

大多数化学反应都是在非标准状态下进行的,因而非标准状态下吉布斯函数变的求算就显得更为重要。对于任意气相反应:

$$aA(g)+bB(g)═══cC(g)+dD(g)$$

热力学上已经证明:

$$\Delta G_m(T)=\Delta G_m^\ominus(T)+RT\ln\frac{[p(C)/p^\ominus]^c[p(D)/p^\ominus]^d}{[p(A)/p^\ominus]^a[p(B)/p^\ominus]^b} \tag{1-22}$$

式中 $p(A)$、$p(B)$、$p(C)$、$p(D)$为任意状态时 A、B、C、D 各物质的分压(单位为 Pa)。若反应中涉及纯固态或纯液态物质,则它们不列入式中。

将$\frac{[p(C)/p^\ominus]^c[p(D)/p^\ominus]^d}{[p(A)/p^\ominus]^a[p(B)/p^\ominus]^b}$用符号 $J^\ominus$表示,则(1-22)式可简写为:

$$\Delta G_m(T)=\Delta G_m^\ominus(T)+RT\ln J^\ominus \tag{1-22a}$$

$J^\ominus$称为分压商。

对于溶液中的离子反应:

$$aA(aq)+bB(aq)=\!=\!=cC(aq)+dD(aq)$$

同样有

$$\Delta G_m(T)=\Delta G_m^\ominus(T)+RT\ln J^\ominus$$

式中 $J^\ominus=\frac{[c(C)/c^\ominus]^c[c(D)/c^\ominus]^d}{[c(A)/c^\ominus]^a[c(B)/c^\ominus]^b}$,称为浓度商。同理,若反应中涉及纯固态或纯液态物质,它们也不列入式中。对于稀溶液中的水,其浓度近似为定值,也不列入式中。但如果溶液中的反应涉及气体,则它们的分压应列入式中。如:

$$Cl_2(g)+2I^-(aq)=\!=\!=I_2(s)+2Cl^-(aq)$$

$$\Delta G_m(T)=\Delta G_m^\ominus(T)+RT\ln\frac{[c(Cl^-)/c^\ominus]^2}{[p(Cl_2)/p^\ominus][c(I^-)/c^\ominus]^2}$$

可见任意状态时化学反应的 $\Delta G_m(T)$不仅与 $\Delta G_m^\ominus(T)$有关,还与参与反应各物质的分压或浓度有关。但对于一般的化学反应来说,反应物的分压或浓度通常远远大于生成物的分压或浓度,因此 $J^\ominus$值较小,加之 $J^\ominus$在对数项里,故 $J^\ominus$对 $\Delta G_m(T)$的影响并不大,只有在高压反应中 $J^\ominus$的影响才较为明显。据此,我们可用 $\Delta G_m^\ominus(T)$粗略地判断反应方向:

$\Delta G_m^\ominus(T)<0$,反应正向自发进行;$0<\Delta G_m^\ominus(T)<40\text{kJ}\cdot\text{mol}^{-1}$,需具体计算 $\Delta G_m(T)$;$\Delta G_m^\ominus(T)>40\text{kJ}\cdot\text{mol}^{-1}$,自发进行的可能性不大。

例 1.8 已知合成氨反应 $N_2(g)+3H_2(g)=\!=\!=2NH_3(g)$的 $\Delta H_m^\ominus(298)=-92.22\text{kJ}\cdot\text{mol}^{-1}$,$\Delta S_m^\ominus(298)=-198.62\text{J}\cdot\text{K}^{-1}\cdot\text{mol}^{-1}$。

(1)标准状态下、298.15K 时反应是否自发进行?

(2)标准状态下、700K 时反应是否自发进行?

(3)若 $p(N_2)=10p^\ominus$,$p(H_2)=30p^\ominus$,$p(NH_3)=1p^\ominus$,700K 时反应是否自发进行?

解:(1)$\Delta G_m^\ominus(298)=\Delta H_m^\ominus(298)-298.15\Delta S_m^\ominus(298)$

$$=-92.22-298.15\times(-198.62)\times10^{-3}$$

$$=-33.0(\text{kJ}\cdot\text{mol}^{-1})<0$$

所以反应自发进行。

(2)$\Delta G_m^\ominus(700)=\Delta H_m^\ominus(298)-700\Delta S_m^\ominus(298)$

$$=-92.22-700\times(-198.62)\times10^{-3}$$

$$=46.81(\text{kJ}\cdot\text{mol}^{-1})>0$$

所以反应不自发进行。

$$(3)\Delta G_m(700)=\Delta G_m^\ominus(700)+RT\ln\frac{[p(NH_3)/p^\ominus]^2}{[p(N_2)/p^\ominus][p(H_2)/p^\ominus]^3}$$

$$=46.81+8.314\times700\times10^{-3}\times\ln\frac{[1p^\ominus/p^\ominus]^2}{[10p^\ominus/p^\ominus][30p^\ominus/p^\ominus]^3}$$

$$=-25.97(kJ\cdot mol^{-1})<0$$

所以反应自发进行。

上例说明，升高温度不利于合成氨反应的进行，但为了提高反应速度，只要保证原料有足够高的分压，在高温下反应仍然能够正向自发进行，这就是 $J^\ominus$ 的影响。

第三节　化学反应进行的程度和化学平衡

一、化学平衡和化学平衡常数

科学研究发现，大多数化学反应都不能进行到底，即在给定的条件下，反应物不可能全部变为生成物。如：

$$CO(g)+H_2O(g)\rightleftharpoons CO_2(g)+H_2(g)$$

1073K 时，将 $CO(g)$ 和 $H_2O(g)$ 按物质的量的比 1∶1 注入一密闭容器中，无论反应多长时间，容器中总有 CO 和 H_2O 存在。类似的例子还有很多。

在给定条件下，反应进行一段时间后，当各物质的分压或浓度不再改变时，我们说反应达到了平衡。从微观上考虑，在反应达平衡时，反应并没有停止，只是正向反应速度等于逆向反应速度，因此，不能进行到底的反应又称为可逆反应。理论上，所有的化学反应都可看作可逆反应，但有些反应可逆的程度非常小，一般把它们看作单向反应。本节只讨论那些可逆程度比较明显的反应。

对于任意的气相可逆反应：

$$aA(g)+bB(g)\rightleftharpoons cC(g)+dD(g)$$

实验发现，在给定条件下达平衡时，各物质的分压满足下面关系式：

$$K^\ominus=\frac{[p(C)/p^\ominus]^c[p(D)/p^\ominus]^d}{[p(A)/p^\ominus]^a[p(B)/p^\ominus]^b} \tag{1-23}$$

式中 p 表示各物质在平衡时的分压，$p^\ominus$ 为标准压力。$K^\ominus$ 称为标准平衡常数，$K^\ominus$ 的数值既可通过测定各物质的平衡分压得出，也可通过热力学理论计算得到。

对于溶液中的可逆反应：

$$aA(aq)+bB(aq)\rightleftharpoons cC(aq)+dD(aq)$$

同理有：

$$K^\ominus=\frac{[c(C)/c^\ominus]^c[c(D)/c^\ominus]^d}{[c(A)/c^\ominus]^a[c(B)/c^\ominus]^b} \tag{1-24}$$

式中的 $c^\ominus=1mol\cdot L^{-1}$，为标准浓度。

关于平衡常数有如下几点说明：

(1)平衡常数是衡量反应限度的物理量。平衡常数越大说明反应进行的程度越大，或反应进行得越完全。

(2)平衡常数仅是温度的函数。各物质的平衡浓度或分压可能会因起始浓度或分压的不同而有所不同,但只要温度不变,平衡常数的数值就不会改变。

(3)参加反应的纯固体或纯液体不列入平衡常数表达式中。

(4)平衡常数的数值与化学反应方程式中的计量系数有关,反应式写法不同,平衡常数的表达式不同,数值也不同。

二、平衡常数的热力学求算

由平衡常数表达式可见,在一定温度下,测定了各物质的平衡分压或浓度,代入平衡常数表达式即可计算标准平衡常数 $K^\ominus$。但在实际工作中,测定各物质的平衡浓度或分压稍显麻烦,这里介绍平衡常数的热力学求算方法。

对于任意气相可逆反应:

$$a\mathrm{A(g)}+b\mathrm{B(g)}\rightleftharpoons c\mathrm{C(g)}+d\mathrm{D(g)}$$

根据式(1-22),任意状态下有

$$\Delta G_\mathrm{m}(T)=\Delta G_\mathrm{m}^\ominus(T)+RT\ln\frac{[p(\mathrm{C})/p^\ominus]^c[p(\mathrm{D})/p^\ominus]^d}{[p(\mathrm{A})/p^\ominus]^a[p(\mathrm{B})/p^\ominus]^b}$$

当平衡时,$\Delta G_\mathrm{m}(T)=0$,$p(\mathrm{A})$、$p(\mathrm{B})$、$p(\mathrm{C})$、$p(\mathrm{D})$皆为平衡分压,此时有

$$0=\Delta G_\mathrm{m}^\ominus+RT\ln K^\ominus$$

整理得:

$$\ln K^\ominus=-\Delta G_\mathrm{m}^\ominus/(RT) \tag{1-25}$$

对于溶液中的可逆反应,同样可以得到式(1-25)。

根据式(1-25),只要知道了反应的 $\Delta G_\mathrm{m}^\ominus(T)$,就可以很方便地求出 T 时的 $K^\ominus$。

例 1.9 用附录中的热力学数据计算反应:$\mathrm{C(石墨)}+\mathrm{CO_2(g)}\rightleftharpoons 2\mathrm{CO(g)}$在 298K 和 1173K 时的平衡常数。

解:查表得

	C(石墨)	$CO_2(g)$	2CO(g)
$\Delta_\mathrm{f}H_\mathrm{m}^\ominus(298)(\mathrm{kJ\cdot mol^{-1}})$	0	−393.5	−110.5
$S_\mathrm{m}^\ominus(298)(\mathrm{J\cdot K^{-1}\cdot mol^{-1}})$	5.7	213.6	197.6

$$\Delta H_\mathrm{m}^\ominus(298)=2\times(-110.5)-[(-393.5)+0)$$
$$=172.5(\mathrm{kJ\cdot mol^{-1}})$$

$$\Delta S_\mathrm{m}^\ominus(298)=2\times197.6-(213.6+5.7)$$
$$=175.9(\mathrm{J\cdot K^{-1}\cdot mol^{-1}})$$

$$\Delta G_\mathrm{m}^\ominus(298)=\Delta H_\mathrm{m}^\ominus(298)-298.15\Delta S_\mathrm{m}^\ominus(298)$$
$$=172.5-298.15\times175.9\times10^{-3}$$
$$=120.1(\mathrm{kJ\cdot mol^{-1}})$$

$$\Delta G_\mathrm{m}^\ominus(1173)=\Delta H_\mathrm{m}^\ominus(298)-1173\Delta S_\mathrm{m}^\ominus(298)$$
$$=172.5-1173\times175.9\times10^{-3}$$
$$=-33.8(\mathrm{kJ\cdot mol^{-1}})$$

根据式(1-25),有:

298K 时,$\ln K^\ominus=-\dfrac{\Delta G_\mathrm{m}^\ominus(T)}{RT}=-\dfrac{120.1\times10^3}{8.314\times298}=-48.45$

$K^{\ominus}=9.1\times10^{-22}$

1173K 时，$\ln K^{\ominus}=-\frac{-33.8\times10^{3}}{8.314\times1173}=3.47$

$K^{\ominus}=32$

计算结果表明，298K 时该反应进行的程度极低，可以认为反应没有进行，但 1173K 时反应进行的程度较大，在金属材料的热加工处理时必须予以考虑。

三、化学平衡的移动

化学平衡是相对的、暂时的，只要改变平衡系统的某一条件，原化学平衡即可能被打破，建立新的平衡，这一过程称为化学平衡的移动。早在 1884 年，科学家吕·查德里就已经总结出一条重要规律，即吕·查德里原理：改变平衡系统的条件之一，如浓度、温度、压强等，平衡就向能减弱这个改变的方向移动。如增加反应物浓度，平衡将向正反应方向移动；增加总压力，平衡将向分子总数减少的方向移动；升高温度，平衡将向吸热方向移动等等。现从热力学原理出发，讨论浓度或分压、总压、温度对化学平衡移动的影响。

根据式(1-22)和(1-25)，有

$$\Delta G_m(T)=\Delta G_m^{\ominus}(T)+RT\ln J^{\ominus}=-RT\ln K^{\ominus}+RT\ln J^{\ominus}$$

或 $$\Delta G_m(T)=RT\ln(J^{\ominus}/K^{\ominus}) \tag{1-26}$$

反应达平衡时，$\Delta G_m(T)=0$，$J^{\ominus}=K^{\ominus}$，要使平衡发生移动，必须改变 $J^{\ominus}$ 或 $K^{\ominus}$。

1. 浓度或分压对化学平衡的影响

$K^{\ominus}$ 只是温度的函数，改变浓度或分压对其无影响，但对 $J^{\ominus}$ 有影响。当增大反应物的浓度或分压时，$J^{\ominus}$ 变小，使 $J^{\ominus}<K^{\ominus}$，根据式(1-26)，$\Delta G_m(T)<0$，平衡将向正反应方向移动。若降低生成物的浓度或分压，也可使平衡向正反应方向移动。

2. 总压力对化学平衡的影响

改变总压力，$K^{\ominus}$ 仍然不变，但 $J^{\ominus}$ 可变。以合成氨反应为例：

$$N_2(g)+3H_2(g)\rightleftharpoons 2NH_3(g)$$

在一定温度下反应达平衡时，设各组分的分压分别为：$p(N_2)=ap^{\ominus}$，$p(H_2)=bp^{\ominus}$，$p(NH_3)=cp^{\ominus}$，则 $J^{\ominus}=c^2/(ab^3)=K^{\ominus}$。

当总压力增大一倍时，$p(N_2)=2ap^{\ominus}$，$p(H_2)=2bp^{\ominus}$，$p(NH_3)=2cp^{\ominus}$，此时

$$J^{\ominus}=(2c)^2/[2a\cdot(2b)^3]=K^{\ominus}/4$$

根据式(1-26)，$\Delta G_m(T)<0$，平衡将向正反应方向移动。

推广之，增加反应系统的总压力，平衡将向分子总数减少的方向移动。当然，若方程式两边的气体分子总数相等，则增加总压力对平衡无影响。

若增大或减小容器体积，$K^{\ominus}$ 仍然不变，但各物质的分压或浓度可变，即 $J^{\ominus}$ 可变，所得结论与前述类似，读者可自行分析。

3. 温度对化学平衡的影响

反应达平衡后，若不改变系统的 $J^{\ominus}$ 而改变温度，则 $\Delta G^{\ominus}$ 和 $K^{\ominus}$ 都随之改变，使 $J^{\ominus}\neq K^{\ominus}$，从而导致化学平衡发生移动。根据式(1-25)和(1-19b)，有

$$\ln K^\ominus=-\frac{\Delta G_m^\ominus(T)}{RT}\approx-\frac{\Delta H_m^\ominus(298)-T\Delta S_m^\ominus(298)}{RT}$$
$$=-\frac{\Delta H_m^\ominus(298)}{RT}+\frac{\Delta S_m^\ominus(298)}{R}$$

对于一给定反应，其 $\Delta H_m^\ominus$ 和 $\Delta S_m^\ominus$ 为定值，上式变为

$$\ln K^\ominus=(A/T)+B \tag{1-27}$$

式中：$A=-\Delta H_m^\ominus(298)/R$；$B=\Delta S_m^\ominus(298)/R$。

对于吸热反应，$\Delta H_m^\ominus(298)>0$，$A$ 为负值，当温度升高时，A 值增大，$K^\ominus$增大，使 $K^\ominus>J^\ominus$，$\Delta G_m(T)<0$，平衡将向正反应方向移动。对于放热反应情况正相反，升高温度，平衡将向逆反应方向移动。总之，升高温度，平衡将向吸热方向移动。

了解化学平衡移动的原理，对于工业生产具有较大的意义。如对于吸热反应，使反应在较高温度下进行；对于气体分子总数减少的反应，使反应在较高压力下进行；对于任意反应，及时取走生成物等，都可以获得较大的转化率。

四、平衡常数的有关计算

1. 已知平衡浓度或分压，求平衡常数

大多数化学反应的平衡常数都是用热力学方法求算的，但有时缺少热力学数据，此时可根据平衡浓度或分压来计算。

例 1.10 853K、101325Pa 下，将 1.10mol SO_2 和 0.90mol O_2 通入盛有 N_2O_5 催化剂且容积可变的容器中反应（总压力不变），平衡时，测得剩余的 O_2 为 0.53mol。求该温度下反应的平衡常数 $K^\ominus$。

解：平衡常数与反应式的写法有关，此反应可用下式表示

$$2SO_2(g)+O_2(g)\rightleftharpoons 2SO_3(g)$$

	$2SO_2(g)$	$O_2(g)$	$2SO_3(g)$
起始时各物质的量(mol)	1.10	0.90	0
各物质的量的变化(mol)	-2×0.37	-0.37	2×0.37
平衡时各物质的量(mol)	0.36	0.53	0.74
平衡时总物质的量(mol)	$0.36+0.53+0.74=1.63$		
平衡时各物质的分压(Pa)	$\frac{0.36}{1.63}p^\ominus$	$\frac{0.53}{1.63}p^\ominus$	$\frac{0.74}{1.63}p^\ominus$

$$K^\ominus=\frac{[p(SO_3)/p^\ominus]^2}{[p(SO_2)/p^\ominus]^2[p(O_2)/p^\ominus]}=\frac{(\frac{0.74}{1.63}p^\ominus/p^\ominus)^2}{(\frac{0.36}{1.63}p^\ominus/p^\ominus)^2(\frac{0.53}{1.63}p^\ominus/p^\ominus)}=13$$

2. 已知平衡常数，求平衡浓度和转化率

某反应物的转化率是指该物质已转化的量占起始量的百分数，即：

$$转化率=\frac{某物质已转化的量}{该物质起始的量}\times100\%$$

例 1.11 1073K 时，$CO(g)+H_2O(g)\rightleftharpoons CO_2(g)+H_2(g)$ 的平衡常数 $K^\ominus=1.0$。该温度下，将 2.0mol CO 和 3.0mol H_2O 通入一密闭容器中使其反应。求平衡时 H_2 的物质的量和 CO 的转化率。若平衡后再通入 8mol H_2O，重新达平衡时，H_2 的物质的量为多

少？从开始时计算，CO的转化率又为多少？

解：(1)由反应式可见，反应前后系统的总压力保持不变，设该总压力为 p_1。再设达平衡时，H_2的物质的量为 $x$mol，则

	$CO(g)$	$+H_2O(g)\rightleftharpoons$	$CO_2(g)$	$+H_2(g)$
起始时物质的量(mol)	2.0	3.0	0	0
物质的量的变化(mol)	$-x$	$-x$	x	x
平衡时物质的量(mol)	$2.0-x$	$3.0-x$	x	x
平衡时总物质的量(mol)	$2.0-x+3.0-x+x+x=5.0$			
平衡时物质的分压(Pa)	$\frac{2.0-x}{5.0}p_1$	$\frac{3.0-x}{5.0}p_1$	$\frac{x}{5.0}p_1$	$\frac{x}{5.0}p_1$

$$K^{\ominus}=\frac{[p(CO_2)/p^{\ominus}][p(H_2)/p^{\ominus}]}{[p(CO)/p^{\ominus}][p(H_2O)/p^{\ominus}]}$$

$$=\frac{(\frac{x}{5.0}p_1/p^{\ominus})^2}{(\frac{2.0-x}{5.0}p_1/p^{\ominus})(\frac{3.0-x}{5.0}p_1/p^{\ominus})}=1.0$$

解得 $x=1.2$(mol)

即平衡时，H_2的物质的量为1.2mol，CO的转化率为1.2/2.0×100%=60%。

(2)解法一：

设加入8mol H_2O后系统的总压力为 p_2，达新平衡时又生成 $y$mol的 H_2，则：

	$CO(g)$	$+H_2O(g)\rightleftharpoons$	$CO_2(g)$	$+H_2(g)$
起始时物质的量(mol)	0.8	1.8+8	1.2	1.2
平衡时物质的量(mol)	$0.8-y$	$9.8-y$	$1.2+y$	$1.2+y$
新平衡时各分压(Pa)	$\frac{0.8-y}{13}p_2$	$\frac{9.8-y}{13}p_2$	$\frac{1.2+y}{13}p_2$	$\frac{1.2+y}{13}p_2$

$$K^{\ominus}=\frac{[p(CO_2)/p^{\ominus}][p(H_2)/p^{\ominus}]}{[p(CO)/p^{\ominus}][p(H_2O)/p^{\ominus}]}$$

$$=\frac{(\frac{1.2+y}{13}p_2/p^{\ominus})^2}{(\frac{0.8-y}{13}p_2/p^{\ominus})(\frac{9.8-y}{13}p_2/p^{\ominus})}=1.0$$

解得 $y=0.5$(mol)

即达新平衡时，H_2的物质的量为1.2+0.5=1.7(mol)，CO的转化率为1.7/2.0×100%=85%。

解法二：

将两次转化合并考虑，即仍以原来的起始态为起点，但水蒸气的起始量变为11mol。

设系统的总压力为 p_2，达平衡时 H_2的物质的量为 $z$mol，则：

	$CO(g)$	$+H_2O(g)\rightleftharpoons$	$CO_2(g)$	$+H_2(g)$
起始时物质的量(mol)	2.0	11	0	0
平衡时物质的量(mol)	$2.0-z$	$11-z$	z	z

平衡时物质的分压(Pa) $\frac{2.0-z}{13}p_2$ $\frac{11-z}{13}p_2$ $\frac{z}{13}p_2$ $\frac{z}{13}p_2$

$$K^\ominus=\frac{[p(CO_2)/p^\ominus][p(H_2)/p^\ominus]}{[p(CO)/p^\ominus][p(H_2O)/p^\ominus]}$$

$$=\frac{(\frac{z}{13}p_2/p^\ominus)^2}{(\frac{2.0-z}{13}p_2/p^\ominus)(\frac{11-z}{13}p_2/p^\ominus)}=1.0$$

解得 $z=1.7$(mol)

即达新平衡时,H_2的物质的量为 1.7mol,CO 的转化率为 $1.7/2.0\times100\%=85\%$。

由例 1.11 可见,为提高一种反应物的转化率,可增加另一种反应物的量。这在工业生产中是经常采用的措施。

第四节　化学反应的速率

化学反应有的进行得很快,如爆炸反应、酸碱中和反应等;有的则进行得很慢,如金属腐蚀、橡胶和塑料的老化等。对于一些不利的反应需要抑制其反应速率,对于一些有利的反应需要增加其反应速率,而对于多数反应则需要控制其反应速率,以控制生成物的数量和产量,因而对于反应速率的研究具有重要的现实意义。

一、化学反应速率的表示方法

化学反应速率是指在一定条件下,某化学反应的反应物转变为生成物的速率。对于恒容反应来说,通常以单位时间内某一反应物浓度的减少或某一生成物浓度的增加来表示。

设恒容下的反应为

$$aA+bB=\!=\!=cC+dD$$

则

$$v(B)=\!=\!=\Delta c(B)/\Delta t$$

式中:$v(B)$为用 B 物质表示的平均反应速率;$\Delta c(B)$为物质 B 在时间间隔 Δt 内的浓度变化。

考虑到反应速率为正值,若 B 代表反应物,则 $\Delta c(B)$为负值,式子右边应加负号。

浓度的单位一般为 $mol\cdot L^{-1}$,则反应速率的单位为 $mol\cdot L^{-1}\cdot s^{-1}$或 $mol\cdot L^{-1}\cdot min^{-1}$或 $mol\cdot L^{-1}\cdot h^{-1}$等。

由于各反应物的计量系数不同,显然用不同反应物表示的反应速率是不相同的。为统一起见,将各反应速率除以它们的计量系数,反应速率就相等了。所以

$$v=-\frac{1}{a}\Delta c(A)/\Delta t=-\frac{1}{b}\Delta c(B)\Delta t=\frac{1}{c}\Delta c(C)/\Delta t=\frac{1}{d}\Delta c(D)/\Delta t$$

因此,若不特别指明,化学反应速率一般用计量系数为 1 的物质的浓度变化来表示。

另外,化学反应的速率还与反应物浓度有关,即使间隔时间 Δt 相同,在不同时刻反应速率也是不同的。因此,为了表示某时刻反应进行的真实速率,在化学反应动力学中常使

用瞬时反应速率而不用平均反应速率。瞬时反应速率的数学表达式为

$$v(\mathrm{B})=\mathrm{d}c(\mathrm{B})/\mathrm{d}t$$

式中的“d”在数学上为无穷小的意思。

同理有

$$v=-\frac{1}{a}\mathrm{d}c(\mathrm{A})/\mathrm{d}t=-\frac{1}{b}\mathrm{d}c(\mathrm{B})/\mathrm{d}t=\frac{1}{c}\mathrm{d}c(\mathrm{C})/\mathrm{d}t=\frac{1}{d}\mathrm{d}c(\mathrm{D})/\mathrm{d}t$$

二、浓度对反应速率的影响

化学反应经历的具体步骤叫作反应机理(历程)。例如

$$H_2+I_2 \xlongequal{\quad} 2HI$$

是分以下两步进行的：

(1)$I_2 \xlongequal{\quad} 2I\cdot$

(2)$H_2+2I\cdot \xlongequal{\quad} 2HI$

其中的每一步,由反应物微粒(分子、原子或离子)直接作用转变成产物的反应叫作基元反应。基元反应是一步完成的反应;经过两个或两个以上步骤完成的反应叫作非基元反应。如果一个化学反应只有一个基元反应步骤,叫作简单反应。非基元反应又称作复杂反应。无论是基元反应还是非基元反应,在给定温度、催化剂等条件下,反应速率和浓度之间都有一定的关系。表示反应速率和浓度之间的定量关系式,统称为反应速率方程。

对于基元反应,实验证明:在给定温度条件下,反应速率与反应物浓度幂的乘积成正比。这一关系叫作质量作用定律。由质量作用定律可见,反应物浓度越大,反应速率越快。

基元反应都是通过实验确定的。若基元反应用下面的通式表示：

$$a\mathrm{A}+b\mathrm{B} \xlongequal{\quad} c\mathrm{C}+d\mathrm{D}$$

则质量作用定律的数学表达式为

$$v=kc^a(\mathrm{A})c^b(\mathrm{B}) \tag{1-27}$$

基元反应式中各反应物的计量系数为各自浓度的指数。在温度、催化剂一定的条件下,式中比例系数 k 是一个与浓度无关的常数,叫作反应速率常数。k 与反应系统的本性、温度、催化剂有关,而与反应物的浓度无关。

当反应物浓度都为单位浓度($1\mathrm{mol}\cdot\mathrm{L}^{-1}$)时,上式成为

$$v=k$$

因此,反应速率常数 k 在数值上等于反应物浓度为单位浓度时的反应速率。这就是 k 的物理意义。

令 $n=a+b$,n 叫作基元反应的反应级数。常见基元反应的级数有一级、二级、三级三种。

如基元反应 $NO_2+CO \xlongequal{\quad} NO+CO_2$,质量作用定律的数学表达式为 $v=kc(NO_2)\cdot c(CO)$;$n=1+1=2$,为二级反应。

再如基元反应 $2NO+O_2 \xlongequal{\quad} 2NO_2$,质量作用定律的数学表达式为 $v=kc^2(NO)\cdot c(O_2)$;$n=2+1=3$,为三级反应。

对于复杂反应中的每一个基元反应步骤,质量作用定律同样适用。

对于许多复杂反应

$$a\mathrm{A}+b\mathrm{B}=\!=\!=c\mathrm{C}+d\mathrm{D}$$

反应速率方程有时也能写成如下的形式

$$v=kc^{\alpha}(\mathrm{A})c^{\beta}(\mathrm{B}) \tag{1-28}$$

k 也称作反应速率常数,其意义同前。但指数 α 和 β 不一定等于反应物的计量系数 a 和 b。反应级数的概念仍然适用,即

$$n=\alpha+\beta$$

复杂反应的反应级数也比较复杂,除一级、二级、三级反应外,还有零级反应和小数级反应。

再次强调一下,某反应是否是基元反应不可能从理论上得出,必须通过实验才能确定。

三、温度对反应速率的影响

1. 阿仑尼乌斯公式

温度对反应速率的影响比浓度更加显著。人们很早就发现,每升高 10℃,反应速率一般增加 2～4 倍。对同一反应,当浓度不变时,两个不同温度下的反应速率之比就等于反应速率常数之比。因此,在反应物浓度不变的情况下,温度对反应速率的影响体现在速率常数上。

早在 19 世纪,阿仑尼乌斯(Arrhenius)就总结了大量的实验数据,对于温度与速率常数之间的关系提出了一个经验公式

$$k=A\mathrm{e}^{-\varepsilon/RT}=A\exp(-\varepsilon/RT) \tag{1-29}$$

取对数得

$$\ln k=-\varepsilon/RT+\ln A=-\varepsilon/RT+B \tag{1-30}$$

式中:ε 称为反应的活化能,总是正值,单位为 $\mathrm{J\cdot mol^{-1}}$ 或 $\mathrm{kJ\cdot mol^{-1}}$;$A$ 称为指前因子或频率因子。它们是由反应本性决定的、与温度基本无关的常数。

式(1-30)是从实验中得到的。在不同的温度下测定反应速率常数,然后以 $\ln k$ 对 $1/T$ 作图可得一直线。根据直线的斜律和截距可分别求出活化能 ε 和 $\ln A$。

若已知 T_1 下的 k_1,T_2 下的 k_2,代入式(1-30),得

$$\ln\frac{k_1}{k_2}=-\frac{\varepsilon}{R}\left(\frac{1}{T_1}-\frac{1}{T_2}\right)=-\frac{\varepsilon(T_2-T_1)}{RT_1T_2} \tag{1-31}$$

以上三式都是阿仑尼乌斯公式。由上式可以看出,对同一反应,ε 总为正值,当 $T_2>T_1$ 时,则 $k_2>k_1$,$v_2>v_1$,即温度越高,反应越快。浓度一定时,k 或 v 随温度按指数规律增加。

2. 阿仑尼乌斯公式的应用

(1)根据活化能的大小可判断反应的难易

在类似的条件下,活化能越大的反应进行得越慢;反之,活化能越小的反应进行得越快。而活化能主要取决于反应系统的本性,这就是不同的反应其反应速率相差较大的原因。

(2)根据阿仑尼乌斯公式可作有关的计算

根据式(1-29)和式(1-30),知道了参数 ε 和 A,就可在允许温度范围内,计算任意温

度下的速率常数。根据式(1-31)，知道了参数 ε 和 T_1 下的 k_1，就可求 T_2 下的 k_2。

(3)对于给定的 T_2、T_1，ε 越大，k_2/k_1 值越大。即在同样的初始温度和升高相同温度的条件下，温度对活化能大的反应影响更显著。

(4)对于给定的反应，活化能一定，若在不同的温度基础上，升高相同的温差，则在低温时升高温度对反应速率的影响比在高温时更显著。

例 1.12　已知邻硝基氯苯的氨解反应速率常数为

$$\ln k(\mathrm{L\cdot mol^{-1}\cdot min^{-1}})=-10320/T+16.58$$

(1)求 300K 和 400K 时的速率常数(已知反应为二级反应)。

(2)从 300K 变到 310K，反应速率增加了几倍？从 400K 到 410K 时反应速率又增加了几倍？

解：(1)300K 时，$\ln k=-10320/300+16.58=-17.82$

$k=1.8\times10^{-8}(\mathrm{L\cdot mol^{-1}\cdot min^{-1}})$

400K 时，$\ln k=-10320/400+16.58=-9.22$

$k=9.90\times10^{-5}(\mathrm{L\cdot mol^{-1}\cdot min^{-1}})$

(2)由 $-\dfrac{\varepsilon}{R}=-10320$ 得

$\varepsilon=10320\times8.314=85800(\mathrm{kJ\cdot mol^{-1}})$

$$\ln\frac{v_{310}}{v_{300}}=\ln\frac{k_{310}}{k_{300}}=-\frac{85800}{8.314}\times\left(\frac{1}{310}-\frac{1}{300}\right)=1.100$$

$v_{310}/v_{300}=3.034$

即当温度从 300K 升高到 310K 时，反应速率增加到原来的 3 倍。

$$\ln\frac{v_{410}}{v_{400}}=\ln\frac{k_{410}}{k_{400}}=-\frac{85800}{8.314}\times\left(\frac{1}{410}-\frac{1}{400}\right)=0.6293$$

$v_{410}/v_{400}=1.876$

即从 400K 升高到 410K，虽然也升高 10K，但反应速率只增加了 0.876 倍，还不到 1 倍。

四、活化能的物理意义

由阿仑尼乌斯公式可以看出，反应速率或速率常数不仅与温度有关而且还与反应的活化能 ε 有关。最初，反应活化能只是阿仑尼乌斯公式中的一个经验参数，为了弄清它的物理意义，人们对其作了理论上的研究。

对活化能物理意义的解释，牵扯到微观反应动力学。主要有两种理论：一种是碰撞理论，另一种是过渡状态理论。现分别简单介绍如下。

碰撞理论是结合气体分子运动论提出的。根据气体分子运动论，气体分子要发生化学反应，首先要有气体分子间的相互碰撞，只有碰撞在一起，才有可能发生化学反应。是否每次碰撞都能发生化学反应呢？不是的。如果每次碰撞都能发生化学反应，那么反应将以极高的速率进行，任何反应在瞬间就可以完成。如气体的浓度是 $1\mathrm{mol\cdot L^{-1}}$，每立方米内每秒气体分子可发生 10^{28} 次碰撞。如果每次碰撞都发生化学反应，那么 10^{-5} 秒反应就可完成，但实际情况并非如此。实际上，气体分子的每一次碰撞并不一定发生化学反应，只有那些能量比较高的分子发生的碰撞，才有可能发生反应。能够发生反应的碰撞叫作有效碰撞，而不能发生化学反应的碰撞就是无效碰撞。

根据气体分子运动论，在温度一定时，系统的总能量是一定的，分子的平均能量也是一定的，但各分子的运动速度并不相同，即各分子的能量并不相同，但能量的分布是有规律的，属于麦克斯韦分布。大部分分子的能量在平均能量附近。因此大部分分子的碰撞是无效碰撞，只有少数能量较高的分子的碰撞才是有效碰撞。能量比较高并且发生有效碰撞的分子叫作活化分子。活化分子比普通分子高出的能量叫作活化能，即"活化分子的平均能量与普通分子的平均能量的差值叫作活化能"，这就是活化能的物理意义。因为活化分子占的比例很少，发生有效碰撞的次数所占比例很低，所以化学反应速率并不像气体分子碰撞那样快，而是慢得多。当温度升高时，系统的总能量增加，高能量分子的数目也增加，而活化能一般是不随温度变化的，所以活化分子占的比例大大增加。故当温度升高时，反应速率加快。

过渡状态理论认为：化学反应的过程是旧的化学键断裂，新的化学键生成的过程。旧键的断裂和新键的生成不是突然发生的，而是一个渐变的过程。组成旧键的原子之间的距离逐渐变长，变长到一定程度，旧键才完全断裂；形成新键的原子之间的距离逐渐缩短，缩短到一定程度才形成新的化学键。下面以 AB 分子和 C 原子作为反应物，经过反应以后生成产物 A 原子和 BC 分子作为反应系统为例进行说明。

A—B＋C	$\longrightarrow$	A…B…C	$\longrightarrow$	A＋B—C
反应物		活化络合物（过渡状态）		生成物

A—B 之间的距离变长，B—C 之间的距离缩短。当 A—B 之间的键要断未断，B—C 之间的键要形成还未形成时，形成了过渡状态的构型，又称为"活化络合物"。过渡状态很不稳定，它很快分解为生成物分子，也可能转变为原来的反应物分子。活化络合物的能量比普通分子的能量高，活化络合物比反应物分子高出的能量叫作活化能。

参见图 1.1，反应物状态Ⅰ吸收能量 ε_1 成为过渡状态，ε_1 就是反应的活化能。吸收能量变为过渡状态的过程相当于爬山。过渡状态转变为产物状态Ⅱ，并放出能量 ε_2。过渡状态转变为产物相当于下山。反应也可以逆向进行，状态Ⅱ吸收能量 ε_2 成为过渡状态，然后放出能量 ε_1 成为状态Ⅰ。ε_2 是逆向反应的活化能。

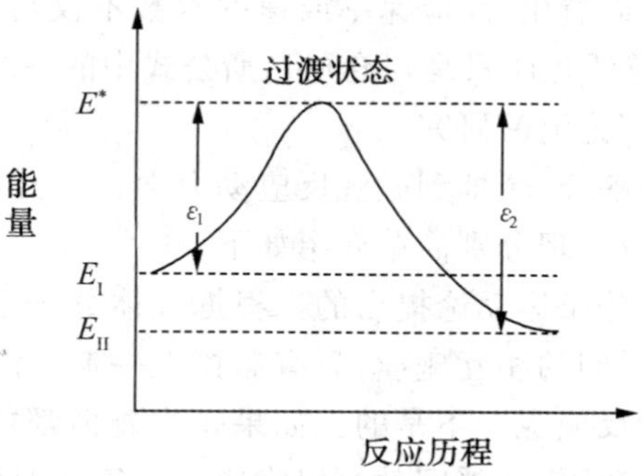

图 1.1　反应系统中活化能示意图

反应是放热还是吸热，取决于终态和始态的能量差

$$Q=\Delta E=E_{\mathrm{II}}-E_{\mathrm{I}}=\varepsilon_1-\varepsilon_2$$

所以，反应的热效应也可以看作正向反应与逆向反应活化能之差。

五、控制反应速率的具体措施和催化剂

根据质量作用定律和阿仑尼乌斯公式，控制化学反应速率可用以下几种方法。

1. 控制反应物浓度

在温度等条件不变时，反应物浓度越大反应速率越大。

2. 控制反应温度

升高温度可以增加反应速率而且效果明显。控制反应在不同温度下进行，可使反应速率有显著差别。但对于放热反应，升高温度将使反应物的平衡转化率降低。

以上两种方法只是改变浓度或温度，都不改变反应的活化能。在温度、浓度条件不变的情况下，如能改变反应活化能，也能控制化学反应速率。

3. 使用催化剂

催化剂是指能改变一个化学反应的反应速率而本身在反应前后的组成、质量和化学性质保持不变的物质。催化剂有两类：一类是能加快反应速率的，叫作正催化剂，简称催化剂；另一类能减慢反应速率的叫作负催化剂，又叫阻化剂。工业上把催化剂称作触媒。

催化剂之所以能改变反应速率是由于它参与了反应过程，改变了反应历程（途径），从而导致活化能变化而使反应变快或变慢。例如，合成氨反应

$$2N_2+3H_2 = 2NH_3$$

参见图 1.2，在没有催化剂存在的情况下，该反应的活化能很高，约 254kJ · mol^{-1}（图中的 ε）。当采用铁作催化剂时，反应的活化能降低到 126～127kJ · mol^{-1}（图中的 ε_1）。

经研究认为，采用铁作催化剂后，合成氨反应分步进行：

$$N_2+2xFe \longrightarrow 2Fe_xN \quad (1)$$

$$2Fe_xN+H_2 \longrightarrow 2Fe_xNH \quad (2)$$

$$Fe_xNH+H_2 \longrightarrow Fe_xNH_3 \longrightarrow xFe+NH_3 \quad (3)$$

第一步反应的活化能最大，其他两步都较小，总的反应速率主要由活化能较大的一步决定。所以加入铁作催化剂后，活化能降低了很多。

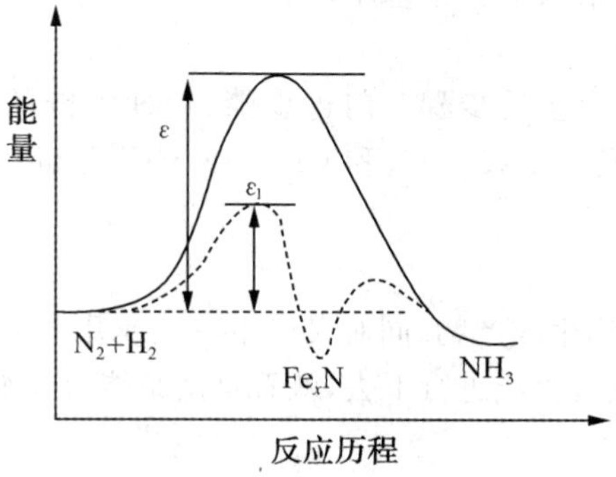

图 1.2　合成氨反应活化能示意图

催化剂只是提高反应速率，使反应尽快达到平衡，而不改变平衡常数，不改变反应系统的热力学性质。平衡常数和热效应只与反应物和产物的状态有关，而与反应历程无关。上三式相加，中间产物都被消掉，只有反应物和产物。

总之，控制反应速率可以通过控制反应物浓度、反应温度，使用合适的催化剂等措施进行。这对于工农业生产、科学研究以及人类生活都是十分有意义的。

六、链式反应

有一类特殊的化学反应，这类反应只要用某种方法引发即可发生一连串的反应，使其自动进行下去，这类反应称为链式反应。

链式反应在合成橡胶、塑料等高分子材料领域以及烃类的氧化、燃料的燃烧等工业过程中有着重要的应用。

现以氢气在氯气中燃烧合成氯化氢为例，说明链式反应的过程。

在黑暗中，H_2和Cl_2的反应几乎察觉不到，但在日光照射下却进行得很快。反应机理如下：

(1)$Cl_2 + h\nu = 2Cl\cdot$　　链引发

(2)$Cl\cdot + H_2 = HCl + H\cdot$　链传递

(3)$H\cdot + Cl_2 = HCl + Cl\cdot$　链传递

(4)$Cl\cdot + Cl\cdot + M = Cl_2$　链终止

总反应为：$Cl_2 + H_2 \xrightarrow{h\nu} 2HCl$。

首先，Cl_2在日光的照射下分解成两个活性很高的氯原子。氯原子带有一个不成对的电子，用一个黑点表示。像这种带有不成对电子的活性很高的原子或原子团叫作自由基。自由基的活性很高，很容易再与其他原子或分子发生反应。氯原子自由基在步骤(2)中与H_2反应，生成 HCl 分子，这是反应的产物，同时产生一个氢原子自由基 $H\cdot$。$H\cdot$又可与Cl_2分子反应，也产生一个 HCl 分子，同时也产生一个自由基 $Cl\cdot$。(2)(3)两步可反复交替进行，产物不断地产生，自由基不断地出现。由于反应连续不断地进行，就好像一根链条一样，一环扣一环，所以称为“链式反应”。只有自由基相互结合成稳定的分子，反应才能中断，如步骤(4)。M 是第三体，不参与反应，只起传递能量的作用，可以是器壁，也可以是气相中其他分子。

一个链式反应一般包括以下三个基本步骤。

1. 链引发

就是普通分子形成自由基的步骤。前述步骤(1)即为链的引发。链引发的方法通常有热引发、辐射引发和引发剂引发。H_2和Cl_2生成 HCl 是辐射引发，氯乙烯合成聚氯乙烯则用引发剂引发。

2. 链传递

就是自由基与分子作用生成产物，同时又产生一个或几个自由基的步骤。前述步骤(2)(3)即为链的传递。链反应是否能进行下去，就看自由基能否在消失的同时不断地产生。

3. 链终止

就是自由基本身结合为普通分子的步骤。前述步骤(4)即为链的终止。

链式反应根据链传递步骤的机理不同，可分为“直链反应”和“支链反应”。

在链传递过程中，凡是一个自由基消失的同时，只产生一个新的自由基的，即自由基数目保持不变的反应，称为“直链反应”。如氢气和氯气合成氯化氢的反应。凡是一个自由基消失的同时，产生两个或两个以上自由基的反应，即自由基数目不断增加的反应，称为“支链反应”，如某些爆炸反应。直链反应和支链反应示意图见图 1.3。

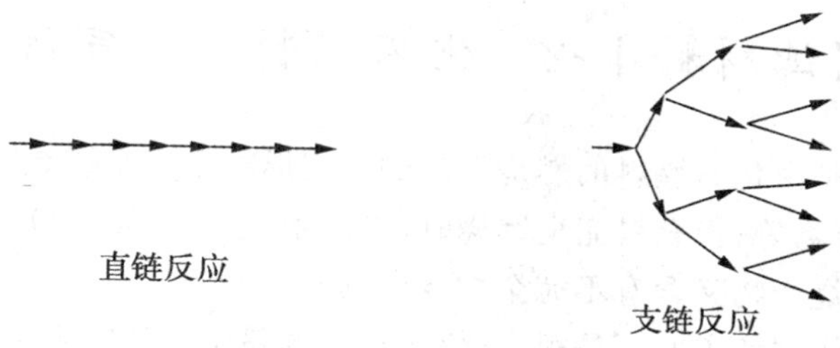

图 1.3　直链反应和支链反应示意图

阅读材料Ⅰ-1　化石燃料与能源

化石燃料仍然是现代世界的主要能源。化石燃料主要包括天然气、石油和煤。它们都是古代动植物残体经过数万年乃至数百万年在地下高压、高热的极端条件下形成的，属于不可再生能源。

天然气是一种低级烷烃的混合物，主要成分是甲烷，另外还含有一些乙烷、丙烷等。

甲烷在 298K、标准状况下完全燃烧的热化学方程式为：

$$CH_4(g)+2O_2(g)=\!=\!=CO_2(g)+2H_2O(l) \qquad \Delta H_m^{\ominus}=-890kJ\cdot mol^{-1}$$

换算成每克甲烷的热值为 55.6kJ。

石油是多种碳氢化合物的混合物，其中含有链烷烃、环烷烃、芳香烃和少量含氧和含硫的有机物质。石油经过分馏和裂解等加工过程后可得到石油气、汽油、煤油、柴油、润滑油等一系列产品，其中最重要的是汽油。汽油中最有代表性的组分是辛烷（C_8H_{18}）。辛烷在 298K、标准条件下完全燃烧的热化学方程式为：

$$C_8H_{18}(l)+\frac{25}{2}O_2(g)=\!=\!=8CO_2(g)+9H_2O(l) \qquad \Delta H_m^{\ominus}=-5440kJ\cdot mol^{-1}$$

换算成每克辛烷的热值为 47.7kJ。

煤主要含有碳，约占总质量的 70%，还含有氢、氧、硫、氮等元素。碳（以石墨计）在标准状况、298.15K 时完全燃烧的热化学方程式为：

$$C(石墨)+O_2(g)=\!=\!=CO_2(g) \qquad \Delta H_m^{\ominus}=-393.5kJ\cdot mol^{-1}$$

换算成每克碳（石墨）的热值为 32.8kJ。通常每克标准煤完全燃烧所放出的热量为 30kJ。

天然气、石油和煤都属于一次性能源，是不可再生的。由于世界能源消耗速率急剧增长，而蕴藏量毕竟有限，有人估计按目前世界能源消耗速率加上人口增长等因素，用不了一百年，这些已发现的化石燃料将被消耗殆尽。

在使用过程中，化石燃料对大气的污染也是不容忽视的，它们不仅产生温室气体CO_2，而且还会产生NO_x、SO_2等有毒气体。特别是煤，除产生有毒气体外，其燃烧残渣还会造成粉尘污染，应特别引起注意。

人们已经考虑到了化石燃料的枯竭问题以及环境污染问题，因而又开发了核能、太阳能等存量更大、更为清洁的能源，其中核能的开发已经实现，而太阳能的大规模开发利用还处于初级阶段。

阅读材料Ⅰ-2　化石燃料与大气污染

大气污染主要是由化石燃料的燃烧引起的。当燃料不完全燃烧时，将产生烟尘、CO、CO_2、SO_2、碳氢化合物等；当燃料完全燃烧时，将产生烟尘、CO_2、NO_x、SO_2等。事实上，大气中既含有完全燃烧产物又含有不完全燃烧产物。

粉尘自身对人体的危害并不是很大，但大气中的粉尘往往吸附了NO_x、SO_2等有毒物质，并且将其转化为硝酸、硫酸等毒性更强的物质，因而其毒性大大增加。粉尘可刺激人的呼吸系统，引起支气管炎、哮喘、肺气肿甚至肺癌等疾病。

CO能与血红蛋白中的Fe结合，使血红蛋白失去运载氧气的功能，引起内窒息。由于CO无色、无臭，人中毒后会失去知觉，直至死亡，因而CO的危害应引起人们广泛的重视。

CO_2基本不吸收太阳发出的可见光，但强烈吸收地球发出的长波辐射，当地球大气层中CO_2的含量过高时，相当于给地球建造了一个玻璃暖房，破坏了地球的热平衡，使地表的温度升高，影响地球的气候。温度升高还能造成极地冰雪融化，海平面升高，部分沿海城市将被淹没。

一般煤的含硫量为0.5%～3%，有的高达5%。不论煤中的硫是以有机硫还是无机硫的形态存在，在燃烧时，硫都被氧化为SO_2。SO_2本身的毒性就很大，它不但对植物造成伤害，而且能够刺激人的呼吸系统，引起支气管炎、哮喘、肺气肿等疾病。特别是在粉尘颗粒的催化作用下，SO_2还可以和H_2O、O_2作用转化为硫酸雾，硫酸雾对动植物的危害更大。1952年12月发生的伦敦烟雾事件就是由SO_2污染引起的，在当时的气候和地理条件下，硫酸雾积聚达数日之久，造成数千人患病，数十人死亡。

氮氧化物主要包括NO和NO_2。在通常大气条件下，N_2是惰性的，它难以与氧作用，但在内燃机中的高温（超过1200℃）环境下，N_2却可以和O_2作用生成NO。因此大气中的NO主要来自汽车尾气。在粉尘的催化作用下，NO可以较快地转化为NO_2。NO_2除可与水作用生成硝酸雾以外，更重要的是它能发生光化学反应，导致光化学烟雾的形成，造成更大的污染。

一般认为，光化学烟雾的形成是从NO_2的光分解开始的：

$$NO_2(g) \xrightarrow[\text{波长约 392nm}]{\text{日光}} NO(g) + O(g)$$

生成的原子氧与O_2作用生成O_3：

$$O_2(g) + O(g) \xlongequal{} O_3(g)$$

O_3可与NO作用又生成O_2和NO_2：

$$O_3(g)+NO(g)\!=\!=\!=\!O_2(g)+NO_2(g)$$

如果仅发生上述作用，并不形成新的污染物，不会形成光化学烟雾，但事实上，大气中尚有大量的碳氢化合物存在（汽车尾气排放、植物排放），它们更易与原子氧和臭氧发生如下的一系列反应：

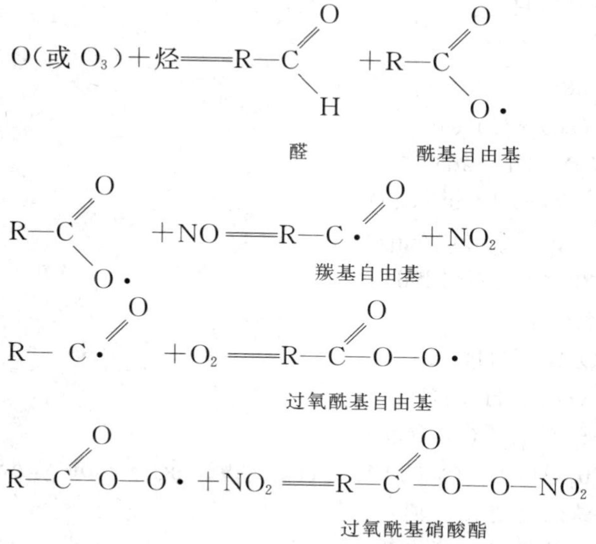

过氧酰基硝酸酯（简写为 PAN）、O_3 和醛类都为光化学烟雾的主要成分，它们都具有强烈的刺激性及氧化性，可造成更为严重的大气污染。著名的洛杉矶光化学烟雾事件就是由汽车尾气排放的 NO 造成的。我国的兰州市多次出现光化学烟雾。因而，汽车尾气造成的污染应引起人们广泛的重视。

习　题

1. 今有一密闭系统，当过程的始态、终态确定以后，下列各项是否有确定值？

$$Q, W, Q-W, Q+W, \Delta H, \Delta G$$

2. 下列各符号分别表示什么意义？

$H, \Delta H, \Delta H^\ominus, \Delta_f H_m^\ominus, S_m^\ominus(298, B), \Delta_f G_m^\ominus(298, B)$

3. 下列反应的 Q_p 和 Q_V 有区别吗？

(1) $2H_2(g)+O_2(g)\!=\!=\!=\!2H_2O(g)$

(2) $NH_4HS(s)\!=\!=\!=\!NH_3(g)+H_2S(g)$

(3) $C(s)+O_2(g)\!=\!=\!=\!CO_2(g)$

(4) $CO(g)+H_2O(g)\!=\!=\!=\!CO_2(g)+H_2(g)$

4. 已知下列热化学方程式：

(1) $Fe_2O_3(s)+3CO(g)\!=\!=\!=\!2Fe(s)+3CO_2(g)$　　$\Delta H_m^\ominus(298)=-27.6\,kJ\cdot mol^{-1}$

(2) $3Fe_2O_3(s)+CO(g)\!=\!=\!=\!2Fe_3O_4(s)+CO_2(g)$　　$\Delta H_m^\ominus(298)=-58.6\,kJ\cdot mol^{-1}$

(3) $Fe_3O_4(s)+CO(g)\!=\!=\!=\!3FeO(s)+CO_2(g)$　　$\Delta H_m^\ominus(298)=38.1\,kJ\cdot mol^{-1}$

不用查表，计算反应(4)的 $\Delta H_m^\ominus(298)$。

(4) $FeO(s)+CO \longequal Fe(s)+CO_2(g)$

5. 查表计算下列反应的 $\Delta H_m^\ominus(298)$。

(1) $Fe_3O_4(s)+4H_2(g) \longequal 3Fe(s)+4H_2O(g)$

(2) $4NH_3(g)+5O_2(g) \longequal 4NO(g)+6H_2O(l)$

(3) $CO(g)+H_2O(g) \longequal CO_2(g)+H_2(g)$

(4) $S(s)+O_2(g) \longequal SO_2(g)$

6. 查表计算下列反应的 $\Delta H_m^\ominus(298)$。

(1) $Fe(s)+Cu^{2+}(aq) \longequal Fe^{2+}(aq)+Cu(s)$

(2) $AgCl(s)+I^-(aq) \longequal AgI(s)+Cl^-(aq)$

(3) $2Fe^{3+}(aq)+Cu(s) \longequal 2Fe^{2+}(aq)+Cu^{2+}(aq)$

(4) $CaO(s)+H_2O(l) \longequal Ca^{2+}(aq)+2OH^-(aq)$

7. 查表计算下列反应的 $\Delta S_m^\ominus(298)$ 和 $\Delta G_m^\ominus(298)$。

(1) $2CO(g)+O_2(g) \longequal 2CO_2(g)$

(2) $3Fe(s)+4H_2O(l) \longequal Fe_3O_4(s)+4H_2(g)$

(3) $Zn(s)+2H^+(aq) \longequal Zn^{2+}(aq)+H_2(g)$

(4) $2Fe^{3+}(aq)+Cu(s) \longequal 2Fe^{2+}(aq)+Cu^{2+}(aq)$

8. 已知反应 $4CuO(s) \longequal 2Cu_2O(s)+O_2(g)$ 的 $\Delta H_m^\ominus=292.0kJ \cdot mol^{-1}$，$\Delta S_m^\ominus=220.8J \cdot K^{-1} \cdot mol^{-1}$，设它们皆不随温度变化。问：

(1) 298K、标准状态下，上述反应是否正向自发进行？

(2) 若使上述反应正向自发进行，温度至少应为多少？

9. 对于合成氨反应：$N_2(g)+3H_2(g) \longequal 2NH_3(g)$，查表计算：

(1) 298K、标准状态下，反应是否自发进行？

(2) 标准状态下，反应能够自发进行的最高温度是多少？设反应的 ΔH 和 ΔS 不随温度变化。

(3) 若 $p(N_2)=10p^\ominus$，$p(H_2)=30p^\ominus$，$p(NH_3)=1p^\ominus$，反应能够自发进行的温度是多少？设反应的 ΔH 和 ΔS 仍不随温度变化。

10. 已知 $CaCO_3(s) \longequal CaO(s)+CO_2(g)$ 的 $\Delta H_m^\ominus(298)=178.4kJ \cdot mol^{-1}$，$\Delta S_m^\ominus(298)=160.5J \cdot K^{-1} \cdot mol^{-1}$。试计算 $CaCO_3(s)$ 在空气中（CO_2 的体积分数为 0.033%）开始分解的近似温度。

11. 写出下列各反应平衡常数 $K^\ominus$ 的表达式（不计算）。

(1) $2NO(g)+O_2(g) \rightleftharpoons 2NO_2(g)$

(2) $C(s)+H_2O(g) \rightleftharpoons CO(g)+H_2(g)$

(3) $HAc(aq) \rightleftharpoons H^+(aq)+Ac^-(aq)$

(4) $Pb(s)+2H^+(aq) \rightleftharpoons Pb^{2+}(aq)+H_2(g)$

12. 973K 时，反应 $CO(g)+H_2O(g) \rightleftharpoons CO_2(g)+H_2(g)$ 的 $K^\ominus=1.56$，问：

(1) 973K、标准状态下，反应是否自发进行？

(2) 若 $p(CO_2)=p(H_2)=1.27\times10^5Pa$，$p(CO)=p(H_2O)=0.76\times10^5Pa$，反应是否自发进行？

13. 已知 $N_2O_4(g) \rightleftharpoons 2NO_2(g)$ 的 $\Delta G_m^\ominus(298)=4836J \cdot mol^{-1}$。现将盛有3.176g N_2O_4 的密闭容器置于 25℃ 的恒温槽中，问：平衡时容器内的总压力为多少？

14. 523K 时，将 0.70mol $PCl_5(g)$ 注入 2.0dm^3 的密闭容器中，反应 $PCl_5(g) \rightleftharpoons PCl_3(g) + Cl_2(g)$ 达平衡时，有 0.5mol 的 PCl_5 分解了。求 523K 时反应的 $K^{\ominus}$。

15. 740K 时，$Ag_2S(s) + H_2(g) \rightleftharpoons 2Ag(s) + H_2S(g)$ 的 $K^{\ominus} = 0.36$。该温度下，将一密闭容器中的 1.0mol Ag_2S 完全还原，至少需要多少摩尔的 H_2？

16. 反应 $2Cl_2(g) + 2H_2O(g) \rightleftharpoons 4HCl(g) + O_2(g)$ 的 $\Delta H^{\ominus} > 0$。请根据吕·查德里原理判断下列左方操作对右方平衡数值的影响。

(1)升高温度	$K^{\ominus}$，O_2 物质的量
(2)加 H_2O	H_2O 物质的量，Cl_2 物质的量
(3)加 Cl_2	$K^{\ominus}$，HCl 物质的量
(4)增大容器体积	$K^{\ominus}$，O_2 物质的量
(5)加压	$K^{\ominus}$，O_2 物质的量

17. 判断下列说法的正误。

(1)反应 $C(s) + H_2O(g) = CO(g) + H_2(g)$ 两边的摩尔数相等，所以 $Q_p = Q_V$。（　　）

(2)可逆反应达平衡后，若平衡条件不变，则各反应物和生成物的浓度(或分压)为定值。（　　）

(3)由反应式 $2NH_3 = N_2 + 3H_2$ 可以知道，这是一个二级反应。（　　）

(4)对于给定的 T_2、T_1 来说，活化能越大的反应受温度的影响越大。（　　）

18. 选择填空。

(1)恒温、恒压条件下，某反应的 $\Delta G_m^{\ominus} = 10kJ \cdot mol^{-1}$，则该反应________。

A. 一定不能进行　　B. 一定不能自发进行

C. 一定能自发进行　　D. 能否自发进行还需具体分析

(2)下列反应的热效应等于 $\Delta_f H_m^{\ominus}(CO_2, g)$ 的是________。

A. C(金刚石)$+ O_2(g) = CO_2(g)$　　B. C(石墨)$+ O_2(g) = CO_2(g)$

C. $CO(g) + \frac{1}{2}O_2(g) = CO_2(g)$　　D. $CaCO_3(s) = CaO(s) + CO_2(g)$

(3)若正向反应活化能大于逆向反应活化能，则关于该反应叙述正确的是________。

A. 一定是放热反应　　B. 一定是吸热反应

C. 吸热还是放热应具体分析　　D. 反应热与活化能无关

(4)升高温度可以增加反应速率，是因为________。

A. 降低了反应的活化能　　B. 增加了反应的活化能

C. 增加了分子总数　　D. 增加了活化分子的百分数

19. 实验发现，反应 $2NO + Cl_2 = 2NOCl$ 是基元反应。

(1)写出该反应的反应速率表达式。计算反应级数。

(2)其他条件不变，将容器体积增大到原来的 2 倍，反应速率变化了多少？

(3)若容器体积不变，仅将 NO 的浓度增大到原来的 3 倍，反应速率又如何变化？

(4)若某瞬间，Cl_2 的浓度减小了 $0.003mol \cdot L^{-1} \cdot s^{-1}$，请用三种物质浓度的变化分别表示此时的反应速率。

20. 28℃时，鲜牛奶变酸约需 4 小时，在 5℃的冰箱内冷藏时，约 48 小时才能变酸。已知牛奶变酸的反应速率与变酸时间成反比，求牛奶变酸反应的活化能。

第二章　溶液和离子平衡

工程技术中普遍要用到水溶液。水溶液中的各种平衡及化学反应数量繁多、种类复杂。本章主要介绍稀溶液的依数性(蒸汽压下降、沸点升高、凝固点下降和渗透压的数值)、水溶液中的单相离子平衡和多相离子平衡,并介绍这些规律在工程实际中的应用。在阅读材料中介绍与工程实际密切相关的水的软化和除盐,水污染及其治理的一般方法,乳状液与表面活性剂等内容。

第一节　溶液组成的表示方法

溶液是溶质和溶剂在分子水平上均匀混合的稳定系统。溶液有液态溶液和固态溶液之分,本章仅讨论液态溶液。溶液的组成常用"浓度"来表示,在化学上,经常使用的有摩尔分数浓度、体积摩尔浓度、质量摩尔浓度、质量分数浓度、体积分数浓度等。

一、摩尔分数浓度

溶液中某一组分 B 物质的量[$n(\mathrm{B})$]占全部溶液的物质的量(n)的分数,称为组分 B 的摩尔分数浓度。用 $x(\mathrm{B})$表示,其量纲为 1。

$$x(\mathrm{B})=\frac{n(\mathrm{B})}{n} \tag{2-1}$$

若溶液由 A 和 B 两种组分组成,$n(\mathrm{B})$为溶质的物质的量,$n(\mathrm{A})$为溶剂的物质的量,则:

$$x(\mathrm{B})=\frac{n(\mathrm{B})}{n(\mathrm{A})+n(\mathrm{B})} \quad x(\mathrm{A})=\frac{n(\mathrm{A})}{n(\mathrm{A})+n(\mathrm{B})}$$

显然,$x(\mathrm{A})+x(\mathrm{B})=1$。

二、体积摩尔浓度

每升溶液中所含溶质 B 的物质的量,称为溶质 B 的体积摩尔浓度,用符号 $c(\mathrm{B})$表示。

$$c(\mathrm{B})=\frac{n(\mathrm{B})}{V} \tag{2-2}$$

$c(\mathrm{B})$的 SI 单位为 $\mathrm{mol\cdot m^{-3}}$,常用单位为 $\mathrm{mol\cdot dm^{-3}}$,或 $\mathrm{mol\cdot L^{-1}}$。

若溶质 B 的质量为 $w(\mathrm{B})$,摩尔质量为 $M(\mathrm{B})$,则

$$c(B)=\frac{w(B)/M(B)}{V} \tag{2-3}$$

三、质量摩尔浓度

每千克溶剂中所含溶质的物质的量，称为质量摩尔浓度，其符号为 $m(B)$，单位为 mol · kg^{-1}。

$$m(B)=\frac{n(B)}{w(A)} \tag{2-4}$$

$w(A)$为溶剂的质量，以 kg 为单位。

例如，将 18g 葡萄糖（$C_6H_{12}O_6$）溶于 1kg 水中，此葡萄糖溶液的质量摩尔浓度为 0.1mol · kg^{-1}。

摩尔分数浓度和质量摩尔浓度的数值都不随温度变化。对于溶剂是水的稀溶液，$m(B)$与 $c(B)$的数值相差很小。

至于质量分数浓度、体积分数浓度较为简单，这里不再介绍。

第二节　稀溶液的依数性

溶液有许多性质，如颜色、密度、黏度、导电性、酸碱性等，这些性质是由溶质和溶剂的本性共同决定的；而另一些性质，如蒸汽压下降、沸点升高、凝固点下降和渗透压等，则只与溶质的粒子数有关，而与溶质的本性无关，称为稀溶液的依数性。工业上常用的致冷剂、干燥剂、抗凝剂等与这些性质的应用密切相关。

一、溶液的蒸汽压下降

在一定温度下，将液体置于一密闭容器中，当液体的蒸发和蒸汽的凝结两个相反过程的速率相等时，体系处于相平衡状态，如水的蒸发冷凝平衡为

$$H_2O(l) \rightleftharpoons H_2O(g)$$

此时蒸汽所产生的压强称为该温度下该液体的饱和蒸汽压（简称蒸汽压）。

同一温度下，不同物质有不同的蒸汽压；同一物质在不同的温度下也有不同的蒸汽压。但有一点是共同的，即当在溶剂中加入难挥发的溶质（如食盐溶于水中，萘溶于苯中）时，在同一温度下，溶液的蒸汽压总是低于纯溶剂的蒸汽压。这种现象称为蒸汽压下降。溶液越浓，蒸汽压下降值越大。

$$\Delta p=p^{*}-p \tag{2-5}$$

式中：Δp 为溶液的蒸汽压下降值；p^{*} 为纯溶剂的蒸汽压；p 为溶液的蒸汽压。

显然，这里所说的溶液的蒸汽压，实际是指溶液中溶剂的蒸汽压。

溶液的蒸汽压之所以下降，可以认为是由于溶质粒子占据了一部分溶剂分子的位置，使溶剂可蒸发的分子数减少，从而导致气液平衡向液化方向移动。

1887 年，法国物理学家拉乌尔（F. M. Raoult）根据大量的实验结果提出：在一定温度

下，难挥发非电解质稀溶液的蒸汽压下降与溶质 B 的摩尔分数成正比，而与溶质的本性无关。此规律称为拉乌尔定律。即

$$\Delta p = p^* x(\mathrm{B}) = p^* \frac{n(\mathrm{B})}{n(\mathrm{A}) + n(\mathrm{B})} \tag{2-6}$$

当溶液很稀时：$n(\mathrm{A}) + n(\mathrm{B}) \approx n(\mathrm{A})$

$$\Delta p = p^* \frac{n(\mathrm{B})}{n(\mathrm{A})}$$

当 $n(\mathrm{B})$ 是 1000g 溶剂中溶质的摩尔数时，则为质量摩尔浓度 $m(\mathrm{B})$，1000g 溶剂的摩尔数为 $1000/M(\mathrm{A})$。则

$$\Delta p = p^* \frac{m(\mathrm{B})}{\frac{1000}{M(\mathrm{A})}} = p^* \frac{M(\mathrm{A})}{1000} m(\mathrm{B})$$

显然，对同一溶剂，1000、$M(\mathrm{A})$ 和 p^* 都是常数，令 $\frac{M(\mathrm{A})}{1000} p^* = k_{\mathrm{vp}}$，则

$$\Delta p = k_{\mathrm{vp}} m(\mathrm{B}) \tag{2-7}$$

所以，拉乌尔定律又可以表述为：在一定温度下，难挥发非电解质稀溶液的蒸汽压下降值近似地与溶质 B 的质量摩尔浓度成正比，而与溶质的本性无关。

利用蒸汽压下降原理，可以解释一些干燥剂的干燥作用。如无水氯化钙、五氧化二磷等干燥剂易于吸收空气中的水分，在其表面形成饱和溶液的薄膜，薄膜上水蒸气的分压低于空气中水蒸气的分压，因而使水蒸气不断凝结，以达到干燥有限空间空气的目的。

二、溶液的沸点升高和凝固点下降

液体的沸点是指液体的蒸汽压和外界大气压相等时的温度。

溶液的蒸汽压降低是导致溶液沸点升高和凝固点下降的根本原因。由图 2.1 可见，在 373.15K 时，水的蒸汽压等于外界大气压（101.3kPa），所以水的沸点为 373.15K。由于溶质的加入，降低了溶液的蒸汽压，要使溶液的蒸汽压等于外界压力（101.3kPa），就必须将溶液继续加热至 B′点。因此，难挥发溶质溶液的蒸汽压下降，导致了溶液的沸点高于纯溶剂的沸点。

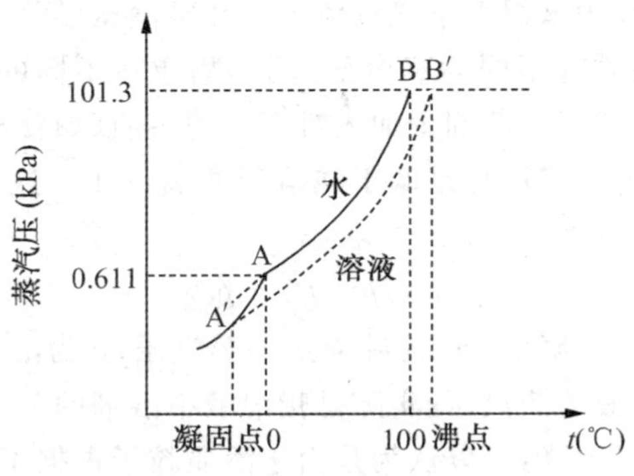

图 2.1　水溶液的沸点上升和凝固点下降

难挥发非电解质稀溶液的沸点升高值也近似地与溶液的质量摩尔浓度成正比：

$$\Delta T_{bp}=k_{bp}m(B) \tag{2-8}$$

式中：ΔT_{bp}为溶液的沸点升高值；k_{bp}为溶剂的摩尔沸点升高常数。

某物质的凝固点是该物质的液相蒸汽压和固相蒸汽压相等时的温度。由图 2.1 可见，水的蒸汽压等于冰的蒸汽压（均为 0.611kPa）时的温度是 0℃（A 点），此时水和冰共存。当在纯水中加入溶质时，由于溶液的蒸汽压下降，在 0℃时冰与水不能共存，所以溶液在 0℃不结冰。欲使溶液的蒸汽压等于冰的蒸汽压，必须降低温度。在 0℃以下的某一点（A′），水溶液与冰的蒸汽压相等，冰和水溶液达到平衡，A′所对应的温度就是水溶液的凝固点。显然，溶液的凝固点总是低于纯溶剂的凝固点，这种现象称为溶液的凝固点下降。非电解质稀溶液凝固点下降也与溶液的质量摩尔浓度成正比。即

$$\Delta T_{fp}=k_{fp}m(B) \tag{2-9}$$

式中：ΔT_{fp}为溶液的凝固点下降值；k_{fp}为溶剂的凝固点下降常数。

常见溶剂的沸点升高常数和凝固点降低常数列于表 2.1 中。

表 2.1　　几种溶剂的 k_{bp} 和 k_{fp}

溶剂	沸点（℃）	k_{bp}（$K\cdot kg\cdot mol^{-1}$）	凝固点（℃）	k_{fp}（$K\cdot kg\cdot mol^{-1}$）
醋酸	117.9	3.07	16.6	3.90
苯	80.1	2.53	5.5	5.12
氯仿	61.7	3.63	−63.5	6.94
萘	218.0	5.65	80.6	6.90
水	100.0	0.51	0.0	1.86

利用式（2-8）和（2-9）可以计算非电解质稀溶液的 ΔT_{bp}（或 Δt_{bp}）与 ΔT_{fp}（或 Δt_{fp}）值，还可以计算或测定非电解质溶质的分子量。

例 2.1　将 2.6g 尿素[$CO(NH_2)_2$]溶于 50g 水中，计算此溶液在标准压力下的沸点和凝固点。

解：尿素的 $M=60.0g\cdot mol^{-1}$

溶液的质量摩尔浓度为

$$m(B)=\frac{2.6}{60\times0.05}=0.866(mol\cdot kg^{-1})$$

$$\Delta T_{bp}=0.51\times0.866=0.44(℃)$$

$T_{bp}=100.00+0.44=100.44$(℃)或 $T_{bp}=373.60K$

$$\Delta T_{fp}=1.86\times0.866=1.61(℃)$$

$T_{fp}=0.00-1.61=-1.61$(℃)或 $T_{fp}=271.54K$

例 2.2　溶解 2.76g 甘油于 200g 水中，测得冰点为−0.279℃，求甘油的分子量。

解：$\Delta T_{fp}=k_{fp}m(B)$

$$m(B)=\frac{\Delta T_{fp}}{k_{fp}}=\frac{0.279}{1.86}=0.15(mol\cdot kg^{-1})$$

又 $m(\mathrm{B})=\dfrac{n(\mathrm{B})}{w(\mathrm{A})}=\dfrac{w(\mathrm{B})/M(\mathrm{B})}{w(\mathrm{A})}$

$M(\mathrm{B})=\dfrac{2.76}{0.15\times 200}=0.092(\mathrm{kg\cdot mol^{-1}})=92.0(\mathrm{g\cdot mol^{-1}})$

溶液的沸点升高、凝固点下降在工程实际中具有广泛的用途。用作钢铁发黑处理的氧化液中含有 NaOH($550\mathrm{g\cdot L^{-1}}$)、$NaNO_2$($100\sim150\mathrm{g\cdot L^{-1}}$),由于沸点升高,这种溶液加热到 140℃~150℃也不会沸腾,可以保证处理所需的较高的温度。人们常用冰盐混合物作冷冻剂,如 1 份食盐和 3 份碎冰混合,体系的温度可降到 −20℃。若在发动机散热器水箱中加入甘油或乙二醇等物质,可防止水箱在冬天因结冰而胀裂。下雪时,在公路上撒盐可使冰雪在 0℃以下融化。

三、渗透压

渗透必须通过一种膜来进行,这种膜只能使溶剂分子通过,而不能使溶质分子通过,因此称为半透膜。天然的半透膜有动物膀胱、肠衣、细胞膜等;人工半透膜有硝化纤维膜、醋酸纤维膜等。

渗透现象可以通过图 2.2 来说明。B 侧装纯水,A 侧装糖水,开始时两边液面等高。一段时间后,可以发现 B 侧水面从 b 降到了 b',A 侧糖水的水面从 a 升到了 a'。由于半透膜只允许水分子通过而不允许糖分子通过,因此糖水水面升高是由纯水中的水分子进入糖水造成的。

这种溶剂分子通过半透膜进入溶液的自发过程,称为渗透作用。

为了维持 A、B 两侧液面相平,必须在 A 侧液面上施加压力,当外压恰好能使两边水分子进出速率相等时,体系处于渗透平衡状态,该压力称为渗透压。

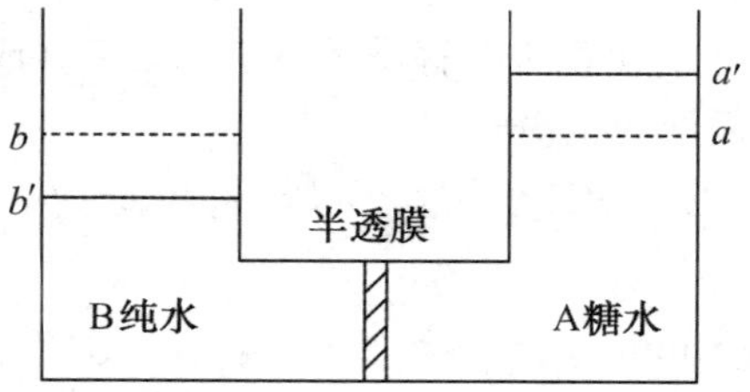

图 2.2　渗透压示意图

如果外加的压力大于渗透压,则会使溶液中的溶剂向纯溶剂方向扩散,使纯溶剂的体积增大,这个过程称为反渗透。

实验指出,难挥发非电解质稀溶液的渗透压与溶液的体积摩尔浓度及绝对温度成正比,而与溶质的本性无关,即

$$\pi=c(\mathrm{B})RT \tag{2-10}$$

式中:π 为渗透压;$c(\mathrm{B})$为体积摩尔浓度;R 为气体常数;T 为热力学温度。

上式可以改写为

$$\pi=\frac{nRT}{V}\text{或 }\pi V=nRT$$

渗透作用在生物学中具有重要意义。有机体的细胞膜大多都有半透膜的性质，渗透压是引起水在生物体中运动的重要推动力。树根靠渗透作用把水分运送到树叶的末端，其渗透压可以高于 10^3kPa。医学上用的静脉点滴输液，其渗透压必须与血液的渗透压相同，否则会有生命危险。反渗透可广泛应用于海水淡化、工业废水处理及有用物质的回收等。研究表明，用反渗透技术淡化海水所需的能量仅为蒸馏法的 30%，技术的关键是开发研制高强度、耐高压的半透膜。

关于稀溶液的依数性应当说明以下几点：

(1)以上几种依数性的定量公式只适用于难挥发非电解质的稀溶液。对于浓溶液，由于溶质分子的相互作用，已不符合拉乌尔定律的定量关系。对于电解质溶液，产生的效应更强，但由于电解质在水中发生电离，并且电离产生的离子之间有较强的相互作用，也不符合拉乌尔定律的定量关系。

(2)对相同浓度的溶液而言，其沸点高低的顺序为：A_2B 或 AB_2 型强电解质溶液＞AB 型强电解质溶液＞弱电解质溶液＞非电解质溶液。而溶液凝固点的高低顺序则与此相反。因此，可以根据溶液的浓度、组成等条件，对电解质溶液和非电解质溶液的上述性质进行定性比较。

(3)溶液的沸点和凝固点不是恒定的，随着溶剂的蒸发或析出，溶液逐渐变浓，其沸点不断升高，而凝固点也将不断下降。

第三节　水溶液中的单相离子平衡

酸碱平衡是水溶液中最重要的平衡体系。本节重点讨论水溶液中的酸碱平衡及其影响因素，讨论酸碱平衡体系中各组分浓度的计算以及缓冲溶液的性质、组成和应用。

一、水的离解平衡

纯水是极弱的电解质，仅发生微弱的离解：

$$H_2O \rightleftharpoons H^+ + OH^-$$

一定温度下达平衡时，H^+ 和 OH^- 浓度的乘积称为水的离子积，用 $K_w^\ominus$ 表示。25℃时

$$K_w^\ominus=[c(H^+)/c^\ominus]\cdot[c(OH)^-/c^\ominus]=1.0\times10^{-14}$$

$K_w^\ominus$ 值随温度升高而增加，但变化不大，如在 0℃、35℃、50℃时，分别为 1.14×10^{-15}、2.06×10^{-14}、5.35×10^{-14}。

水溶液的酸碱性常用 H^+ 浓度的大小来表示。水溶液中 H^+ 的浓度往往很小，当溶液的 $c(H^+)<1.0mol\cdot L^{-1}$时，溶液的酸碱性又常用 pH 来表示，pH 与 H^+ 浓度的关系为

$$pH=-\lg[c(H^+)/c^\ominus]$$

二、一元弱酸和弱碱的离解平衡

弱电解质在水溶液中只有很少一部分离解为离子，大部分仍以分子状态存在，即弱电

解质在溶液中存在着离解平衡。

以 HAc 为例，HAc 在水溶液中按下式离解：

$$HAc(aq) + H_2O \rightleftharpoons H_3O^+(aq) + Ac^-(aq)$$

简写为：$HAc \rightleftharpoons H^+ + Ac^-$。

达平衡时，有

$$K_a^\ominus = \frac{[c(H^+)/c^\ominus] \cdot [c(Ac^-)/c^\ominus]}{[c(HAc)/c^\ominus]}$$

简写为 $K_a^\ominus = \dfrac{c(H^+) \cdot c(Ac^-)}{c(HAc)}$。

$K_a^\ominus$ 称为一元弱酸的离解常数，它与一般的化学平衡常数一样，也仅与物质的本性和温度有关，而与溶液的浓度无关。一些弱酸、弱碱的离解常数列于附录 3 中。

设 HAc 的原始浓度为 $c(mol \cdot L^{-1})$，离解度为 α，则

$$K_a^\ominus = \frac{c\alpha \cdot c\alpha}{c - c\alpha} = \frac{c\alpha^2}{1-\alpha}$$

弱酸的离解度一般很小，故 $1-\alpha \approx 1$，则

$$\alpha = \sqrt{\frac{K_a^\ominus}{c}} \tag{2-11}$$

$$c(H^+) = c\alpha \approx \sqrt{K_a^\ominus \cdot c} \tag{2-12}$$

式(2-11)表明，弱电解质在溶液中的离解度与其浓度的平方根成反比，即浓度越小，离解度越大，这一关系称为稀释定律。

由式(2-11)(2-12)可以看出，若知道一元弱电解质溶液的原始浓度，并测得溶液的 pH，即可求出弱电解质的离解度和离解常数（实验值）。

一元弱电解质的离解常数还可以通过热力学数据予以求算。

例 2.3 利用热力学数据，计算 25℃时 HAc 在水中的离解常数。

解： $HAc \rightleftharpoons H^+ + Ac^-$

$\Delta_f G_m^\ominus (kJ \cdot mol^{-1})$ $\quad -399.61 \quad 0 \quad -372.46$

$\Delta_f G_m^\ominus = (-372.46) - (-399.61) = 27.15(kJ \cdot mol^{-1})$

$\ln K_a^\ominus = \dfrac{-\Delta G_m^\ominus}{RT} = \dfrac{-27.15 \times 1000}{8.314 \times 298} = -10.95$

$K_a^\ominus = 1.76 \times 10^{-5}$

对于一元弱碱溶液，同样可以推得 $c(OH^-)$ 的最简计算式：

$$c(OH)^- = \sqrt{K_b^\ominus \cdot c} \tag{2-13}$$

式中的 $K_b^\ominus$ 称为一元弱碱的离解常数。

因为离解度 α 的大小与 $K_i^\ominus$ 及 c 有关，$K_i^\ominus$ 越小、c 越大，α 就越小。一般情况下，当 $c/K_i^\ominus \geqslant 500$ 时，$\alpha < 5\%$。这时用式(2-12)(2-13)计算 $c(H^+)$、$c(OH^-)$ 的相对误差小于 2.3%。因此常用 $c/K_i^\ominus \geqslant 500$ 作为利用最简式进行近似计算的必要条件。

例 2.4 计算 $0.100mol \cdot L^{-1}$ HAc 溶液中的 $c(H)^+$、离解度 α 和 pH。（已知 $K_a^\ominus = 1.76 \times 10^{-5}$）

解：$c/K_a^\ominus \geqslant 500$，故直接用式(2-12)计算

$$c(H^+)=\sqrt{K_a^\ominus \cdot c}=\sqrt{1.76\times10^{-5}\times0.100}$$
$$=1.33\times10^{-3}(mol \cdot L^{-1})$$

$$\alpha=\frac{c(H^+)}{c}=\frac{1.33\times10^{-3}}{0.100}=1.33\times10^{-2}=1.33\%$$

$$pH=-\lg c(H^+)=-\lg(1.33\times10^{-3})=2.88$$

三、二元弱酸的离解平衡

二元弱酸的离解是分步进行的，每一步都对应一个离解常数。以 H_2S 的水溶液为例，其离解过程按以下两步进行。

一级离解为：$H_2S \rightleftharpoons H^+ + HS^-$

$$K_{a1}^\ominus=\frac{c(H^+)\cdot c(HS^-)}{c(H_2S)}=9.1\times10^{-8}$$

二级离解为：$HS^- \rightleftharpoons H^+ + S^{2-}$

$$K_{a2}^\ominus=\frac{c(H^+)\cdot c(S^{2-})}{c(HS^-)}=1.1\times10^{-12}$$

式中：$K_{a1}^\ominus$ 和 $K_{a2}^\ominus$ 分别为 H_2S 的一、二级离解常数。

由于 $K_{a1}^\ominus \gg K_{a2}^\ominus$，所以二级离解比一级离解困难得多，加之一级离解所产生的 H^+ 对二级离解有抑制作用，所以多元弱酸的离解以一级离解为主。在实际计算中，只要 $c/K_{a1}^\ominus \geqslant 500$，就可用式(2-12)作近似计算，并以所得的 $c(H^+)$ 代替多元弱酸溶液中总的 H^+ 浓度。

例 2.5　计算 $0.100 mol \cdot L^{-1}$ H_2S 溶液中的 $c(H^+)$ 和 pH。(已知 $K_{a1}^\ominus=9.1\times10^{-8}$、$K_{a2}^\ominus=1.1\times10^{-12}$)

解：因为 $c/K_{a1}^\ominus \geqslant 500$，

所以 $c(H^+)=\sqrt{K_{a1}^\ominus \cdot c}=\sqrt{9.1\times10^{-8}\times0.100}$

$$=9.55\times10^{-5}(mol \cdot L^{-1})$$

$$pH=-\lg(9.55\times10^{-5})=4.0$$

四、同离子效应和缓冲溶液

与所有化学平衡一样，当浓度、温度等条件改变时，弱酸、弱碱的离解平衡也会发生移动。在此只讨论浓度对弱酸、弱碱离解平衡的影响。

1. 同离子效应

在 HAc 水溶液中加入少量 NaAc 固体，因 NaAc 在水中完全离解，使溶液中 Ac^- 的浓度增大，HAc 的离解平衡将向左移动，从而降低了 HAc 的离解度。这种在弱电解质的平衡体系中加入含有与弱电解质具有相同离子的易溶强电解质，导致弱电解质离解度降低的现象，称为同离子效应。

下面通过计算来证明同离子效应对 HAc 离解度的影响。

例 2.6　在 $0.100 mol \cdot L^{-1}$ 的 HAc 溶液中，加入 NaAc 固体，至 $c(NaAc)=0.100 mol \cdot L^{-1}$，计算溶液的 $c(H^+)$、pH 及 HAc 的离解度。

解:设溶液中 $c(H^+)$ 为 $x\text{mol}\cdot L^{-1}$,则

$$HAc \rightleftharpoons H^+ + Ac^-$$

	HAc	H^+	Ac^-
原始浓度($\text{mol}\cdot L^{-1}$)	0.100	0	0.100
平衡浓度($\text{mol}\cdot L^{-1}$)	$0.100-x$	x	$0.100+x$

$$K_a^\ominus=\frac{c(H^+)\cdot c(Ac^-)}{c(HAc)}=\frac{x\cdot(0.100+x)}{0.100-x}$$

$$x=K_a^\ominus\frac{c(HAc)}{c(Ac^-)}=K_a^\ominus\frac{0.100-x}{0.100+x}$$

因为 $K_a^\ominus$ 很小,$0.100\pm x\approx 0.100$

所以 $x=c(H^+)=K_a^\ominus=1.76\times10^{-5}(\text{mol}\cdot L^{-1})$

$pH=-\lg(1.76\times10^{-5})=4.75$

$$\alpha=\frac{c(H^+)}{c}=\frac{1.76\times10^{-5}}{0.100}=1.76\times10^{-4}=0.0176\%$$

将计算结果与例 2.4 进行比较,由于同离子效应的发生,溶液的离解度明显减小,pH 则明显增大。

2.缓冲溶液

水溶液中进行的很多反应都与溶液的 pH 有关,其中有些反应,随着反应的进行,溶液的 pH 将发生较大的变化,这又将影响反应的进行。怎样才能使溶液的 pH 保持稳定呢?上面所提到的含有弱酸及其盐(HAc 和 NaAc)或弱碱及其盐($NH_3\cdot H_2O$ 和 NH_4Cl)的混合液,就能在一定范围内抵抗外来少量酸、碱的影响,也能在一定范围内抵抗稀释,从而维持溶液的 pH 基本不变,这种混合溶液就叫作 pH 缓冲溶液。

例如,由 HAc 和 NaAc 组成的缓冲溶液,HAc 和 Ac^- 的浓度都很大。HAc 是弱酸,离解度很小,NaAc 的加入更抑制了 HAc 的离解,而使 H^+ 浓度更小。当向溶液中加入少量强酸时,大量 Ac^- 将与 H^+ 结合为 HAc 分子,使 HAc 的离解平衡向左移动,因而 $c(H^+)$增加很少;当向溶液中加入少量强碱时,OH^- 与 H^+ 结合生成水,使 HAc 的离解平衡向右移动,以补充 H^+,也使溶液的 $c(H^+)$保持基本稳定,因此 pH 基本不变。

常用缓冲溶液的基本组成主要有以下几类:

弱酸及其盐,如 HAc-NaAc。

弱碱及其盐,如 NH_3-NH_4Cl。

多元弱酸不同酸度的盐,如 $NaHCO_3$-Na_2CO_3、NaH_2PO_4-Na_2HPO_4 等。

显然,以上各缓冲溶液中起缓冲作用的是:HAc-Ac^-、NH_3-NH_4^+、HCO_3^--CO_3^{2-}、$H_2PO_4^-$-HPO_4^{2-} 等,它们称为缓冲对。

下面以一元弱酸及其盐(HA-A^-)组成的缓冲系统为例,简单推导缓冲溶液 pH 的计算公式。

$$HA \rightleftharpoons H^+ + A^-$$

	HA	H^+	A^-
平衡浓度($\text{mol}\cdot L^{-1}$)	$c(HA)-c(H^+)$	$c(H^+)$	$c(A^-)+c(H^+)$

$$K_a^\ominus=\frac{c(H^+)\cdot c(A^-)}{c(HA)}$$

$c(HA)-c(H^+)\approx c(HA), c(A^-)+c(H^+)\approx c(A^-)$

$$c(H^+)=K_a^\ominus \frac{c(HA)}{c(A^-)} \tag{2-14}$$

两边取负对数，得 $pH=pK_a^\ominus-\lg\frac{c(HA)}{c(A^-)}$ (2-15)

同理，对一元弱碱及其盐(如 NH_3-NH_4Cl)组成的缓冲溶液，可以推得公式：

$$c(OH^-)=K_b^\ominus \frac{c(NH_3)}{c(NH_4^+)} \tag{2-16}$$

$$pH=14-pK_b^\ominus+\lg\frac{c(NH_3)}{c(NH_4^+)} \tag{2-17}$$

例 2.7　在 90mL 浓度为 $0.10mol\cdot L^{-1}$ 的 HAc-NaAc 缓冲溶液中，分别加入(1)10mL $0.010mol\cdot L^{-1}$ 的 HCl 溶液；(2)10mL $0.010mol\cdot L^{-1}$ 的 NaOH 溶液；(3)10mL 水。试计算并比较加入前后溶液 pH 的变化。[已知 $K_a^\ominus(HAc)=1.76\times10^{-5}$]

解：加入前：

$$pH=pK_a^\ominus-\lg\frac{c(HA)}{c(A^-)}=4.75-\lg\frac{0.1}{0.1}=4.75$$

(1)加入 HCl 后，溶液总体积为 100mL，HCl 离解的 H^+ 与溶液中的 Ac^- 结合成 HAc，HAc 的浓度略有增大，Ac^- 的浓度略有减小。

$c(HAc)=0.10\times\frac{90}{100}+0.010\times\frac{10}{100}=0.091(mol\cdot L^{-1})$

$c(Ac^-)=0.10\times\frac{90}{100}-0.010\times\frac{10}{100}=0.089(mol\cdot L^{-1})$

$pH=pK_a^\ominus-\lg\frac{c(HAc)}{c(Ac^-)}=4.75-\lg\frac{0.091}{0.089}=4.74$

(2)加入 NaOH 后，溶液的 pH 可仿效此法计算，得 pH=4.76。

(3)当加入 10mL 水时，HAc、Ac^- 同样被稀释，溶液的 pH 基本不变。

显然，当加入大量的强酸或强碱时，缓冲对中的一种可能消耗殆尽，此缓冲溶液就失去了缓冲能力。所以，缓冲溶液的缓冲能力是有限度的。

此例说明：

(1)外加少量强酸、强碱以及在一定范围内稀释时，缓冲溶液的 pH 基本不变。

(2)缓冲溶液的 pH(或 pOH)与 $K_a^\ominus$(或 $K_b^\ominus$)和 c(弱酸)/c(弱酸盐)[或 c(弱碱)/c(弱碱盐)]有关。对某一确定的缓冲溶液来说，其 $K_a^\ominus$(或 $K_b^\ominus$)是一个常数，若在一定范围内改变弱酸和弱酸盐(或弱碱和弱碱盐)浓度的比值，可以配制不同 pH 的缓冲溶液(见表 2.2)。

(3)当 c(弱酸)/c(弱酸盐)[或 c(弱碱)/c(弱碱盐)]=1 时，缓冲溶液的 $pH=pK_a^\ominus$ 或 $pOH=pK_b^\ominus$。

另外，在要求 pH 很大或很小时，可用单一的强酸或强碱溶液作缓冲溶液，它们也可以抵抗少量外来酸碱而维持溶液的 pH 基本不变(见表 2.2)。

表 2.2　　几种常见缓冲溶液的配制

pH	配制方法
0.0	1.0mol · L^{-1}的 HCl 溶液
2.0	0.01mol · L^{-1}的 HCl 溶液
4.0	20g NaAc · $3H_2O$ 溶于适量水中，加 6mol · L^{-1}的 HAc 134mL，稀释至 500mL
5.0	50g NaAc · $3H_2O$ 加 6mol · L^{-1}的 HAc 34mL，稀释至 500mL
7.0	77g NH_4Ac 溶于适量水中，稀释至 500mL
9.0	35g NH_4Cl 溶于适量水中，加 15mol · L^{-1}的 $NH_3 \cdot H_2O$ 247mL，稀释至 500mL
10.0	27g NH_4Cl 溶于适量水中，加 15mol · L^{-1}的 $NH_3 \cdot H_2O$ 197mL，稀释至 500mL
13.0	0.1mol · L^{-1}的 NaOH 溶液

例 2.8　25℃时，计算 75mL 0.10mol · L^{-1}的 $NH_3 \cdot H_2O$ 与 25mL 0.10moL · L^{-1}的 HCl 混合后溶液的 pH。[已知 $K_a^\ominus(NH_3)=1.77\times10^{-5}$]

解：$NH_3 \cdot H_2O$ 的摩尔数$=0.10\times75\times10^{-3}=7.5\times10^{-3}$

HCl 的摩尔数$=0.10\times25\times10^{-3}=2.5\times10^{-3}$

混合后生成的 NH_4^+ 的摩尔数$=2.5\times10^{-3}$

剩余 $NH_3 \cdot H_2O$ 的摩尔数$=7.5\times10^{-3}-2.5\times10^{-3}=5.0\times10^{-3}$

所以，混合后的溶液为 NH_3-NH_4^+ 缓冲体系，总体积为 100mL，其中：

$$c(NH_3)=\frac{5.0\times10^{-3}}{0.100}=0.050(mol \cdot L^{-1})$$

$$c(NH_4^+)=\frac{2.5\times10^{-3}}{0.100}=0.025(mol \cdot L^{-1})$$

$$pH=14-pK_b^\ominus+\lg\frac{c(NH_3)}{c(NH_4^+)}=14-4.75+\lg\frac{0.050}{0.025}=9.55$$

例 2.9　欲配制 500mL pH 为 9.0 且 $c(NH_3)=1.0$mol · L^{-1}的 $NH_3 \cdot H_2O$-NH_4Cl 缓冲溶液，需密度为 0.904g · mL^{-1}含 $NH_3$26.0% 的浓氨水多少毫升？固体 NH_4Cl 多少克？

解：(1)$500\times1=\frac{V\times0.904\times26\%}{17}\times1000, V=36(mL)$

(2)$pH=9, c(OH^-)=10^{-5}(mol \cdot L^{-1})$

$$10^{-5}=1.8\times10^{-5}\times\frac{1}{c(NH_4^+)}, c(NH_4^+)=1.8\ (mol \cdot L^{-1})$$

$w=1.8\times0.5\times53.5=48.2(g)$

缓冲溶液在工业、农业、生物学、医学、化学等方面都有重要的意义。如电镀工艺中要控制电镀液的 pH，以保证镀层质量。制革、染料工业，离子分离、沉淀转化等过程也均需用缓冲溶液来控制介质的酸碱度。土壤中由于含有 $NaHCO_3$-Na_2CO_3、NaH_2PO_4-Na_2HPO_4 以及其他有机酸及其盐组成的复杂的缓冲体系，使土壤维持一定的 pH，以保证农作物的正常生长。人的血液中也有 $NaHCO_3$-Na_2CO_3、NaH_2PO_4-Na_2HPO_4、$HHbO_2$（带氧血红蛋白）-$KHbO_2$ 等多种缓冲体系，使血液的 pH 维持在 7.35～7.45，以保证人体正常的生理活动在相对稳定的酸度下进行。

第四节 难溶强电解质的多相离子平衡

难溶电解质在溶液中存在着沉淀—溶解平衡，这种固相与液相之间的平衡属于多相平衡。沉淀的溶解、生成、转化、分步沉淀等现象及规律在物质的制备、分离、提纯、测定等方面都有着广泛的应用。

一、溶度积常数

电解质在水中的溶解度差别很大，易溶电解质与难溶电解质之间并无严格的界限。习惯上将溶解度小于 0.01g 的电解质称为难溶电解质。

一定温度下，当难溶电解质如 AgCl 溶于水而形成饱和溶液时，未溶解的固体物质与溶解后离解产生的离子之间存在如下的沉淀—溶解平衡：

$$AgCl(s) \rightleftharpoons Ag^+(aq) + Cl^-(aq)$$

其平衡常数表达式为：

$$K_{sp}^{\ominus} = c(Ag^+) \cdot c(Cl^-)$$

$K_{sp}^{\ominus}$称为溶度积常数，简称溶度积。与其他平衡常数一样，$K_{sp}^{\ominus}$也仅与物质的本性和温度有关而与浓度无关。

对所有的难溶电解质，可用下列通式表示：

$$A_nB_m(s) \rightleftharpoons nA^{m+}(aq) + mB^{n-}(aq)$$

A_nB_m的溶度积常数表达式为：

$$K_{sp}^{\ominus}(A_nB_m) = c^n(A^{m+})c^m(B^{n-}) \tag{2-18}$$

难溶电解质 $K_{sp}^{\ominus}$的大小反映了物质的溶解能力。

难溶电解质的 $K_{sp}^{\ominus}$既可由实验测得，也可由热力学数据求得。常见难溶电解质在 25℃时的 $K_{sp}^{\ominus}$列于附录 4 中。

二、溶度积与摩尔溶解度的关系

溶度积 $K_{sp}^{\ominus}$和摩尔溶解度（S）都可表示难溶电解质的溶解度大小，但二者概念不同。溶度积 $K_{sp}^{\ominus}$是平衡常数的一种形式；而摩尔溶解度 S 则是浓度的一种形式，它表示一定温度下 1L 难溶电解质饱和溶液中所含溶质的物质的量。$K_{sp}^{\ominus}$和 S 可相互换算，在换算时要注意浓度单位必须采用 $mol \cdot L^{-1}$。

例 2.9 298K 时，AgCl 和 AgBr 的 $K_{sp}^{\ominus}$分别为 1.8×10^{-10}和 $5.2\times10^{-13}\ mol \cdot L^{-1}$，试分别求其摩尔溶解度 S。

解：设 AgCl 的摩尔溶解度为 S_1

$$\begin{array}{lll} AgCl(s) \rightleftharpoons & Ag^+ & + Cl^- \\ & S_1 & \quad S_1 \end{array}$$

$K_{sp}^{\ominus}=c(Ag^+)\cdot c(Cl^-)=(S_1)^2=1.8\times10^{-10}$

$S_1=\sqrt{K_{sp}^{\ominus}}=1.34\times10^{-5}(mol\cdot L^{-1})$

同理可求得 AgBr 的摩尔溶解度 $S_2=7.2\times10^{-7}(mol\cdot L^{-1})$。

例 2.10　298K 时，$Mg(OH)_2$ 的 $K_{sp}^{\ominus}=1.8\times10^{-11}$，求其摩尔溶解度 S。

解：

$$\begin{array}{lll} Mg(OH)_2(s) \rightleftharpoons & Mg^{2+} & +\ 2OH^- \\ & S & \quad 2S \end{array}$$

$K_{sp}^{\ominus}=c(Mg^{2+})\cdot c^2(OH^-)=S\cdot(2S)^2=4S^3$

$$S=\sqrt[3]{\frac{K_{sp}^{\ominus}}{4}}=\sqrt[3]{\frac{1.8\times10^{-11}}{4}}=1.65\times10^{-4}(mol\cdot L^{-1})$$

比较上两例的结果，$K_{sp}^{\ominus}(AgCl)>K_{sp}^{\ominus}(AgBr)$，$S(AgCl)>S(AgBr)$，说明同类型的难溶强电解质可以直接比较 $K_{sp}^{\ominus}$ 的大小来判断其溶解度的大小；$K_{sp}^{\ominus}(AgCl)>K_{sp}^{\ominus}[Mg(OH)_2]$，但 $S(AgCl)<S[Mg(OH)_2]$，说明不同类型的难溶电解质，不能直接由它们的溶度积大小来比较其溶解度大小，而应通过具体的计算才能比较，这一点要引起注意。

三、溶度积规则

由热力学内容可知，化学反应的 ΔG 与浓度商的关系为

$$\Delta G=RT\ln\frac{J^{\ominus}}{K_{sp}^{\ominus}}$$

因此，对于某难溶电解质，在给定条件下沉淀能否生成或溶解，取决于溶液中有关离子浓度幂的乘积——浓度商 $J^{\ominus}$（又称离子积）与溶度积 $K_{sp}^{\ominus}$ 的相对大小。

若以 A_nB_m 表示难溶电解质，其离子积为 $J^{\ominus}(A_nB_m)=c^n(A^{m+})c^m(B^{n-})$，显然，$J^{\ominus}$ 表示任意状态下离子浓度幂的乘积。

(1) $J^{\ominus}=K_{sp}^{\ominus}$，$\Delta G=0$，系统处于沉淀—溶解平衡状态，溶液为饱和溶液。

(2) $J^{\ominus}>K_{sp}^{\ominus}$，$\Delta G>0$，溶液过饱和，有沉淀析出，直到饱和。

(3) $J^{\ominus}<K_{sp}^{\ominus}$，$\Delta G<0$，溶液未饱和，无沉淀析出；若体系中已有沉淀存在，沉淀将会溶解，直到饱和。

上述关系称为溶度积规则。据此可以判断沉淀—溶解反应进行的方向。

四、溶度积规则的应用

1. 沉淀的生成和溶解

根据溶度积规则，要从溶液中沉淀出某一离子，必须加入一种沉淀剂，使溶液中 $J^{\ominus}>K_{sp}^{\ominus}$。

例 2.11　298K 时，$0.004mol\cdot L^{-1}$ 的 $AgNO_3$ 与 $0.006mol\cdot L^{-1}$ 的 K_2CrO_4 溶液等体积混合，是否产生 Ag_2CrO_4 沉淀？

解：$J^{\ominus}=c^2(Ag^+)\cdot c(CrO_4^{2-})=(\frac{0.004}{2})^2\cdot\frac{0.006}{2}=1.2\times10^{-8}$

$J^{\ominus}>K_{sp}^{\ominus}(Ag_2CrO_4)=9\times10^{-12}$，故有砖红色 Ag_2CrO_4 沉淀生成。

例 2.12　计算 298K 时，PbI_2 在 0.01mol·L^{-1} KI 溶液中的溶解度。[已知 $K_{sp}^{\ominus}(PbI_2)=7.1\times10^{-9}$]

解：

$$PbI_2 \rightleftharpoons Pb^{2+} + 2I^-$$

平衡时浓度(mol·L^{-1})　　S　　$0.01+2S\approx0.01$

$$K_{sp}^{\ominus}(PbI_2)=c(Pb^{2+})\cdot c^2(I^-)=S\times0.01^2$$

$$S=\frac{K_{sp}^{\ominus}}{0.01^2}=\frac{7.1\times10^{-9}}{0.01^2}=7.1\times10^{-5}(mol\cdot L^{-1})$$

已知 PbI_2 在水中的溶解度为 1.3×10^{-3} mol·L^{-1}，而在 KI 溶液中，其溶解度大大降低。这种因加入含有相同离子的强电解质而使难溶电解质溶解度降低的现象，也称为同离子效应。

由同离子效应可知，加入过量沉淀剂可以使被沉淀离子沉淀得更完全。但沉淀剂并非越多越好，太多往往会引起负面效应(如盐效应、配合效应等)。在实际操作中，一般使沉淀剂过量 20%～50%为宜。

要使溶液中难溶电解质的沉淀发生溶解，必须降低溶液中某一离子的浓度，使 $J^{\ominus}<K_{sp}^{\ominus}$。可以通过加入某种试剂，与溶液中阳离子或阴离子发生化学反应，从而降低该离子的浓度，使沉淀溶解。常用的方法有以下几种：

(1)利用酸碱反应

某些弱酸盐和氢氧化物沉淀溶于强酸。例如，向含有 $CaCO_3$ 固体的饱和溶液中加入盐酸，会破坏溶解平衡，使下列平衡向右移动。

$$CaCO_3 \rightleftharpoons Ca^{2+} + CO_3^{2-}$$

$$CO_3^{2-} + H^+ \rightleftharpoons HCO_3^-$$

$$HCO_3^- + H^+ \rightleftharpoons H_2CO_3 \rightleftharpoons H_2O + CO_2$$

总的离子方程式为：

$$CaCO_3 + 2H^+ \rightleftharpoons Ca^{2+} + H_2O + CO_2$$

若加入足够的盐酸，可使 $CaCO_3(s)$ 完全溶解。

(2)利用配合反应

当难溶电解质中的金属离子与某些配合剂形成配离子时，会使其 $J^{\ominus}<K_{sp}^{\ominus}$，从而使沉淀溶解。例如，AgCl 可用氨水溶解：

$$AgCl + 2NH_3\cdot H_2O = [Ag(NH_3)_2]^+ + Cl^- + 2H_2O$$

(3)利用氧化还原反应

一些难溶硫化物如 CuS、PbS、Ag_2S 等，它们的溶度积很小，不溶于非氧化性酸，此时可加入氧化性酸使之溶解。例如：

$$3CuS + 8HNO_3(稀) = 3Cu(NO_3)_2 + 3S + 2NO + 4H_2O$$

该反应是借助于 HNO_3 的氧化性将 S^{2-} 氧化为单质硫而析出，从而大大降低了 S^{2-} 的浓度，使 CuS 溶解。

对于溶度积极小的 HgS 等，必须同时降低正负离子的浓度，才能有效地使其 $J^{\ominus}<K_{sp}^{\ominus}$，达到溶解的目的。例如，用王水溶解辰砂[$K_{sp}^{\ominus}(HgS)=4.0\times10^{-53}$]：

$$3HgS + 12HCl + 2HNO_3 = 3H_2[HgCl_4] + 3S + 2NO + 4H_2O$$

2. 分步沉淀

当溶液中同时含有多种离子，加入某种沉淀剂可能与这几种离子都发生反应而产生沉淀时，沉淀反应按什么次序进行呢？根据溶度积规则，离子积（$J^{\ominus}$）先达到溶度积常数的应先沉淀。

例如，向含有等浓度的 Cl^-、I^- 混合溶液中，逐滴加入 $AgNO_3$ 溶液，可能发生下列反应：

$$Ag^+ + Cl^- = AgCl$$

$$Ag^+ + I^- = AgI$$

由于 $K_{sp}^{\ominus}(AgCl)=1.8\times10^{-10}$，$K_{sp}^{\ominus}(AgI)=8.3\times10^{-17}$，根据溶度积规则，显然是需要 Ag^+ 浓度较低的黄色 AgI 先沉淀，然后才有白色 AgCl 沉淀析出。

这种在一定条件下，先后发生沉淀的现象，称为分步沉淀。

当溶液中 $c(Cl^-)$ 不等于 $c(I^-)$ 或沉淀物质的类型不同时，不可根据溶度积的大小直接判断沉淀次序，而应通过具体计算才能判断。

例 2.13 向含有 $0.100\text{mol}\cdot L^{-1}$ Cl^- 和 $0.0010\text{mol}\cdot L^{-1}$ CrO_4^{2-} 的溶液中，逐滴加入 $AgNO_3$ 溶液，哪种离子先沉淀？第二种离子开始沉淀时，第一种离子的浓度还有多大？

解：(1) 开始生成 AgCl 沉淀所需 Ag^+ 的最低浓度为：

$$c_1(Ag^+)=\frac{K_{sp}^{\ominus}(AgCl)}{c(Cl^-)}=\frac{1.8\times10^{-10}}{0.100}=1.8\times10^{-9}(\text{mol}\cdot L^{-1})$$

开始生成 Ag_2CrO_4 沉淀所需 Ag^+ 的最低浓度为：

$$c_2(Ag^+)=\sqrt{\frac{K_{sp}^{\ominus}(Ag_2CrO_4)}{c(CrO_4^{2-})}}=\sqrt{\frac{1.1\times10^{-12}}{0.0010}}=3.35\times10^{-5}(\text{mol}\cdot L^{-1})$$

因为 $c_1(Ag^+)< c_2(Ag^+)$，故 AgCl 先沉淀。

(2) 当 CrO_4^{2-} 开始沉淀时，溶液中 $c(Ag^+)=3.35\times10^{-5}\text{mol}\cdot L^{-1}$，$c(Ag^+)$ 与残余的 $c(Cl^-)$ 达成沉淀—溶解平衡，所以

$$c(Cl^-)=\frac{K_{sp}^{\ominus}(AgCl)}{c(Ag^+)}=\frac{1.8\times10^{-10}}{3.35\times10^{-5}}=5.3\times10^{-6}(\text{mol}\cdot L^{-1})$$

在沉淀分析中，某离子浓度 $\leqslant 10^{-5}$ $\text{mol}\cdot L^{-1}$，可以认为该离子已被沉淀完全。

上述计算说明，当 CrO_4^{2-} 开始沉淀时，$c(Cl^-) < 1.0\times10^{-5}\text{mol}\cdot L^{-1}$，$Cl^-$ 已被沉淀完全。

利用分步沉淀进行离子分离在工业上具有广泛的应用。如 $NiSO_4$ 电解废液中含有杂质 Fe^{3+}，可以通过调节溶液 pH 的方法除去 Fe^{3+}。

例 2.14 在 $1.0\text{mol}\cdot L^{-1}$ 的 $NiSO_4$ 溶液中，$c(Fe^{3+})=0.1\text{mol}\cdot L^{-1}$，问 pH 应控制在什么范围才能使 Fe^{3+} 沉淀而除去？

解：$K_{sp}^{\ominus}[Ni(OH)_2]=2.0\times10^{-15}$，$K_{sp}^{\ominus}[Fe(OH)_3]=4.0\times10^{-38}$，两者相差较大，故可用氢氧化物沉淀法分离。

(1) 欲将 Fe^{3+} 沉淀完全，则溶液中残余的 $c(Fe^{3+})$ 应小于 $1.0\times10^{-5}\text{mol}\cdot L^{-1}$。

$$c(Fe^{3+})\cdot c^3(OH^-)=K_{sp}^{\ominus}[Fe(OH)_3]=4.0\times10^{-38}$$

$10^{-5}c^3(OH^-)=4.0\times10^{-38}$

$c(OH^-)=1.6\times10^{-11}\ mol\cdot L^{-1}$

$pOH=10.8$，$pH=3.2$

所以，$pH>3.2$ 时 Fe^{3+} 可以沉淀完全。

(2)计算 Ni^{2+} 开始沉淀时的 pH

因为 $c(Ni^{2+})\cdot c^2(OH^-)=K_{sp}^{\ominus}[Ni(OH)_2]=2.0\times10^{-15}$，开始沉淀时

$$c(OH^-)=\sqrt{\frac{K_{sp}^{\ominus}[Ni(OH)_2]}{c(Ni^{2+})}}=\sqrt{\frac{2.0\times10^{-15}}{1.0}}$$

$$=4.47\times10^{-8}(mol\cdot L^{-1})$$

$pOH=7.35$，$pH=6.65$

所以，$pH<6.6$ 时 Ni^{2+} 不会生成沉淀。

综合以上结果，欲使 Ni^{2+} 不沉淀，而 Fe^{3+} 沉淀完全，溶液的 pH 应控制在 3.2～6.6。

3. 沉淀的转化

在工程实际中往往遇到一些既不溶于水又不溶于酸的沉淀，如锅炉或蒸汽管内经常形成含有 $CaSO_4$ 的水垢，不仅阻碍传热，浪费燃料，而且还有可能引起爆炸，造成事故。$CaSO_4$ 沉淀不溶于酸，难以除去，但可以用 Na_2CO_3 溶液处理，使其转化为更难溶于水但可溶于酸的 $CaCO_3$ 沉淀。这种由一种沉淀转化为另一种沉淀的过程，称为沉淀的转化。

$$CaSO_4(s)+CO_3^{2-}(aq)\rightleftharpoons CaCO_3(s)+SO_4^{2-}(aq)$$

若用 $K^{\ominus}$ 表示这一转化的程度，则为

$$K^{\ominus}=\frac{c(SO_4^{2-})}{c(CO_3^{2-})}=\frac{c(SO_4^{2-})\cdot c(Ca^{2+})}{c(CO_3^{2-})\cdot c(Ca^{2+})}$$

$$=\frac{K_{sp}^{\ominus}(CaSO_4)}{K_{sp}^{\ominus}(CaCO_3)}=\frac{9.1\times10^{-6}}{2.8\times10^{-9}}=3.2\times10^3$$

上述转化反应的平衡常数较大，表明沉淀的转化容易进行。

阅读材料Ⅱ-1　水的软化和除盐

工业用水必须达到一定的水质要求才能使用，例如，工业锅炉补充用水要求总硬度小于等于 $0.015mmol\cdot L^{-1}$，而超高压锅炉和电子工业用水必须使用除盐水，其电导率要求在 $0.1\sim0.3mS\cdot cm^{-1}$。水中 Ca^{2+}、Mg^{2+} 含量的总和称为水的总硬度。降低水中 Ca^{2+}、Mg^{2+} 含量的方法称为水的软化。水中全部阳离子和阴离子的总和称为水的含盐量。降低水中含盐量的处理工艺就称为水的除盐。

一、水的软化处理

水软化的目的是防止 Ca^{2+}、Mg^{2+} 在管道和设备中结垢。近年来水的软化普遍采用离子交换法。离子交换法的原理是利用离子交换树脂与水中杂质离子进行交换反应，以除去杂质离子，达到使水纯化的目的。

离子交换树脂是人工合成的具有网状结构的不溶解聚合物(常用苯乙烯和二烯苯型

树脂),按交换的性能,一般可分为阳离子型交换树脂和阴离子型交换树脂。它们均由树脂母体R(有机高聚物)及活性基团(能起交换作用的基团)两部分组成。阳离子型交换树脂含有的活性基团如磺酸基($—SO_3H$)能用H^+与溶液中的金属离子(如Ca^{2+}、Mg^{2+})或其他阳离子进行交换。活性基团也由两部分组成:一部分称为固定离子,与母体结合牢固,不能自由移动;另一部分称为活动离子,能在一定范围内自由活动,可与水中其他阳离子进行交换反应。氢型阳离子交换树脂可表示为:

$$R—SO_3^- \;\vdots\; H^+$$

树脂母体 固定离子 活动离子

阴离子交换树脂含有活性基团如季胺盐[$—N(CH_3)_3OH$],能用OH^-与溶液中阴离子发生交换。氢氧型阴离子交换树脂可表示为:

$$R—N(CH_3)_3^+ \;\vdots\; OH^-$$

树脂母体 固定离子 活动离子

用于软化水的离子交换树脂通常是钠型的(如RSO_3Na、RCOONa等),常用的设备是固定床离子交换软化器。钠型树脂与水中钙离子的交换反应可表示为:

$$2RNa+\begin{cases}Ca(HCO_3)_2\\CaSO_4\\CaCl_2\end{cases}\longrightarrow R_2Ca+\begin{cases}NaHCO_3\\Na_2SO_4\\NaCl\end{cases}$$

上述反应表明钠型树脂将水中的钙、镁盐类转换为钠盐,而钠盐不会出现结垢现象,这就达到了软化的目的。图Ⅱ-1为单级钠离子软化系统。由图可见,原水自上而下经过一级钠离子交换器后,水中绝大部分Ca^{2+}、Mg^{2+}被交换成了Na^+,降低了水的总硬度。

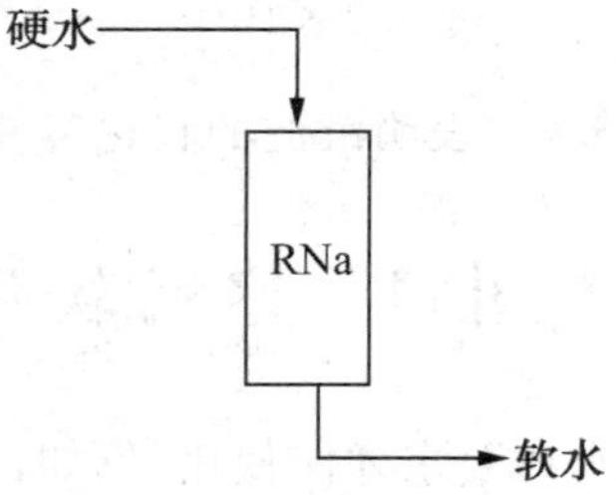

图Ⅱ-1 单级钠离子软化系统

一级钠离子交换一般可将水中硬度降低到$0.025mmol \cdot L^{-1}$以下,可作为低压锅炉的补充水。对于中高压锅炉,补充水的硬度一般要求在$0.0025mmol \cdot L^{-1}$以下,此时必须采用二级钠离子软化系统,即在一级钠离子交换器后再串联一个钠离子交换器。

离子交换器运行一段时间以后,树脂自上而下逐渐失去交换能力(饱和),当出水总硬度超过设计要求时,就要停止运行,对树脂进行再生。钠型树脂一般用5%～10%的食盐溶液再生。阴离子交换树脂一般用NaOH溶液或$NH_3 \cdot H_2O$溶液再生。阳离子交换树脂的再生反应为:

$$R_2Ca+2NaCl=\!=\!=2RNa+CaCl_2$$

再生的方式有两种：再生液流向与进水流向相同时称为顺流再生，再生液流向与进水流向相反时称为逆流再生。逆流再生能节约再生剂用量，生产中一般采用逆流再生的软化系统。再生后，需对树脂进行反复冲洗，除去多余的再生剂。

二、水的除盐处理

高温、高压锅炉的补充用水和某些电子工业用水一般要用除盐水，有的甚至要用高纯水。为此要对水进行除盐处理。除盐的方法很多，如蒸馏法、电渗析法、反渗透法、离子交换法等，目前以离子交换法应用最广泛。水的离子交换除盐就是使水通过氢型阳离子交换器（也称阳床）和氢氧型阴离子交换器（也称阴床），经过离子交换反应，分别除去其中的阳离子和阴离子。图Ⅱ-2 为一种离子交换除盐系统。

阳床一般采用强酸性阳离子交换树脂 RSO_3H，它能与水中阳离子发生如下的交换反应：

$$2RSO_3H + \left.\begin{matrix} Ca \\ Mg \\ Na_2 \end{matrix}\right\} \left\{\begin{matrix} (HCO_3)_2 \\ (HSiO_3)_2 \\ SO_4 \\ Cl_2 \end{matrix}\right. \longrightarrow (RSO_3)_2\left\{\begin{matrix} Ca \\ Mg \\ Na_2 \end{matrix}\right. + H_2\left\{\begin{matrix} (HCO_3)_2 \\ (HSiO_3)_2 \\ SO_4 \\ Cl_2 \end{matrix}\right.$$

由上述反应可知，原水经阳床发生交换反应后，水中的阳离子转变为 H^+，出的是酸性水，此时的 HCO_3^- 与 H^+ 结合并分解出 CO_2。阳床失效后，一般用 3%～9%的盐酸或硫酸再生。

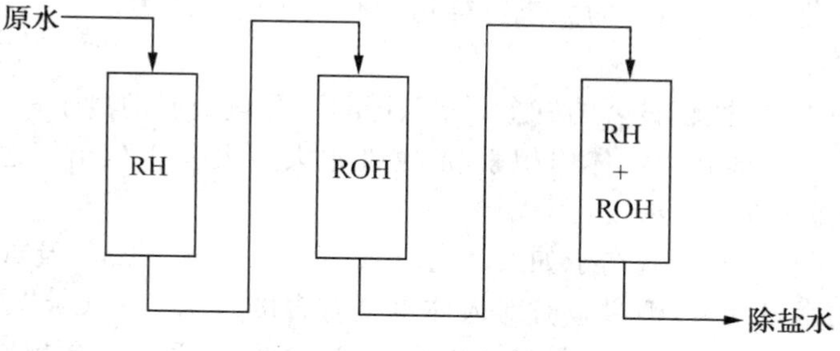

图Ⅱ-2　离子交换除盐系统示意图

阴床一般采用强碱性阴离子交换树脂，如 $RN(CH_3)_3OH$（简写为 ROH），它与阳床出水中的阴离子发生如下的交换反应：

$$2ROH + H_2\left\{\begin{matrix} SO_4 \\ Cl_2 \\ (HSiO_3)_2 \end{matrix}\right. \longrightarrow R_2\left\{\begin{matrix} SO_4 \\ Cl_2 \\ (HSiO_3)_2 \end{matrix}\right. + 2H_2O$$

由此可见，经阳床、阴床交换后的水，基本除掉了原水中的阴阳离子，可以得到纯度较高的水，这就是离子交换除盐的原理。阴床运行失效后，一般采用 5%～9%的 NaOH 溶液再生。

如果需要进行深度除盐，应在阳阴床之后再串联一个混合床离子交换器（简称混床）。即将阴阳离子交换树脂放在同一交换器内，直接进行除盐处理。由于混床再生比较麻烦，对含盐量较高的水质，不能直接采用混床进行除盐。

对于水质要求不太高的场合，可将原水经阳床和阴床进行一级交换，这样的系统称为一级复床系统。该系统出水水质为：电导率<5mS·cm^{-1}，SiO_2含量<0.1mmol·L^{-1}。当对水质要求较高时，通常采用一级复床加混床系统，该系统出水水质为：电导率<0.2mS·cm^{-1}，SiO_2含量<0.02mmol·L^{-1}。

离子交换法除盐适合于含盐量低或中等含盐量的原水的除盐。对于含盐量高的苦咸水和海水的除盐处理，目前国内外一般采用电渗析法和反渗透法。

阅读材料Ⅱ-2　水污染及其治理的一般方法

一、水中的污染物

水是一切生命赖以生存、人类社会和生产活动不可缺少的基本物质，没有水，任何生态系统都不可能发挥作用。水在工农业生产中有多种用途，它是传递热量的介质，是工艺过程的溶剂、洗涤剂、吸收剂，也可用作生产的原料或反应的介质。

由于水是一种良好的溶剂，所以天然水即使未被污染也是不纯的，总含有一些溶质。例如，井水、泉水、江河中的水往往含有泥沙悬浮物及钙、镁等元素的可溶性盐。除了水中的天然杂质，人类的生活和工农业生产又给水源带入了许多污染物，有固态的，也有液态的。固态的有各类矿物微粒(黏土、石英等)形成的胶态物质或悬浮物，一些有机物(腐殖质、蛋白质等)和无机物(金属的水合氧化物等)形成的悬浮颗粒和污泥以及各类夹杂物；液态的污染物按化学成分可分为无机污染物和有机污染物两类。

1. 无机污染物

无机污染物中，毒性较显著的有Hg、Cd、Pb、Cr等重金属的离子和非金属As的化合物以及氰化物。它们能在生物体内积累，危害性很大。表Ⅱ-1列出了这些污染物的主要来源、危害及最高允许排放浓度。

此外，水中还有一些金属离子如Cu^{2+}、Zn^{2+}、Fe^{3+}、Mn^{2+}、Ca^{2+}及Mg^{2+}等，它们虽然是人体所必需的微量元素，但过量时对人体也是有害的。水中的Ca^{2+}、Mg^{2+}会增加水的硬度。含Fe^{3+}或Fe^{2+}高的水，不仅易产生水垢，还会形成锈斑。冶金和金属加工的酸洗工序排放的酸性废水，氯碱、造纸、制革、炼油等工业排放的碱性废水，均可使水体的pH发生变化，这不仅会影响水生生物的生长，同时也加重了水下设备和船舶的腐蚀并使农作物生长受到影响。

表Ⅱ-1　一些污染物的主要来源、危害及最高允许排放浓度

污染物	污染的主要来源	危害	工业废水最高允许排放浓度(mg·L^{-1})	饮用水最高允许浓度(mg·L^{-1})
Hg	氯碱工业，汞制剂农药厂	有机汞化合物能使人大脑损伤、身体麻木	0.05	0.001
Cd	电镀废水，所有含锌产品的杂质，合金工业	引起骨骼变脆及肝、肾、肺的病变	0.1	0.01

续表

污染物	污染的主要来源	危害	工业废水最高允许排放浓度($mg \cdot L^{-1}$)	饮用水最高允许浓度($mg \cdot L^{-1}$)
Pb	含铅化合物的汽油、油漆和涂料	引起恶心、暴躁，浓度大时引起脑损伤	1.0	0.1
Cr	电镀工业，颜料工业，某些催化剂	引起皮肤溃疡、贫血、肾炎和神经炎	0.5 Cr(Ⅵ)	0.05 Cr(Ⅵ)
As	煤炭燃烧，不纯磷酸盐加工处理过程，金属的冶炼，砷酸盐药物、杀虫剂	引起细胞代谢紊乱，肠胃失常、肾衰竭	0.5	0.04
氰化物	电镀、煤气、冶金等工业	与人体中的氧化酶结合，引起呼吸困难，使人窒息而死	0.5	0.05

2. 有机污染物

有机污染物主要是糖类、蛋白质、脂肪、农药(杀虫剂、杀菌剂、除草剂等)、多苯环化合物、合成洗涤剂等。

城市生活污水和食品、造纸等工业废水中含有大量的糖类、蛋白质、脂肪等。它们在水中好氧微生物的作用下降解为简单物质时，要消耗水中的溶解氧，使水中溶解氧急剧下降，当降至低于 $4mg \cdot L^{-1}$时，鱼类就难以生存。若水中含氧量太低，这些有机物又会在厌氧微生物的作用下产生甲烷、硫化氢、氨等物质，即发生腐败，使水变质。

有机氯农药、多苯环化合物和合成洗涤剂在水中很难被微生物降解，因而称为难降解有机物。这些有机物被生物吸收后会导致积累性中毒，有的还有致癌、致畸和致突变作用。

二、水污染治理的一般方法

由于水中含有多种杂质，所以无论是生活用水还是工业用水都需加以处理。由于水的用途、对水的纯度要求不同，采用的处理方法也不同。废水处理的方法有很多，而且各有其特点和适用范围。较大颗粒悬浮物、夹杂物可用重力分离、过滤分离法；对不易沉降、很细小的悬浮物和胶态物质可用混凝法；对于可溶性的无机污染物，可用化学反应的方法将其从废水中分离除去，也可用离子交换、电渗析、反渗透等方法将它们分离；对于有机污染物，通常采用生物法处理，该法是利用微生物对复杂有机物的降解作用，把有毒物质转化为简单的无毒物质，使污水得以净化。在实际处理中，常需要几种方法联合使用，方可达到处理要求。下面重点介绍混凝法和化学法。

1. 混凝法

当水中存在细微的悬浮物和胶体时，必须加混凝剂，形成絮凝体再加以分离。

铝盐和铁盐是常用的混凝剂。以铝盐为例，铝盐的水解反应可表示为：

$$Al^{3+} + H_2O \rightleftharpoons Al(OH)^{2+} + H^+$$

$$Al(OH)^{2+} + H_2O \rightleftharpoons Al(OH)_2^+ + H^+$$

$$Al(OH)_2^+ + H_2O \rightleftharpoons Al(OH)_3 + H^+$$

根据平衡移动的原理可知，废水的 pH 不同，$Al(OH)^{2+}$、$Al(OH)_2^+$、$Al(OH)_3$ 三种形态所占的比例不同。它们可从三个方面发挥混凝作用：①中和胶体杂质的电荷；②在胶体杂质微粒之间起黏结作用；③自身形成氢氧化物絮状体，在沉淀时对水中胶体杂质起吸附作用。影响混凝过程的因素主要有 pH、温度、搅拌速度、混凝剂的用量等，其中以 pH 最为重要。以铝盐为混凝剂时，pH 应控制在 6.0～8.5。用铁盐为混凝剂时，pH 应控制在 8.1～9.6。

近年来，又发展起来很多新型高分子絮凝剂。无机高分子絮凝剂如聚氯化铝、聚氯化铁、聚氯化铝铁、聚硅酸铝等；有机高分子絮凝剂如聚丙烯酰胺及其衍生物等。由于具有投药量少、效率高、脱水性能好、使用的 pH 范围广等优点，所以得到广泛的应用。

在实际的操作中，常将几种混凝剂复配使用，净水效果更为理想。

2. 化学法

这里主要介绍比较常用的化学沉淀法和氧化还原法。

(1)化学沉淀法

向废水中投加某些化学药剂，使之与废水中的污染物直接反应，形成难溶的沉淀物，然后进行固液分离，从而除去水中污染物。应用较多的是氢氧化物沉淀法和硫化物沉淀法。

除了碱金属和碱土金属外，其他金属的氢氧化物大都是难溶的。因此可用氢氧化物沉淀法除去废水中的重金属离子。常用的沉淀剂有石灰、碳酸钠、石灰石、白云石等。因石灰沉淀法具有经济、简便、药剂来源广等优点，所以在处理重金属废水时应用最广，但缺点是形成的氢氧化物沉淀很难处理。

金属硫化物沉淀的溶解度一般比其氢氧化物的要小，因此用硫化物沉淀法可比较完全地除去废水中的重金属离子。常用的沉淀剂有硫化氢、硫化钠、多硫化钙、硫化亚铁等。此法处理重金属废水，具有去除效率高、可分步沉淀、泥渣金属品位高、便于回收利用、使用 pH 范围广等优点。在处理含 Hg^{2+}、Cu^{2+}、Zn^{2+}、Cd^{2+}、Pb^{2+}、AsO_2^- 等的废水时均得到应用。但 S^{2-} 存在二次污染问题，沉淀剂价格也较高，限制了此法的应用。

(2)氧化还原法

废水中的有机污染物(如色、味、嗅、COD)及还原性无机离子(如 CN^-、S^{2-}、Fe^{2+}、Mn^{2+})等都可通过氧化法消除。废水中的许多重金属离子如 Hg^{2+}、Cd^{2+}、Cu^{2+}、Ag^+、Au^+、Ni^{2+}、Cr(Ⅵ)等都可通过还原法去除。

废水处理中最常用的氧化剂有空气、臭氧、氧气、次氯酸钠及漂白粉；常用的还原剂有 $FeSO_4$、Na_2SO_3、水合肼及铁屑等。在此重点介绍氯氧化法、臭氧氧化法及还原法处理含铬废水和含汞废水。

氯氧化法是将气态或液态的氯加入水中，形成的次氯酸是强氧化剂，可氧化废水中的许多污染物。氯气可用于消毒，杀灭或抑制细菌和藻类的生长；可氧化废水中产生色度和气味的物质，常用于控制食品、乳制品、造纸和纺织等企业产生的色度和气味；用氯可氧化还原态的金属离子，如将 Fe^{2+}、Mn^{2+} 氧化为 Fe^{3+}、MnO_2；氯在 pH>8.5 的碱性介质中可将氰化物氧化为无毒产物，主要反应为：

$$CN^- + 2OH^- + Cl_2 = CNO^- + 2Cl^- + H_2O$$

$$2CNO^- + 4OH^- + 3Cl_2 = 2CO_2 + N_2 + 6Cl^- + 2H_2O$$

氯系氧化剂除氯气外，还有氯的含氧酸及其钠盐、钙盐以及二氧化氯等。废水处理中氯氧化法应用广泛，但成本较高。

臭氧是氧的同素异形体，它是一种强氧化剂($\varphi^{\ominus}=2.07V$)。很多有机物如蛋白质、氨基酸、有机胺、不饱和脂肪烃、芳香烃和杂环化合物、木质素、腐殖质等，都易与臭氧发生反应。臭氧在废水处理中可用于除臭、脱色、杀菌、除铁、除锰、除氰化物、除有机物等。其氧化效果显著，不产生二次污染，且能增加水中的溶解氧。这种方法的缺点是臭氧发生器耗电量大，臭氧产生率低(仅为30%)，所以目前主要用于低浓度、难氧化的有机废水的处理和消毒杀菌。

含铬废水的还原法可分为亚硫酸铁法、亚硫酸氢钠法、焦亚硫酸盐法、二氧化硫法、铁屑还原法等。以亚硫酸氢钠为例，在酸性条件下，向废水中投加亚硫酸氢钠，将废水中的六价铬还原为三价铬，然后投加石灰或氢氧化钠，生成氢氧化铬沉淀，将此沉淀物分离出来即达到处理的目的。其化学反应为：

$$2H_2Cr_2O_7+6NaHSO_3+3H_2SO_4 = 2Cr_2(SO_4)_3+3Na_2SO_4+8H_2O$$

$$Cr_2(SO_4)_3+6NaOH = 2Cr(OH)_3\downarrow+3Na_2SO_4$$

$$Cr_2(SO_4)_3+3Ca(OH)_2 = 2Cr(OH)_3\downarrow+3CaSO_4$$

含汞废水也可用金属还原法来处理。可用于还原Hg^{2+}的金属有铁粉、锌粉、铝粉等。以铁屑为例，发生的反应为：

$$Fe+Hg^{2+} = Fe^{2+}+Hg\downarrow$$

$$2Fe+3Hg^{2+} = 2Fe^{3+}+3Hg\downarrow$$

铁屑还原的效果与废水的pH有关，当pH低时，废水中的H^+被还原为H_2而逸出，因此，处理前应先调节pH。铁屑还原产生的汞渣可用焙烧炉加热回收金属汞。

阅读材料Ⅱ-3　乳状液和表面活性剂

一、乳状液

乳状液是指一种液体分散在另一种与它不相溶的液体中的分散系统。这两种互不相溶的液体通常是水和有机物液体，后者习惯上统称为油(oil)。若水为分散剂而油为分散质，则称为水包油型乳状液，以符号O/W表示。例如，牛奶就是奶油分散在水中形成的O/W型乳状液。若油为分散剂而水为分散质，则称为油包水型乳状液，以符号W/O表示。例如，新开采出的含水原油，就是细小水珠分散在石油中形成的W/O型乳状液。

乳状液是粗分散系，通常稳定性较差。当将水和油放在一起剧烈振荡时，能形成乳状液，但放置不久就分成两层。要获得稳定的乳状液，必须加入乳化剂。乳化剂大多是表面活性物质，如皂类、蛋白质、有机酸等。在乳状液中，乳化剂中对水有亲和力的极性基团朝向水，而由碳氢化合物组成的非极性基团则朝向油。这样在油滴或水滴周围就形成了一层有一定机械强度的保护膜，阻碍了分散的油滴或水滴的相互结合和凝聚，使乳状液变得较稳定，这个过程称为乳化作用。如图Ⅱ-3所示。

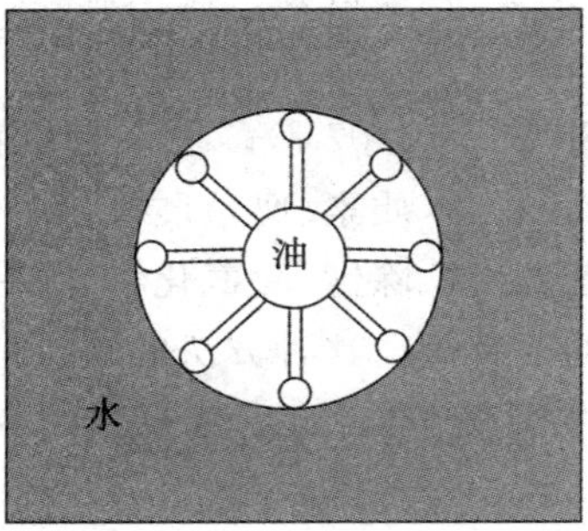

(a)O/W型乳状液

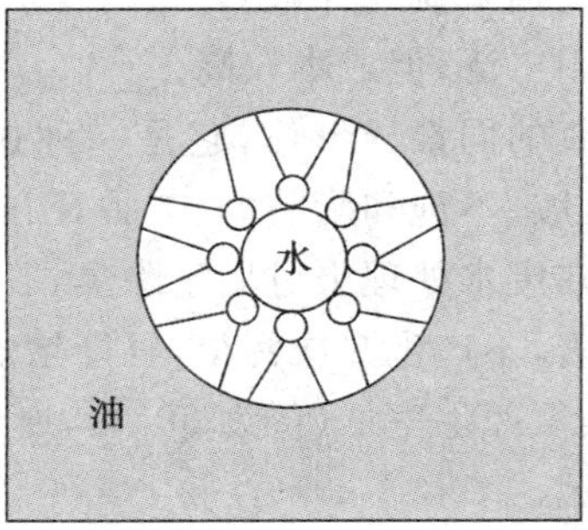

(b)W/O型乳状液

图Ⅱ-3 表面活性物质稳定乳状液示意图

乳状液有广泛的用途，一般 O/W 型乳状液比润滑油传热速度快三倍以上，并能洗去切屑，因此常在高温切削中应用。作为内燃机燃料的汽油和柴油也可制成 W/O 型乳状液来使用(含水量可达 10%左右)，可以节省燃料、降低污染。涂料工业中常使用的乳胶漆，是用合成树脂代替油漆，用水代替有机溶剂所制成的乳状液。这种漆无毒、使用方便、干燥快、保色好，是很有发展前途的涂料。

在工业生产中也常遇到一些有害的乳状液，例如，以 W/O 型乳状液形式存在的含水原油会加速石油设备的腐蚀，而且不利于石油的蒸馏。因此必须设法破坏这种乳状液。使乳状液失去稳定性，由分散度较高的微小液滴很快结合在一起，成为较大液滴，将乳状液破坏直至分为两层的过程称为破乳作用。破乳时可以加入表面活性剂，它强烈地吸附在油水界面上，能取代原来的乳化剂，生成一种新膜，这种新膜的强度低，较易被破坏。此外，还可用升高温度、加入电解质以及机械搅拌等方法来破乳。

二、表面活性剂

1. 表面张力和表面能

由于气相、液相密度的差异，液体表面的分子受到上方气体分子的拉力比其受到液相内部分子的拉力小得多，如图Ⅱ-4 所示。

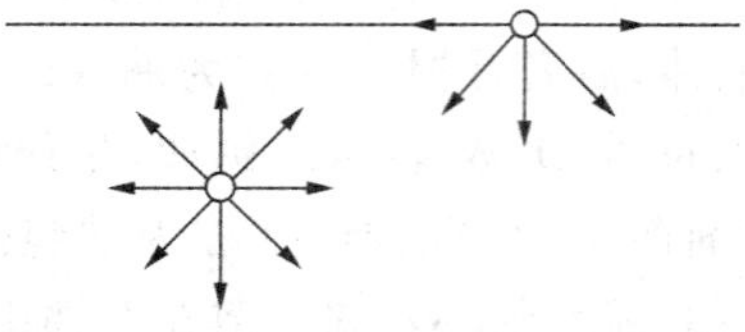

Ⅱ-4 液体表面和内部分子受力情况

因此，液体表面分子有向液体内部迁移，使液相表面积自动缩小的趋势。液体表面的收缩力，称为表面张力。从能量角度看，要将液体内部的分子移到表面，需对它做功，因此液体具有表面能。表面张力或表面能的大小取决于液体分子间作用力的大小。在 20℃时水的表面能为 $0.073J \cdot m^{-2}$，大多数有机液体的表面能较小，仅 $0.02 \sim 0.03J \cdot m^{-2}$。

2. 表面活性剂的结构和分类

表面活性剂是指能显著降低溶剂(一般指水)表面张力或改变表面状况的物质。表面活性剂具有亲水、亲油的双重性质。

从化学结构上看，表面活性剂一般为线形分子，与水作用强的部分叫作亲水基团(又称憎油基团)，与“油性”分子(泛指一切不溶于水的有机物质)作用强的部分叫作憎水基团(又叫亲油基团)。现以硬脂酸钠为例说明，$C_{17}H_{35}COONa$ 在水溶液中发生解离：

$$C_{17}H_{35}COONa = C_{17}H_{35}COO^- + Na^+$$

其中“$C_{17}H_{35}$—”为亲油基团，“—COO^-”为亲水基团。

对于表面活性剂的分类，目前普遍接受的是按结构来划分，主要依据亲水基团是否是离子型和属于什么样的离子型划分。

(1)阴离子型：如羧酸盐、烷基磺酸盐、硫酸酯等。

(2)阳离子型：如胺盐、季胺盐、吡啶盐等。

(3)非离子型：如脂类、醚类、聚酯类、聚醚类等。

3. 表面活性剂的作用和性质

表面活性剂的作用很多，具有能降低表面张力、渗透、润湿、乳化、分散、增溶、发泡、消泡、洗涤、杀菌、润滑、柔软、抗静电、防腐、防锈等一系列性能。这些性质和作用都来自于它具有亲水基和憎水基这一独特的结构。

(1)润湿和渗透

由于表面活性剂降低了水的表面张力，因此含有表面活性剂的水溶液就容易在固体表面铺展开来而润湿整个表面，这种作用称为润湿作用。由于同样的原因，含有表面活性剂的水溶液较易浸透毛毡或棉絮等纤维织物或有空隙的固体的内部，这种作用称为渗透作用。十二烷基苯磺酸钠就有良好的润湿作用。织物印染、金属清洗等都需要表面活性剂的润湿、渗透作用。

(2)胶束和增溶

当表面活性剂溶于水后，亲水基插入水中，憎水基翘出水面进入空气中或进入有机相。由于憎水基的翘出，降低了水的表面张力，表面活性剂整齐地排列，形成了一层明显的吸附层。当表面活性剂的浓度增加到一定值时，表面就被一层分子覆盖。这时，即使再增大浓度，表面上也不能再容纳更多的分子，表面张力也不会再降低。此时，再继续加入表面活性剂，内部的表面活性剂分子不断增加，其憎水基相互以分子间力缔合而出现成团结构，这种成团结构称为胶束。胶束的形成，能使溶液溶解一些不溶或微溶于水的物质，这就是表面活性剂的增溶作用。例如，100mL 水中，只能溶解 7mL 苯，当其中含有 10% 的油酸钠后，则能溶解 10mL 苯。增溶作用应用也很广泛，如日常生活中的洗涤过程，主要靠肥皂(硬脂酸钠)分子把油污夹溶于胶束之中。在石油开采中，将表面活性剂注入油层，使地层中残留的原油通过增溶作用被带出地面，由此提高采油率。

(3)发泡和消泡

当表面活性剂吸附于气、液界面上时，就形成较牢固的水膜，并使水的表面张力降低，从而增加了水和空气的接触，在搅拌下形成了液体膜包围着气体的气泡，这就是所谓的发泡。我们熟知的肥皂、洗衣粉都具有发泡作用。肥皂、洗衣粉中表面活性剂的憎水基团插入油污中，经机械揉搓后，即形成气泡，再经漂洗，可将油污连同气泡一起除去。泡沫灭火就是将 CO_2 制成泡沫，使火源与氧气隔开，以达灭火的目的。当然，在实际应用中有时还需要消泡，表面活性很差的乙醇和低级醇就有很好的消泡作用。

(4)乳化和破乳

如前所述，乳化和破乳也是由表面活性剂来完成的，这在工农业生产中也具有重要的意义。

习　题

1. 溶液的蒸汽压为什么下降？如何用蒸汽压下降来解释溶液的沸点升高和凝固点下降？

2. 对具有相同质量摩尔浓度的非电解质溶液、AB 型及 A_2B 型电解质溶液来说，凝固点高低的顺序应如何判断？

3. 下列说法是否正确？若不正确，请改正。

(1)稀溶液在不断蒸发过程中，沸点是恒定的。

(2)根据稀释定律 $\alpha=\sqrt{\frac{K_i^\ominus}{c}}$，一元弱酸浓度越小，电离度越大，因而溶液酸性也越强。

(3)将一元弱酸溶液稀释 10 倍，则其 pH 增大一个单位。

(4)由 $HAc\text{-}Ac^-$ 组成的缓冲溶液，若溶液中 $c(HAc)>c(Ac^-)$，则该缓冲溶液抵抗外来酸的能力大于抵抗外来碱的能力。

(5)PbI_2 和 $CaCO_3$ 的溶度积均近似为 10^{-8}，则两者的溶解度近似相等。

4. 向氨水中分别加入下列物质，氨水的离解度和溶液的 pH 将发生什么变化？

(1)$NH_4Cl(s)$　(2)$NaOH(s)$　(3)$HCl(aq)$　(4)H_2O

5. 如何从化学平衡的观点理解溶度积规则？并用该规则解释下列现象：

(1)$CaCO_3$ 溶于稀 HCl 溶液中，而 $BaSO_4$ 则不溶。

(2)$Mg(OH)_2$ 溶于 NH_4Cl 溶液中。

6. 选择题

(1)欲使乙二醇($C_2H_6O_2$)水溶液的凝固点为－0.93℃，需在 200g 水中加入乙二醇________ g。

A. 37　　B. 180　　C. 186　　D. 93

(2)下列水溶液沸点最高的是________。

A. 0.03mol 甘油　　B. 0.02mol H_2SO_4

C. 0.02mol NaCl　　D. 0.02mol 蔗糖

(3)25℃时，PbI_2 的摩尔溶解度为 1.21×10^{-3} $mol\cdot L^{-1}$，其溶度积常数为________。

A. 1.46×10^{-6}　　B. 7.09×10^{-9}

C. 2.93×10^{-6}　　D 1.77×10^{-9}

(4)下列溶液中 pH 最高的是________，最低的是________。

A. 0.1$mol\cdot L^{-1}$ HAc

B. 0.1$mol\cdot L^{-1}$ HAc＋等体积水

C. 0.2$mol\cdot L^{-1}$ HAc 与 0.2$mol\cdot L^{-1}$ NaAc 等体积混合

D. 0.2$mol\cdot L^{-1}$ HAc 与 0.6$mol\cdot L^{-1}$ NaAc 等体积混合

7. 将下列溶液按凝固点由高到低的顺序排列：1$mol\cdot kg^{-1}$ NaCl；1$mol\cdot kg^{-1}$ H_2SO_4；1$mol\cdot kg^{-1}$ $C_6H_{12}O_6$；0.1$mol\cdot kg^{-1}$ NaCl；0.1$mol\cdot kg^{-1}$ HAc；0.1$mol\cdot kg^{-1}$ $CaCl_2$。

8. 20℃时，将15.0g葡萄糖($C_6H_{12}O_6$)溶于200g水中，计算：

(1)溶液的凝固点。

(2)在101325Pa下，该溶液的沸点。

9. 在1L水中加多少克甲醛(CH_2O)，才能使水在−15℃时不结冰？

10. 取0.1mol·L^{-1}的甲酸(HCOOH)溶液50mL，加水稀释至100mL，求稀释前后溶液的H^+浓度、pH和离解度。由计算结果可以得出什么结论？

11. 计算下列混合溶液的pH。

(1)30mL 1.0mol·L^{-1}的HAc与10mL 1.0mol·L^{-1}的NaOH混合。

(2)10mL 1.0mol·L^{-1}的$NH_3 \cdot H_2O$与10mL 0.33mol·L^{-1}的HCl混合。

12. 欲配制500mL pH为10.00且$c(NH_3)=$ 1.0mol·L^{-1}的$NH_3 \cdot H_2O$-NH_4Cl缓冲溶液，需密度为0.904g·mL^{-1}含NH_3 26.0%的浓氨水多少毫升？固体NH_4Cl多少克？

13. 取100g NaAc·3H_2O，加入130mL 6.0mol·L^{-1}的HAc溶液，然后用水稀释至1.0L，此缓冲溶液的pH为多少？若向此溶液中加入0.1mol固体氢氧化钠(忽略溶液体积变化)，求溶液的pH。

14. 已知室温时下列各盐的溶解度，试求各盐的溶度积。

(1)AgCl　　1.95×10^{-4}g

(2)AgBr　　7.2×10^{-7}mol·L^{-1}

(3)BaF_2　　6.3×10^{-3}mol·L^{-1}

15. 根据PbI_2的溶度积常数计算：

(1)PbI_2在纯水中的溶解度。

(2)PbI_2饱和溶液中的$c(Pb^{2+})$、$c(I^-)$。

(3)在0.01mol·L^{-1}KI溶液中的溶解度。

(4)在0.01mol·L^{-1}$Pb(NO_3)_2$溶液中的溶解度。

16. 在0.5mol·L^{-1}的$MgCl_2$溶液中加入等体积的0.1mol·L^{-1}的氨水溶液，问：

(1)有无沉淀生成？

(2)若所加氨水中含有NH_4Cl，则NH_4Cl浓度多大时才不至于生成$Mg(OH)_2$沉淀？

17. (1)在10mL 1.5×10^{-3}mol·L^{-1}的$MnSO_4$溶液中，加入5mL 0.15mol·L^{-1}的氨水，是否有沉淀生成？

(2)若在原$MnSO_4$溶液中，先加入0.495g $(NH_4)_2SO_4$固体(忽略体积变化)，然后再加入上述氨水5mL，是否有沉淀生成？

18. 一种混合溶液中$c(Pb^{2+})=3.0\times10^{-2}$mol·L^{-1}，$c(Cr^{3+})=2.0\times10^{-2}$mol·L^{-1}，若向其中逐滴加入浓NaOH(忽略体积变化)，Pb^{2+}与Cr^{3+}均有可能生成氢氧化物沉淀。问：

(1)哪一种离子先被沉淀？

(2)若要分离这两种离子，溶液的pH应控制在什么范围？

19. 试计算下列转化反应的平衡常数。

(1)$Ag_2CrO_4(s) + 2Cl^- \rightleftharpoons 2AgCl(s) + CrO_4^{2-}$

(2)$PbCrO_4(s) + S^{2-} \rightleftharpoons PbS(s) + CrO_4^{2-}$

(3)$ZnS(s) + Cu^{2+} \rightleftharpoons CuS(s) + Zn^{2+}$

第三章　电化学基础

在氧化还原反应中，发生了电子的转移，若氧化还原反应的反应物之间不直接接触，而是通过导体来实现电子的转移，这样就使电子定向移动，从而使电流与氧化还原反应相联系起来，这样的氧化还原反应称为电化学反应。本章从氧化还原反应出发，简单介绍原电池的组成、半反应式以及电极电势的概念；着重讨论浓度对电极电势的影响以及电极电势的应用；介绍电解池中电极产物的规律及电解的应用；介绍电化学腐蚀原理、影响因素及防护原理等。在阅读材料中，介绍化学电源、材料的电化学加工等内容。

第一节　原电池和电极电势

一、氧化还原反应的能量变化

氧化还原反应是元素化合价发生改变的一类反应，同其他化学反应一样，氧化还原反应也伴随着能量的变化。将金属锌片放入蓝色的硫酸铜溶液中，就会发现，在锌片表面有红棕色的金属铜生成，溶液的蓝色逐渐消失，溶液温度升高。这说明发生了如下的自发氧化还原反应：

$$Zn(s)+Cu^{2+}(aq)=\!=\!=Zn^{2+}(aq)+Cu(s)$$

由于锌片直接与 Cu^{2+} 接触，电子便由 Zn 直接传给了 Cu^{2+}，电子的流动是无序的；温度升高，表明反应放出了热量，即化学能转变成了热能。

该反应的热效应、熵变以及吉布斯函数变可用第一章介绍的热力学方法予以求算。

298.15K 时，各物质的标准生成焓和标准熵为

	$Zn(s)$	$+Cu^{2+}(aq)=\!=\!=$	$Zn^{2+}(aq)$	$+Cu(s)$
$\Delta_f H_m^\ominus(298)(kJ\cdot mol^{-1})$	0	64.77	−153.89	0
$S_m^\ominus(298)(J\cdot K^{-1}\cdot mol^{-1})$	41.63	−99.60	−112.10	33.15

所以 $\Delta H_m^\ominus(298)=(-153.89)-64.77=-218.66(kJ\cdot mol^{-1})$

$$\Delta S_m^\ominus(298)=[(-112.10)+33.15]-[(-99.60)+41.63]$$
$$=-20.98(J\cdot K^{-1}\cdot mol^{-1})$$

$$\Delta G_m^\ominus(298)=\Delta H_m^\ominus-T\Delta S_m^\ominus$$
$$=-218.66-298.15\times(-20.98)\times10^{-3}$$
$$=-212.40(kJ\cdot mol^{-1})$$

即 1mol 的 Cu^{2+} 和 1mol 的 Zn 反应生成 1mol Cu 和 1mol Zn^{2+} 时放出 218.66kJ 的

热量;反应前后系统的熵变为$-20.98J \cdot K^{-1}$;反应系统的吉布斯函数变为$-212.40kJ$。

由热力学知识可知,反应的吉布斯函数变是反应做非体积功(有用功)的本领。因此,若利用一种装置,使锌片上的电子不是直接传递给Cu^{2+},而是通过导线来传递,电子沿导线定向流动而产生电流,这样就使反应过程中的吉布斯函数变转变为电能。

这种利用自发氧化还原反应产生电流,使化学能转变为电能的装置就称为原电池。

根据热力学第二定律,恒温、恒压下,有

$$\Delta G_m = W'_{max} \tag{3-1}$$

在原电池中,我们可以设想一个理想过程,它进行得极为缓慢,则非体积功W'即为可逆电功W_e。此时电子从原电池的负极移到正极的电荷总量为Q,测得电动势为E,原电池所作的电功$W_e = -Q \cdot E$。实验证明,当原电池的两极分别有与转移1mol电子相当的物质析出或溶解时,就有96485库仑电量通过(此值又称为法拉第常数,用F表示)。若有与n mol电子相当量的物质析出或溶解,则有$Q = n \times 96485 = nF$库仑电量通过,因此有

$$W_e = -n \times 96485 \times E = -nFE \tag{3-2}$$

即

$$\Delta G_m = -nFE \tag{3-3}$$

若电极反应处于标准状态,同理有

$$\Delta G_m^{\ominus} = -nFE^{\ominus} \tag{3-4}$$

二、原电池的组成和电极反应

1. 原电池的组成

图3.1为一种简单的原电池,称为铜锌原电池或丹尼尔(Daniel)电池。这个电池是将锌片插入盛有$ZnSO_4$溶液的烧杯中组成锌电极(或称锌半电池),铜片插入$CuSO_4$溶液中组成铜电极(铜半电池),锌片与铜片用导线连接,其中串联一个电流计以观察电流的产生与方向。两个半电池用盐桥(装满饱和KCl溶液,并添加琼脂使之成为胶冻状黏稠体的倒置U形管)沟通,这样就组装成铜锌原电池。

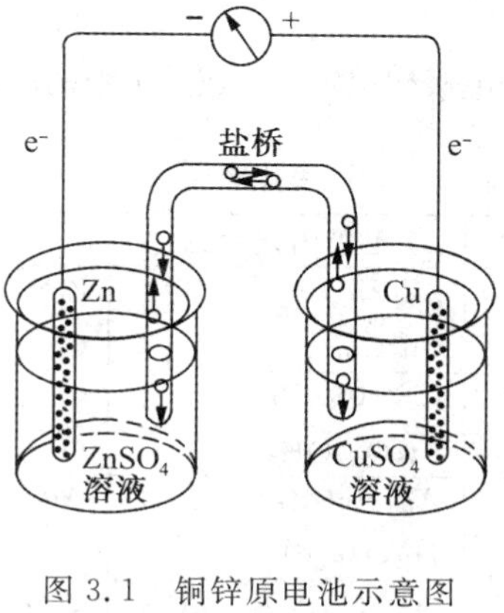

图3.1 铜锌原电池示意图

2. 原电池的电极反应式和电池表示式

由电流计指针偏转的方向可知,在铜锌原电池中,电流由铜电极流向锌电极,即电子

由锌片经导线流向铜片，说明锌电极为负极，铜电极为正极。

两个电极上发生的反应为：

锌电极（负极）：$Zn \longrightarrow Zn^{2+} + 2e^-$（氧化；阳极）

铜电极（正极）：$Cu^{2+} + 2e^- \longrightarrow Cu$（还原；阴极）

电极反应又称为半反应。每个电极反应（半反应）都包括同一元素的两类物质：一类是作为氧化剂的氧化态物质，如上述电池中的 Cu^{2+}、Zn^{2+}，处于高价态；另一类是作为还原剂的还原态物质，如 Cu、Zn，处于低价态。由同一元素的氧化态物质和其对应的还原态物质就构成了氧化还原电对，如 Zn^{2+}/Zn、Cu^{2+}/Cu。

将上述两个电极反应合并，就得到原电池中发生的氧化还原反应，称为电池反应：

$$Zn(s) + Cu^{2+}(aq) = Zn^{2+}(aq) + Cu(s)$$

反应进行时，在锌半电池中，由于反应而增多的 Zn^{2+} 聚集在 Zn 片附近，而对 Zn 片上的电子产生吸引力，从而阻碍了 Zn 的氧化。在铜半电池中，Cu^{2+} 反应后遗留下的 e^- 也会聚集在 Cu 片附近，排斥由 Zn 片流来的电子，阻碍了 Cu^{2+} 的还原。这样就会使电池反应停止，电流中断。当有盐桥存在时，盐桥中的正离子（K^+）可移向发生还原反应的半电池，进入 $CuSO_4$ 溶液，中和过剩的负电荷；负离子（Cl^-）可移向发生氧化反应的半电池，进入 $ZnSO_4$ 溶液，中和过剩的正电荷。从而保持半电池溶液的电中性并沟通了原电池的内电路，使电池反应得以进行，电流不断产生，这就是盐桥的作用。

原电池装置可用符号表示，原电池符号也称为原电池表示式。例如，上述铜锌原电池可表示为

$$(-)Zn \mid ZnSO_4(c_1) \parallel CuSO_4(c_2) \mid Cu(+)$$

书写原电池表示式时应注意以下几点：①负极写在左边，正极写在右边；②用“｜”表示气体或固体与液体的相界面，用“‖”表示盐桥；③气体与固体、固体与固体的相界面以及同种元素不同价态的离子之间都用“,”分隔。例如：

$(-)Ag, AgBr \mid Br^-(c_1) \parallel Cl^-(c_2) \mid Cl_2(p), Pt(+)$

$(-)Pt, H_2(p) \mid H^+(c_1) \parallel Fe^{3+}(c_2), Fe^{2+}(c_3) \mid Pt(+)$

3. 电极类型

任何一个原电池都是由两个电极构成的。构成原电池的电极通常分为三类，如表3.1所示。

表 3.1　电极类型

电极类型		电极图式示例	电极反应示例
第一类电极	金属—金属离子电极	$Zn\|Zn^{2+}$ $Cu\|Cu^{2+}$	$Zn^{2+} + 2e^- = Zn$ $Cu^{2+} + 2e^- = Cu$
	气体—离子电极	$Cl^-\|Cl_2, Pt$ $Pt, O_2\|OH^-$	$Cl_2 + 2e^- = 2Cl^-$ $O_2 + 2H_2O + 4e^- = 4OH^-$
第二类电极	金属—难溶盐电极	$Ag, AgCl(s)\|Cl^-$ $Hg, Hg_2Cl_2(s)\|Cl^-$	$AgCl(s) + e^- = Ag(s) + Cl^-$ $Hg_2Cl_2(s) + 2e^- = 2Hg(s) + 2Cl^-$
	金属—难溶氧化物电极	$H^+\|Sb_2O_3(s), Sb$	$Sb_2O_3(s) + 6H^+ + 6e^- = 2Sb + 3H_2O$
氧化还原电极		$Fe^{3+}, Fe^{2+}\|Pt$ $Pt\|Sn^{4+}, Sn^{2+}$	$Fe^{3+} + e^- = Fe^{2+}$ $Sn^{4+} + 2e^- = Sn^{2+}$

表 3.1 所示的气体电极和氧化还原电极都需用惰性导电材料(如铂或石墨)作为辅助电极,它们仅起传递电子的作用,不参与电极反应,常称其为惰性电极。其余类型的电极,一般以参与反应的金属本身做导体。

注意金属—金属离子电极与金属—难溶盐电极的区分。前者是指将金属插入含有该金属正离子的盐溶液中构成,后者则是在金属上覆盖一层该金属的难溶盐,并把它浸入含有该难溶盐负离子的溶液中构成。

三、电极电势

1. 电极电势的产生

原电池能够产生电流的事实,说明在原电池的两极之间有电势差存在,即每一个电极都有一个电势(称为电极电势,用 φ 表示)。由于原电池两个电极的电势不同,因而能够产生电流。

电极电势产生的原因,可以用最简单的金属及其盐溶液组成的金属电极为例加以说明:一方面,当金属插入它的盐溶液中时,金属表面上的金属离子受到极性水分子的吸引,有溶解到溶液中形成金属离子的倾向,而将电子仍留在金属表面上。金属越活泼或溶液中金属离子浓度越小,这种趋势就越大。另一方面,溶液中的金属离子则有从溶液中沉积到金属表面上的趋势,随着溶液中金属离子浓度的增大,溶液中的金属离子沉积的趋势增大。当这两种相反方向的过程进行的速率相等时就达到了动态平衡:

$$M(s)+H_2O(l) \rightleftharpoons M^{n+}(aq)+ne^-$$

显然,对于不同的金属及不同的离子浓度,达到上述平衡时的情况也有所不同。若在一定的条件下,金属溶解的趋势大于金属离子沉积到金属表面的趋势,则金属带负电荷而溶液带正电荷,并且由于溶液中的金属离子和金属表面的电子之间存在着静电引力作用,溶液中金属正离子聚集在与金属相接触的表面层,而电子则聚集在与水接触的金属表面上。这样,就在溶液和金属的接触界面处形成了分别由带正电荷的金属离子和带负电荷的电子所构成的双电层。在电极表面的这种双电层产生了电极电势(见图 3.2)。如果在达到动态平衡时,金属离子进入溶液的趋势小于溶液中金属离子的沉积趋势,则金属带正电荷而溶液带负电荷,此时也形成双电层,也产生电极电势。显然,由于金属的活泼性不同,各种金属的电极电势的数值也是不相同的。

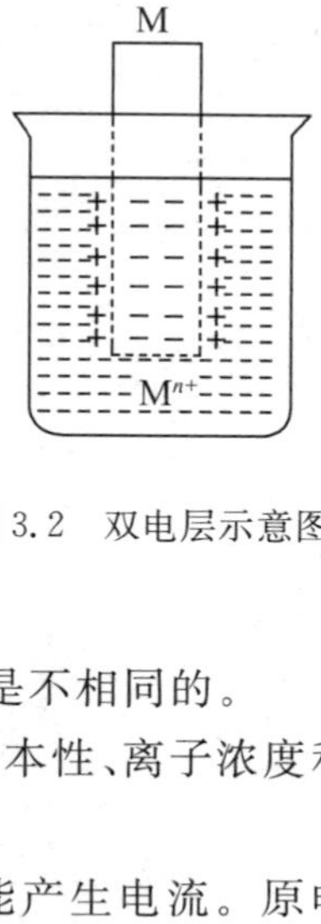

图 3.2 双电层示意图

从电极电势产生的原理可以看出,影响电极电势的因素主要为电极本性、离子浓度和温度。

若将两种电极电势数值不同的电极以原电池的形式连接起来,就能产生电流。原电池的电动势为

$$E=\varphi_+ - \varphi_- \tag{3-5}$$

原电池电动势可通过实验测量,其 SI 单位为伏特(V)。

2. 标准电极电势的测量

金属电极电势的大小反映了金属在水溶液中得失电子的能力。如果能够确定电极电

势的绝对值，就可以定量地比较金属在溶液中的活泼性。但到目前为止，我们还不能从实验上测定或从理论上计算单个电极的电极电势，而只能测得由两个电极所组成的原电池的电动势。因此，在实际应用中，同处理焓、吉布斯函数一样，人们选择一个合适的电极作为标准电极，人为地规定它的电极电势为零，而把其他电极与此标准电极组成原电池进行比较，以确定其电极电势的相对大小，即可确定各种电极电势的代数值。显然，电极电势的数值都是相对值。

(1)标准氢电极与参比电极

原则上，任意一个电极均可作为标准电极。按照1953年国际纯粹和应用化学联合会(IUPAC)的建议，采用标准氢电极作为标准电极，这个建议已被接受和承认，并作为正式的规定。

标准氢电极的组成和结构如图3.3所示。它是由镀有一层疏松铂黑的铂片插入标准H^+浓度的酸溶液中，并不断通入压力为101325Pa的纯氢气流构成的(采用铂黑是为了增加铂的表面积，使氢气充分吸附；同时起着对电化学反应的催化作用，用来加速电极上的反应速率，使它容易达到平衡)。这时溶液中的氢离子与被铂黑吸附的氢气建立起下列动态平衡

$$2H^+(aq)+2e^- \rightleftharpoons H_2(g)$$

标准氢电极的表示式为

$$Pt,H_2(101325Pa) \mid H^+(1mol \cdot L^{-1})$$

根据规定，标准氢电极的电极电势为零，即

$$\varphi^\ominus(H^+/H_2)=0.0000V$$

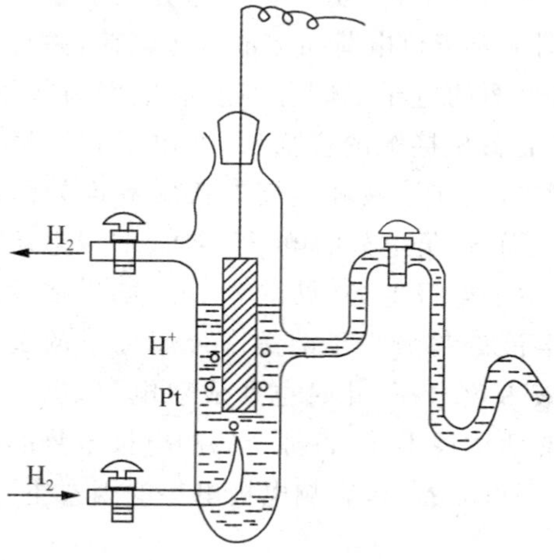

图3.3　氢电极构造简图

以氢电极作为标准电极测量其他电极的电极电势时，可以达到很高的精度(±0.000001V)。但要求氢气纯度很高、压力稳定，因而制备和使用十分不方便。在实际工作中，常采用一些易于制备和使用且电极电势稳定的电极作为测量电极电势的对比电极，称为参比电极。常用的参比电极有甘汞电极和氯化银电极。图3.4为甘汞电极的构

造示意图。甘汞电极的反应为：

$$Hg_2Cl_2(s)+2e^- \longrightarrow 2Hg(l)+2Cl^-(aq)$$

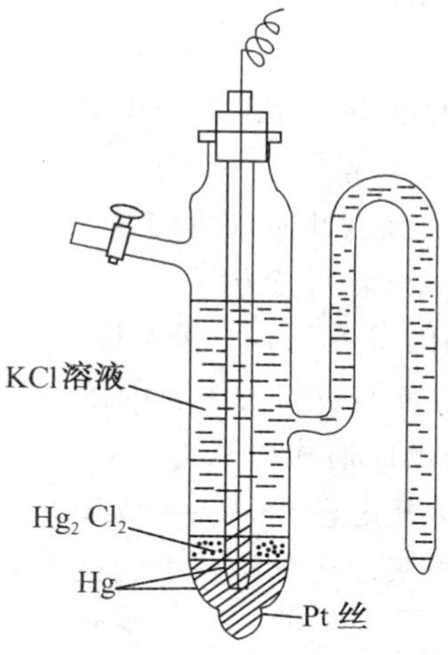

图 3.4　甘汞电极示意图

参比电极本身的稳定性好，可逆程度高，使用方便，但其电极电势随 KCl 浓度的不同而发生变化，同时随温度的改变而略有变化。表 3.2 列出了甘汞电极和氯化银电极的组成及其电极电势。

表 3.2　　25℃时甘汞电极和氯化银电极的电极电势

电极名称	电极组成	电极电势(V)
饱和甘汞电极	$Hg, Hg_2Cl_2(s) \mid KCl$(饱和)	+0.2412
$1mol \cdot L^{-1}$甘汞电极	$Hg, Hg_2Cl_2(s) \mid KCl(1mol \cdot L^{-1})$	+0.2801
$0.1mol \cdot L^{-1}$甘汞电极	$Hg, Hg_2Cl_2(s) \mid KCl(0.1mol \cdot L^{-1})$	+0.3337
氯化银电极	$Ag, AgCl(s) \mid KCl(1mol \cdot L^{-1})$	+0.2225
	$Ag, AgCl(s) \mid KCl(0.1mol \cdot L^{-1})$	+0.2881

(2)标准电极电势的测量

电极电势的大小，主要取决于物质的本性，但同时又与系统的温度、浓度等外界条件有关。为了便于比较，提出了标准电极电势的概念。如果待测电极处于标准状态，所测得的电极电势称为该电极的标准电极电势，用符号 $\varphi^\ominus$ 表示。

欲确定某电极的电极电势，可以把该电极和标准氢电极组成原电池，测量该原电池的电动势，再根据 $E=\varphi_+-\varphi_-$ 即可求得未知电极的 φ 值，通常的测定温度为 298.15K。例如，欲测定铜电极的标准电极电势，应组成下列原电池：

$(-)Pt, H_2(p^\ominus) \mid H^+(1mol \cdot L^{-1}) \parallel Cu^{2+}(1mol \cdot L^{-1}) \mid Cu(+)$

此原电池的电动势就等于铜电极的标准电极电势。298.15K 时测得值为 0.34V。在该原电池中，铜电极为正极，所以 $\varphi^\ominus(Cu^{2+}/Cu)=0.34V$。

对于 Zn^{2+} 浓度为 $1mol \cdot L^{-1}$ 的锌电极与标准氢电极组成的电池，电动势的实测值为

0.7628V。但锌极作负极，因此锌的标准电极电势 $\varphi^{\ominus}(Zn^{2+}/Zn)=-0.7628V$。

测定电极电势时也可以使用参比电极，如 298.15K 时，将标准铜电极作正极与饱和甘汞电极组成原电池，测得电池电动势为 0.0988V。所以 $\varphi^{\ominus}(Cu^{2+}/Cu)=0.0988+0.2412=0.34(V)$。

用类似方法可以测得一系列电极的标准电极电势。本书附录 5 中列出了常用氧化还原电对在 298.15K 时的标准电极电势。

应注意的是，电极电势 φ 具有强度性质，没有加和性。不论半反应式如何写，φ 值不变。

3. 浓度对电极电势的影响——能斯特方程

前已述及，影响电极电势的因素主要有电极本性、离子浓度和温度。其中电极本性决定了 $\varphi^{\ominus}$ 的大小，而离子浓度则是影响 φ 值的主要因素。

对于任意给定的电极，电极反应通式可写为

$$a\,\text{氧化态}+ne^{-}\rightleftharpoons b\,\text{还原态}$$

利用热力学推导可以得出电极电势随浓度变化的关系为

$$\varphi=\varphi^{\ominus}+\frac{RT}{nF}\ln\frac{c^{a}(\text{氧化态})}{c^{b}(\text{还原态})} \tag{3-6}$$

式中，$\varphi^{\ominus}$ 为标准电极电势，可由附录 5 中查得；R 为气体常数，取值 $8.314J\cdot K^{-1}\cdot mol^{-1}$；$F$ 为法拉第常数，取值 $96485C\cdot mol^{-1}$；n 是半反应式配平后转移电子的摩尔数；a、b 分别代表电极反应式中氧化态和还原态的化学计量数。该关系式称为能斯特方程式。

若将自然对数改为常用对数，则在 298.15K 时，上式可改写为

$$\varphi=\varphi^{\ominus}+\frac{0.0592}{n}\lg\frac{c^{a}(\text{氧化态})}{c^{b}(\text{还原态})} \tag{3-7}$$

在应用能斯特方程式时，应注意以下几点：

(1) 如果在电极反应中，某一物质是纯固体或纯液体，则不列入方程式中；若是气体，则以分压 $(p/p^{\ominus})$ 的形式表示。

(2) 如果在电极反应中，除氧化态和还原态物质外，还有参加电极反应的其他物质，如 H^{+}、OH^{-}，则这些物质的浓度及其在反应式中的化学计量数也应表示在能斯特方程式中。如 MnO_4^{-}/Mn^{2+} 电对，其电极反应为

$$MnO_4^{-}+8H^{+}+5e^{-}=\!=\!=Mn^{2+}+4H_2O$$

则该电对的能斯特方程式应写为

$$\varphi(MnO_4^{-}/Mn^{2+})=\varphi^{\ominus}(MnO_4^{-}/Mn^{2+})+\frac{0.0592}{5}\lg\frac{c(MnO_4^{-})\cdot c^{8}(H^{+})}{c(Mn^{2+})}$$

例 3.1 计算 298.15K 时，Zn^{2+} 浓度为 $0.0010mol\cdot L^{-1}$ 时锌电极的电极电势。

解： 锌电极的电极反应为 $Zn^{2+}(aq)+2e^{-}=\!=\!=Zn(s)$；从附录 5 中查得锌的标准电极电势为 $\varphi^{\ominus}(Zn^{2+}/Zn)=-0.7628V$。

当 $c(Zn^{2+})=0.0010mol\cdot L^{-1}$ 时，锌的电极电势为

$$\varphi(Zn^{2+}/Zn)=\varphi^{\ominus}(Zn^{2+}/Zn)+\frac{0.0592}{n}\lg\frac{c^{a}(\text{氧化态})}{c^{b}(\text{还原态})}$$

$$=-0.7628+\frac{0.0592}{2}\lg 0.0010=-0.8516(V)$$

例 3.2　计算 pH=5.0，$c(Cr_2O_7^{2-})=0.01mol\cdot L^{-1}$，$c(Cr^{3+})=10^{-6}mol\cdot L^{-1}$ 时，重铬酸钾溶液的 $\varphi(Cr_2O_7^{2-}/Cr^{3+})$。

解：该电极的电极反应式为

$$Cr_2O_7^{2-}+14H^{+}+6e^{-}=\!=\!=2Cr^{3+}+7H_2O$$

从附录 5 中查得该电对的 $\varphi^{\ominus}(Cr_2O_7^{2-}/Cr^{3+})=1.33V$，pH=5.0，即 $c(H^{+})=10^{-5}mol\cdot L^{-1}$，所以

$$\varphi(Cr_2O_7^{2-}/Cr^{3+})=\varphi^{\ominus}(Cr_2O_7^{2-}/Cr^{3+})+\frac{0.0592}{n}\lg\frac{c(Cr_2O_7^{2-})\cdot c^{14}(H^{+})}{c^{2}(Cr^{3+})}$$

$$=1.33+\frac{0.0592}{6}\lg\frac{0.01\times(10^{-5})^{14}}{(10^{-6})^{2}}=0.74(V)$$

四、电极电势的应用

1. 判断原电池的正负极，计算原电池的电动势

由电极电势计算电动势可用公式 $E=\varphi_{+}-\varphi_{-}$，其中 φ_{+} 必须大于 φ_{-}，E 值必须是正值。

例 3.3　判断 $Zn^{2+}(0.0010mol\cdot L^{-1})/Zn$ 和 $Zn^{2+}(1mol\cdot L^{-1})/Zn$ 两个电对所组成的原电池的正负极，计算原电池的电动势并写出原电池符号。

解：由例 3.1 可知

当 $c(Zn^{2+})=0.0010mol\cdot L^{-1}$ 时，$\varphi(Zn^{2+}/Zn)=-0.8516V$；

当 $c(Zn^{2+})=1.0mol\cdot L^{-1}$ 时，$\varphi(Zn^{2+}/Zn)=\varphi^{\ominus}(Zn^{2+}/Zn)=-0.7628V$。

由于 φ_{+} 必须大于 φ_{-}，所以上述原电池的电极反应为

负极　$Zn-2e^{-}=\!=\!=Zn^{2+}(0.0010mol\cdot L^{-1})$

正极　$Zn^{2+}(1mol\cdot L^{-1})+2e^{-}=\!=\!=Zn$

电动势为　$E=\varphi_{+}-\varphi_{-}=(-0.7628)-(-0.8516)=0.0888(V)$

原电池符号为

$(-)Zn\mid Zn^{2+}(0.0010mol\cdot L^{-1})\parallel Zn^{2+}(1.0mol\cdot L^{-1})\mid Zn(+)$

这种电极材料和电解质都相同，但电解质浓度不同所构成的原电池，称为浓差电池。

2. 比较氧化剂和还原剂的相对强弱

电极电势的大小反映了氧化还原电对中氧化态物质和还原态物质氧化还原能力的相对强弱。φ 值大的氧化态物质相对于 φ 值小的氧化态物质而言是更强的氧化剂；而 φ 值小的还原态物质相对于 φ 值大的还原态物质而言则是更强的还原剂。简言之，φ 值越大，其氧化态氧化能力越强；φ 值越小，其还原态还原能力越强。例如，有以下三个电对：

电对	电极反应	$\varphi^{\ominus}(V)$
I_2/I^{-}	$I_2(s)+2e^{-}=\!=\!=2I^{-}(aq)$	+0.5355
Fe^{3+}/Fe^{2+}	$Fe^{3+}(aq)+e^{-}=\!=\!=Fe^{2+}(aq)$	+0.771
Br_2/Br^{-}	$Br_2(l)+2e^{-}=\!=\!=2Br^{-}(aq)$	+1.066

在标准状态下，还原态物质的还原能力由强到弱的顺序为：$I^- > Fe^{2+} > Br^-$；氧化态物质的氧化能力由强到弱的顺序为：$Br_2 > Fe^{3+} > I_2$。I^-是最强的还原剂，它可以还原Fe^{3+}或Br_2。Br_2是最强的氧化剂，它可以氧化Fe^{2+}或I^-。Fe^{3+}只能氧化I^-而不能氧化Br^-；Fe^{2+}只能还原Br_2而不能还原I_2。

若在非标准状态下，由于离子浓度或溶液的酸碱性对电极电势有影响，应在运用能斯特方程式计算出φ值后，再进行比较。

例 3.4　下列三个电对中，在标准状态下哪个是最强的氧化剂？若MnO_4^-改在pH＝5.00的条件下，它们的氧化性相对强弱次序又如何？［已知$\varphi^\ominus(MnO_4^-/Mn^{2+})=+1.49V$；$\varphi^\ominus(Br_2/Br^-)=+1.066V$；$\varphi^\ominus(I_2/I^-)=0.535V$］

解：(1)由于$\varphi^\ominus(MnO_4^-/Mn^{2+})>\varphi^\ominus(Br_2/Br^-)>\varphi^\ominus(I_2/I^-)$，所以在标准状态下，$MnO_4^-$是最强的氧化剂，$I^-$是最强的还原剂。

(2)$KMnO_4$溶液中pH＝5.00，即$c(H^+)=1.00\times10^{-5}$，根据能斯特方程式

$$MnO_4^- + 8H^+ + 5e^- \longrightarrow Mn^{2+} + 4H_2O$$

$$\varphi(MnO_4^-/Mn^{2+})=\varphi^\ominus(MnO_4^-/Mn^{2+})+\frac{0.0592}{5}\lg\frac{c(MnO_4^-)\cdot c^8(H^+)}{c(Mn^{2+})}$$

$$=1.49+\frac{0.0592}{5}\lg\frac{1\times(10^{-5})^8}{1}=1.017$$

则电极电势的相对大小次序为：$\varphi^\ominus(Br_2/Br^-)>\varphi(MnO_4^-/Mn^{2+})>\varphi^\ominus(I_2/I^-)$；氧化剂的强弱次序为：$Br_2>MnO_4^-(pH=5.00)>I_2$。

一般说来，对于简单的电极反应，离子浓度的变化对φ值影响不大，因而只要两个电对的标准电极电势相差较大，通常可直接用$\varphi^\ominus$来进行比较。但对于含氧酸盐，在介质H^+浓度不为$1.0mol\cdot L^{-1}$时，则需进行计算再比较。

3.判断氧化还原反应的方向

由热力学可知，恒温、恒压下，一个化学反应能自发进行的条件是$\Delta G<0$。对于氧化还原反应来说$\Delta G=-nFE$，因此只有当$E>0$时，氧化还原反应才可自发进行。也就是说，φ值大的氧化态物质作氧化剂，φ值小的还原态物质作还原剂时，氧化还原反应才能自发进行。因此，可用“φ值大的氧化态物质与φ值小的还原态物质能自发进行反应”作为判断标准。

例如，在标准状态下，反应$2Fe^{3+}+Cu \longrightarrow 2Fe^{2+}+Cu^{2+}$能否自发向右进行呢？我们可通过附录5查得$\varphi^\ominus(Fe^{3+}/Fe^{2+})=+0.771V$，$\varphi^\ominus(Cu^{2+}/Cu)=+0.34V$，由于$+0.771>+0.34$，因此该反应能正向进行。如将该反应组成原电池，则电极反应为

正极：$Fe^{3+} + e^- \longrightarrow Fe^{2+}$

负极：$Cu^{2+} + 2e^- \longrightarrow Cu$

如果反应是在非标准状态下进行，则需用能斯特方程计算出电极电势φ值后再加以判断。但若两个电对的$\varphi^\ominus$值之差大于0.2V，一般情况下，浓度可以使电极电势值发生改变，但不致引起电池电动势的正负发生变化，在此情况下也可直接用标准电极电势来判断。

例 3.5　试判断以下反应在H^+浓度为$1.0\times10^{-7}mol\cdot L^{-1}$时进行的方向（其他物质

皆处于标准态)：

$$2MnO_4^- + 16H^+ + 10Cl^- \longrightarrow 2Mn^{2+} + 5Cl_2 + 8H_2O$$

解:若用标准电极电势进行判断

$$\varphi^\ominus(MnO_4^-/Mn^{2+}) = +1.49V$$
$$\varphi^\ominus(Cl_2/Cl^-) = +1.358V$$

即 MnO_4^- 的氧化性强于 Cl_2,则在标准状态(H^+ 浓度为 $1.0mol \cdot L^{-1}$)下,反应可以正向进行。

但由于反应中 H^+ 的浓度对电极电势影响较大,所以,在中性条件下,由能斯特方程计算得:

$$\varphi(MnO_4^-/Mn^{2+}) = 1.49 + \frac{0.0592}{5}\lg\frac{1\times(1.0\times10^{-7})^8}{1} = 0.829(V)$$

该值远小于 $\varphi^\ominus(Cl_2/Cl^-) = 1.358V$,所以反应不能按上式正向进行,相反,逆向进行是自发的。

利用能斯特方程,我们还可以确定欲使上述反应正向进行应满足的介质条件。

上述反应要正向进行,需满足

$\varphi(MnO_4^-/Mn^{2+}) \geqslant \varphi^\ominus(Cl_2/Cl^-) = 1.358V$

即 $1.49 + \frac{0.0592}{5}\lg c^8(H^+) \geqslant 1.358$

$\lg c(H^+) \geqslant -1.57$

即 $c(H^+) \geqslant 2.69\times10^{-2}(mol \cdot L^{-1})$;$pH \leqslant 1.57$。

也就是说,要使上述反应正向进行,需使介质 pH 保持在 1.57 以下。由此可见,介质的酸碱性对氧化还原反应的影响是很大的。

4.判断氧化还原反应进行的程度

氧化还原反应进行的程度可由反应的标准平衡常数 $K^\ominus$ 来衡量。

由热力学知识可知,$\Delta G_m^\ominus = -RT\ln K^\ominus$;而电化学中,$\Delta G_m^\ominus = -nFE^\ominus$。

两式相联系,可得

$$E^\ominus = \frac{RT}{nF}\ln K^\ominus = \frac{2.303RT}{nF}\lg K^\ominus$$

当 $T = 298.15K$ 时

$$E^\ominus = \frac{0.0592}{n}\lg K^\ominus$$

则

$$\lg K^\ominus = \frac{nE^\ominus}{0.0592} = \frac{n(\varphi_+^\ominus - \varphi_-^\ominus)}{0.0592}$$

应注意的是,上式中的 n 为整个氧化还原反应的得失电子数,而不是某一个半反应的得失电子数。

例 3.6 计算 298.15K 时下列反应的标准平衡常数:

$$Cr_2O_7^{2-} + 6Fe^{2+} + 14H^+ \longrightarrow 2Cr^{3+} + 6Fe^{3+} + 7H_2O$$

解：由附录 5 知

$\varphi^{\ominus}(Cr_2O_7^{2-}/Cr^{3+})=+1.33V$，$\varphi^{\ominus}(Fe^{3+}/Fe^{2+})=+0.77V$，$n=6$

所以

$$\lg K^{\ominus}=\frac{nE^{\ominus}}{0.0592}=\frac{6\times(\varphi_{+}^{\ominus}-\varphi_{-}^{\ominus})}{0.0592}=\frac{6\times(1.33-0.77)}{0.0592}=56.66$$

$K^{\ominus}=4.57\times10^{56}$

$K^{\ominus}$ 很大，说明反应进行得很完全。

应当指出，以上对氧化还原反应方向和程度的判断，都是从化学热力学角度进行讨论的，并不涉及化学动力学中的反应速度问题。对于一个具体的氧化还原反应的可行性即现实性，还需同时考虑反应速率的大小。一般氧化还原反应的速率比中和反应和沉淀反应的速率要慢一些。

第二节　电　解

一、电解池与电解反应

对于一些不能自发进行的氧化还原反应，可以利用外加电压迫使反应进行，使电能转化为化学能。这种利用外加电压迫使非自发氧化还原反应进行的过程称为电解。实现电解过程的装置称为电解池。

在电解池中，与直流电源正极相连的电极是阳极，与直流电源负极相连的电极是阴极。阳极是电子流出的电极，发生的是氧化反应；阴极是电子流入的电极，发生的是还原反应。由于阳极带正电，阴极带负电，电解液中正离子移向阴极，负离子移向阳极，当离子到达电极上并分别发生氧化还原反应时，叫作离子放电。

图 3.5 为以铂为电极，电解 $0.1mol\cdot L^{-1}$ NaOH 溶液的电解装置示意图。

当电解时，H^+ 移向阴极，OH^- 移向阳极，分别放电：

阴极反应：$4H^+ + 4e^- \longrightarrow 2H_2(g)$

阳极反应：$4OH^- \longrightarrow 2H_2O + O_2(g) + 4e^-$

总反应：$2H_2O \longrightarrow 2H_2(g) + O_2(g)$

因此，以铂为电极电解 NaOH 水溶液，实际上是电解水，NaOH 的作用仅仅是增加溶液的导电性。

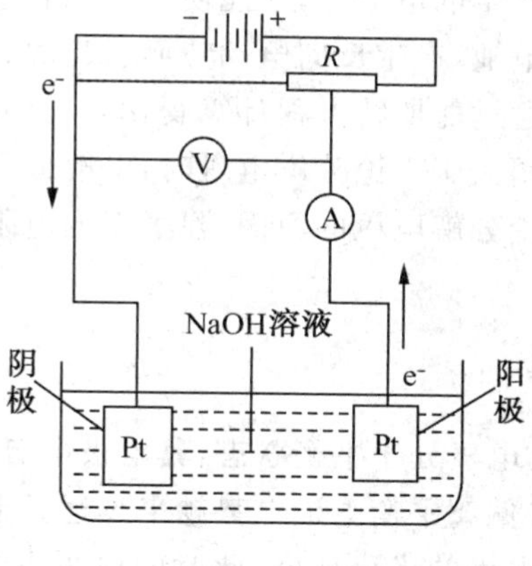

图 3.5　电解 NaOH 溶液示意图

二、分解电压

在电解一给定的电解液时，需要对电解池施以多少电压才能使电解顺利进行？这是电解过程中的一个重要问题。下面仍以电解 NaOH 水溶液为例加以说明。

在对 NaOH 溶液进行电解时，经可变电阻(R)调节外电压(V)，从电流计(A)中可读出在一定外加电压下的电流数值。当外加电压很小时，电流很小，电压逐渐增加到1.23V时，电流仍很小，电极上看不出有气泡析出。当电压增加到 1.70V 时，电流开始剧增，以后电流随电压增加直线上升(见图 3.6)，同时在两极上有明显的气泡产生，电解顺利进行。使电解能够顺利进行所需的最小电压称为分解电压，图 3.6 中 D 点的电压读数即为分解电压。

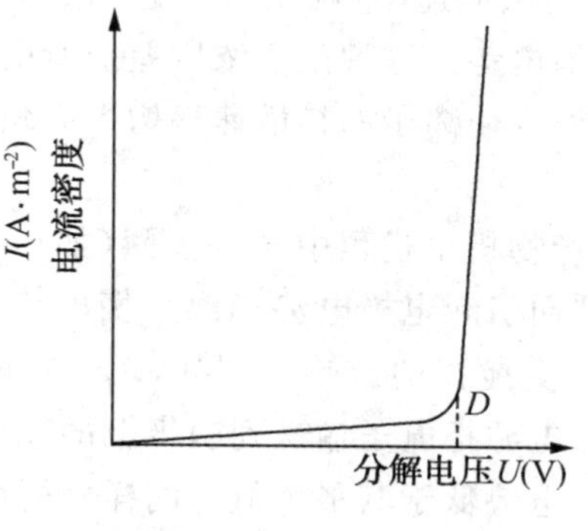

图 3.6　电解 NaOH 溶液时的分解电压

在电解 NaOH 水溶液时，阴极上析出的 H_2 和阳极上析出的 O_2，分别被吸附在铂片上，形成氢电极和氧电极，组成下列原电池：

$(-)Pt, H_2(p_1) \mid NaOH(0.1mol \cdot L^{-1}) \mid O_2(p_2), Pt(+)$

该原电池的电子流方向与外加直流电源的电子流方向相反，因而至少需要外加一定值的电压以克服该原电池所产生的电动势，才能使电解顺利进行。由此可见，分解电压是由电解产物在电极上形成原电池，产生反向电动势而引起的。

分解电压的理论值可以通过能斯特方程计算得出，上述电解过程的理论分解电压经计算为 1.23V。当外加电压稍大于理论分解电压时，电解似乎应能进行，但实际测量的分解电压约为 1.70V。超出理论分解电压的原因，除了因内电阻所引起的电压降外，主要是由电极极化而引起的。

三、电极的极化与超电势

当电极上无电流通过时，电极处于平衡状态，其电极电势为平衡电极电势。随着电极上电流密度的增加，电极电势偏离平衡电极电势越来越远。电流通过电极时，电极电势偏离平衡电极电势的现象称为电极的极化现象，此时的电极电势称为不可逆电极电势或极化电极电势。在某一个电流密度下，极化电极电势 $\varphi_{极}$ 与平衡电极电势之差的绝对值称为超电势 η，即

$$\eta = |\varphi_{极} - \varphi_{平}| \tag{3-8}$$

电极极化的原因有多种，这里只讨论最主要的两种，即浓差极化和电化学极化。

1. 浓差极化

浓差极化是由电解过程中电极附近溶液的浓度和本体溶液（指离开电极较远，浓度均匀的溶液）浓度产生差别所致。造成这种差别的原因在于离子扩散速率慢于电极反应的速度。如把金属银插到浓度为 c 的 $AgNO_3$ 溶液中电解时，若该电极作阴极，则发生 $Ag^+ + e^- \longrightarrow Ag$ 的反应。由于电极附近的 Ag^+ 沉积到电极上，使电极附近的 Ag^+ 浓度不断下降，若本体溶液中 Ag^+ 扩散到电极附近的速率赶不上 Ag^+ 沉积的速率，则阴极附近 Ag^+ 浓度必低于本体溶液浓度，从而使阴极的电极电势小于平衡电势。若该电极作阳极，则发生 $Ag - e^- \longrightarrow Ag^+$ 的反应。由于电极附近的 Ag^+ 浓度不断增大，若 Ag^+ 向本体溶液中扩散的速率赶不上 Ag^+ 的生成速率，则阳极附近 Ag^+ 浓度必大于本体溶液浓度，从而使阳极的电极电势大于平衡电势。这种由于浓度差别所引起的极化称为浓差极化。浓差极化可以通过搅拌和升高温度使离子的扩散速率增大而减小甚至消除。

2. 电化学极化

电化学极化是由于电解产物析出过程中某一步骤（如离子的放电、原子结合为分子、气泡的形成等）反应速率迟缓而引起电极电势偏离平衡电势的现象。即电化学极化是由电化学反应速率决定的，它不受搅拌的影响。例如，Ag^+ 在阴极上得电子，Ag 沉积过程速率迟缓，就会造成外界直流电源把电子输送到阴极上的速率大于阴极上 Ag^+ 反应消耗掉电子的速率，而使阴极电极电势低于其平衡值。同样分析可知，阳极电极电势则高于其平衡值。

不论是浓差极化还是电化学极化，其结果总是使阴极电极电势变小，而阳极电极电势变大。电解池实际外加电压 $V_{外加}$ 应是理论分解电压、阴极超电势、阳极超电势以及由内电阻引起的电压降 IR（常忽略）之和，即

$$V_{外加} = E(理) + \eta(阳) + \eta(阴) + IR$$

影响超电势的因素主要有以下三个方面：

(1)电解产物的本质：金属(除 Fe、Co、Ni 外)超电势一般很小，气体的超电势较大，而氢气、氧气的超电势更大。

(2)电极材料和表面状态：同一电解产物在不同电极上超电势数值不同，且电极表面状态不同时超电势数值也不同。

(3)电流密度：随电流密度增大，超电势也变大，因此表达超电势数值时，必须指明电流密度的数值。

四、电解产物的一般规律

下面分三种情况讨论简单盐溶液的电解产物。

1. 惰性材料作电极，电解熔融盐

当用惰性材料如 Pt、石墨等作电极电解熔融盐时，电解液中只有组成熔融盐的正负离子，所以情况比较简单，电解产物只可能是熔融盐的正负离子分别在阴阳两极上进行还原和氧化后所得的产物。例如，电解熔融的 $CuCl_2$，在阴极上得到金属铜，在阳极上得到氯气。

2. 惰性材料作电极，电解盐类水溶液

用惰性材料如 Pt、石墨等作电极电解盐类水溶液时，电解液中除了盐类离子外还有由水电离出来的 H^+ 和 OH^-。所以在阴极上放电的正离子可能是金属离子或 H^+；在阳极上放电的负离子可能是酸根离子或 OH^-。在对电解池逐步增加电压时，究竟哪一种离子在电极上首先放电，不能简单地用理论计算的电极电势，而应该用实际析出电极产物的电势(可简称为析出电势)作为判断的依据。即在电解池中，析出电势代数值较小的还原态物质在阳极首先氧化；析出电势代数值较大的氧化态物质在阴极首先还原。析出电势代数值的大小取决于下列三个因素：①离子及其相应电对在标准电极电势表中的位置；②离子的浓度；③电极材料对电解产物超电势的影响。综合考虑上述影响因素，可得一般情况如下：

电解简单盐类的水溶液时，较活泼金属(如 Na、K、Mg、Al 等)的 φ 值较小，其金属正离子不易在阴极还原，通常是水中的 H^+ 被还原而析出氢气；电解其他金属(如 Zn、Cd、Ni、Cu 等)的简单盐时，则优先析出金属，而不是氢气。

对于简单负离子(如 Cl^-、Br^-、S^{2-} 等)的水溶液，若用惰性材料作电极进行电解时，在阳极常是这些简单负离子被氧化，优先析出 S、Cl_2、Br_2；若溶液中含有 SO_4^{2-}、PO_4^{3-}、NO_3^- 等含氧酸根离子时，这些离子的析出电势很高，一般都是 OH^- 首先被氧化而析出氧。

3. 用金属材料(Pt 除外)作阳极，电解盐类水溶液

用金属材料作阳极时，必须考虑金属的氧化溶解。一般情况下，由于金属单质有还原性(除惰性电极外)，用金属作阳极时，金属阳极首先被氧化成为金属离子而溶解。

通过上述讨论，可总结出盐类水溶液电解产物的一般规律，如表 3.3 所示。

表 3.3 盐类水溶液电解产物的一般规律

电极	阴极	阳极
电极上可能反应的物质	金属阳离子、H^+	酸根负离子、简单负离子、OH^-、金属（可溶性阳极）
从电极上放电的先后顺序	(1)电极电势代数值大于 Al 的金属离子首先得电子：$M^{n+} + ne^- \longrightarrow M$ (2)电极电势代数值小于 Al(包括 Al)的金属离子，在水溶液中不被还原，而是 H^+ 得电子：$2H^+ + 2e^- \longrightarrow H_2$	(1)金属阳极（除 Pt、Au 外的可溶性阳极）首先失电子：$M \longrightarrow M^{n+} + ne^-$ (2)简单负离子 S^{2-}、I^-、Br^-、Cl^- 等失电子：$2Cl^- \longrightarrow Cl_2 + 2e^-$ (3)复杂离子一般不被氧化，而是 OH^- 失电子：$2OH^- \longrightarrow H_2O + \frac{1}{2}O_2 + 2e^-$

第三节 金属的腐蚀与防止

当金属和周围介质相接触时，由于发生了化学作用或电化学作用而引起的破坏叫作金属的腐蚀。铁生锈、银变暗、铜表面出现铜绿等都是金属腐蚀现象。世界上每年因腐蚀而不能使用的金属制品的质量大约相当于金属年产量的 1/4～1/3，每年因腐蚀引起的损失达数十亿美元，因此研究金属腐蚀和防腐是一项很重要的工作。

根据金属腐蚀过程的不同特点，可将金属腐蚀分为化学腐蚀和电化学腐蚀两大类。

一、化学腐蚀

单纯由化学作用而引起的腐蚀叫作化学腐蚀。其特点是介质为非电解质溶液或干燥气体，腐蚀过程无电流产生。例如，润滑油、液压油以及干燥空气中的 O_2、H_2S、SO_2、Cl_2 等物质与金属接触时，在金属表面上生成的相应的氧化物、硫化物、氯化物等都属于化学腐蚀。

温度对化学腐蚀的速率影响很大，例如，钢铁在常温和干燥空气中不易发生腐蚀，但在高温时（如轧钢时）易被氧化生成一种氧化皮（由 FeO、$Fe_2O_3 \cdot Fe_3O_4$ 组成），若温度高于 700℃还会发生脱碳现象。这是由于钢铁中渗碳体 Fe_3C 与高温气体发生了反应：

$$Fe_3C(s) + O_2(g) \xlongequal{} 3Fe(s) + CO_2(g)$$

$$Fe_3C(s) + CO_2(g) \xlongequal{} 3Fe(s) + 2CO(g)$$

$$Fe_3C(s) + H_2O(g) \xlongequal{} 3Fe(s) + CO(g) + H_2(g)$$

这些反应在高温下的反应速率是很可观的。由脱碳产生的氢气可以向金属内部扩散渗透而产生氢脆现象。脱碳和氢脆都会造成钢铁表面硬度和内部强度的降低，使其性能变差。

二、电化学腐蚀

当金属与电解质溶液接触时，由于电化学作用而引起的腐蚀叫作电化学腐蚀。电化学腐蚀的特点是形成腐蚀电池。在腐蚀电池中,发生氧化反应的负极称为阳极,发生还原反应的正极称为阴极。电化学腐蚀分为析氢腐蚀、吸氧腐蚀和差异充气腐蚀等,其阳极过程均为金属的溶解。

1. 析氢腐蚀

在酸性介质中,金属及其制品发生析出氢气的腐蚀称为析氢腐蚀。例如,将 Fe 浸在酸性介质中(如钢铁酸洗时),Fe 作为阳极而腐蚀,碳或其他比较不活泼的杂质作为阴极,为 H^+ 的还原提供反应界面,腐蚀过程为:

阳极(Fe):$Fe \longrightarrow Fe^{2+} + 2e^-$

阴极(杂质):$2H^+ + 2e^- \longrightarrow H_2(g)$

总反应:$Fe + 2H^+ \longrightarrow Fe^{2+} + H_2(g)$

2. 吸氧腐蚀

由于氢超电势的影响,在中性介质中不可能发生析氢腐蚀。日常遇到的大量的腐蚀现象往往是在有氧存在、pH 接近中性条件下的腐蚀,称为吸氧腐蚀。此时,金属仍作为阳极而溶解,金属中的杂质为溶于水膜中的氧获取电子提供反应界面,腐蚀反应为:

阳极(Fe):$Fe \longrightarrow Fe^{2+} + 2e^-$

阴极(杂质):$O_2 + 2H_2O + 4e^- \longrightarrow 4OH^-$

总反应:$2Fe + O_2 + 2H_2O \longrightarrow 2Fe(OH)_2(s)$

在 pH=7 时,$\varphi(O_2/OH^-) > \varphi(H^+/H_2)$,加之大多数金属电极电势低于 $\varphi(O_2/OH^-)$,所以大多数金属都可能发生吸氧腐蚀,甚至在酸性介质中,金属发生析氢腐蚀的同时,若有氧存在也会发生吸氧腐蚀。

3. 差异充气腐蚀

差异充气腐蚀是由金属处在含氧量不同的介质中引起的腐蚀,其本质仍属于吸氧腐蚀。

对于 $O_2 + 2H_2O + 4e^- \longrightarrow 4OH^-$,根据能斯特方程

$$\varphi(O_2/OH^-) = \varphi^\ominus(O_2/OH^-) + \frac{0.0592}{4}\lg\frac{p(O_2)/p^\ominus}{c^4(OH^-)}$$

可知,在 298.15K 时,在 $p(O_2)$ 大的部位,$\varphi(O_2/OH^-)$ 值大;在 $p(O_2)$ 小的部位,$\varphi(O_2/OH^-)$ 值小。根据原电池组成原则,φ 大的为阴极,φ 小的为阳极。因而在充气小的部位,金属成为阳极而被腐蚀。也有人认为差异充气腐蚀的真正原因是平均化作用。由于介质溶解氧量不同,造成同一金属在不同介质中两处的电势不等,金属是良导体,两处的电势会均一化,使电子从低电势流向高电势处。平均化作用所引起的电流使充气少的部位发生较大的腐蚀。例如,水滴落在金属表面并长期保留,水滴边缘有较多的氧气,而水滴下方则含氧较少,所以穿孔发生在水滴中心部位,而不是边缘。又如,钢铁管道通过黏土和沙土层,埋在黏土部分的钢铁管道腐蚀快,这是因为黏土湿润,含氧量少,而沙土干燥多孔,含氧量高,如图 3.7所示。

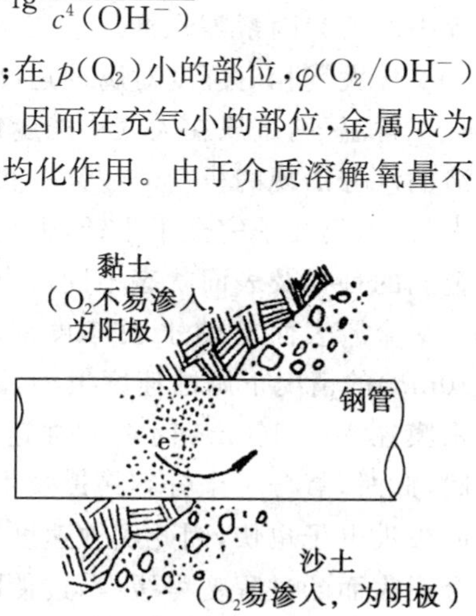

图 3.7 差异充气腐蚀示意图

差异充气腐蚀对工程材料的影响应予以充分重视，工件或制品上的一个裂缝，一个微小的孔隙，往往会因差异充气腐蚀而被整个毁坏，造成事故。

金属的电化学腐蚀还可以根据腐蚀的原因分为缝隙腐蚀、电偶腐蚀、晶间腐蚀、应力腐蚀等几种。

缝隙腐蚀是指金属与金属或金属与非金属之间形成缝隙，其宽度足以使介质进入，使缝隙内部腐蚀加剧的现象。如机械设备的某些部件与垫片接触处，或与泥沙等沉积物接触处，焊缝间气孔、螺母压紧面等都可产生缝隙腐蚀。

电偶腐蚀又称为不同金属接触腐蚀，是两种以上不同电位的金属接触时造成的腐蚀。如黄铜零件与纯铜管在热水介质中相接触造成的腐蚀。在此电偶腐蚀中黄铜腐蚀被加剧，产生脱锌现象。工程技术上采用不同金属组合是不可避免的，所以电偶腐蚀是一种常见腐蚀形态。

晶间腐蚀是指沿着金属或合金的晶粒边界或它的邻近区域发展的腐蚀。晶间腐蚀是由合金在受热不适当时组织发生改变，使晶粒与晶界之间存在一定的电势差而引起的。晶间腐蚀削弱了晶粒间的结合力，可能使金属完全丧失机械强度，且遭受腐蚀的金属表面看来还很光亮，不易检出，易造成金属突然破坏，危害性极大。

金属材料在冶炼过程中受外力作用而发生变形，在材料内部晶粒之间产生抵抗变形的力，这种力的大小随外力大小相应而变，称为应力。这种材料在一定的介质作用下引起破坏，甚至破裂，称为应力腐蚀。应力腐蚀常见的例子有蒸汽锅炉钢的“碱脆”，黄铜的氨脆或称为“季裂”；高强度铝合金晶间腐蚀破裂；不锈钢的应力腐蚀裂开等。应力腐蚀形成的裂缝不仅可沿晶间发展，而且可以穿过晶粒，有可能造成严重事故。

三、影响金属腐蚀的因素

对不同的金属而言，在相同条件下，金属越活泼，电极电势越负，一般越易被腐蚀，腐蚀速度也越快；反之，金属越不活泼，电极电势越大，越不易被腐蚀，腐蚀速度也越慢。就同种金属而言，影响腐蚀的因素大致有湿度、温度、空气中的污染物质、溶液状况及生产过程中的人为因素等几种。

1. 大气相对湿度对腐蚀速度的影响

常温下，金属在大气中的腐蚀主要是吸氧腐蚀。吸氧腐蚀主要取决于构成电解质溶液的水分出现的机会。在某一相对湿度(称临界相对湿度)以下，金属即使是长期暴露于大气中，仍几乎完全不生锈，但如果超过这一相对湿度，金属就会腐蚀。临界相对湿度随金属的种类及表面状态不同而有所不同。钢铁生锈的临界相对湿度大约为75%。

金属表面上的水膜厚度对金属的腐蚀速度影响也很大。金属在水膜极薄(小于10nm)的情况下腐蚀速度很小，因为这种情况下电解质溶液的量不足，影响金属的溶解；水膜在$10\sim10^6$ nm时的腐蚀速度最大，因为这种情况相当于空气湿度较大时形成的水膜，此时，氧分子十分容易透过水膜到达金属表面，氧的阴极电位增大，得电子容易，金属阳极失电子也快，因此腐蚀速度很快；如果水膜过厚(超过10^6 nm)，氧分子通过水膜到达金属表面的过程变得缓慢，这使阴极得电子较难，腐蚀速度随之降低。

如果金属表面有吸湿性物质(如灰尘、水溶性盐类等)污染，或其表面形状粗糙而多孔，临界相对湿度值会大幅度下降。

2.环境温度的影响

环境温度的变化也是影响金属腐蚀的重要因素。因为它影响着空气的相对湿度和金属表面水气的凝聚，影响着凝聚水膜中腐蚀性气体和盐类的溶解，影响着水膜的电阻以及腐蚀电池中阴阳极的反应速度。

温度的影响一般要和湿度条件综合起来考虑。当湿度低于金属的临界相对湿度时，温度对腐蚀的影响很小，此时无论气温多高，金属也几乎不腐蚀。而当相对湿度在临界相对湿度以上时，温度的影响就会相应地增大。此时温度每升高 10℃，锈蚀速度约提高两倍。所以在雨季或湿热带地区，温度越高，钢铁生锈越严重。

温度的变化还表现在凝露现象上。在大陆性气候地区，白天炎热，空气相对湿度虽低，但并不是没有水分，相反，可能绝对湿度相当高。一到晚上，温度剧烈下降，空气的相对湿度大大升高，这时空气中的水分就会在金属表面凝露，为生锈创造良好的条件，进而导致腐蚀加速。

3.空气中污染物质的影响

SO_2、CO_2、Cl^-、灰尘等污染物质在工业区大气中是大量存在的。SO_2、CO_2等都是酸性气体，它们溶于水膜，不仅增加水膜的导电性，而且导致析氢腐蚀和吸氧腐蚀同时发生，从而加快了腐蚀速度，如

$$2SO_2+O_2+2H_2O=\!=\!=4H^++2SO_4^{2-}$$

$$Fe+2H^+=\!=\!=Fe^{2+}+H_2$$

$$2Fe+4H^++O_2=\!=\!=2Fe^{2+}+2H_2O$$

Fe^{2+}进一步被氧化为Fe^{3+}；Fe^{3+}在 pH=3.2 时完全沉淀为$Fe(OH)_3$：

$$2Fe^{2+}+\frac{1}{2}O_2+H_2O+4OH^-=\!=\!=2Fe(OH)_3$$

在靠近海洋的地区，大气中Cl^-的含量很高。Cl^-体积小，无孔不入，它能穿透水膜，破坏金属表面的钝化膜，生成的$FeCl_3$又易溶于水，大大提高了水膜的导电能力。所以钢铁材料在海滨大气环境中及海洋运输中腐蚀速度明显加快。

四、生产过程中带来的因素

金属制品的生产过程可能带来很多腐蚀性因素。如加工冷却液，不同的金属对其要求差别很大。Zn、Pb、Al、Cu 都具有两性，它们的氧化物在酸、碱中均能溶解。而 Fe、Mg、Ni、Cd 等金属在碱性溶液中的腐蚀速度要比在中性和酸性溶液中小得多。因此要根据金属的性质来配制零件的冷却液。

盐类的影响比较复杂。一般着重考虑它们与金属反应所生成的腐蚀产物的溶解度。例如，可溶性碳酸盐、磷酸盐分别在钢铁表面的阳极区域生成不溶性的碳酸铁、磷酸铁薄膜；硫酸锌则能在钢铁表面的阴极区形成不溶性的氢氧化锌，它们都会产生电阻极化，因此钢铁和这些溶液接触时都会大大降低腐蚀速度。还有一些盐类，如铬酸盐、重铬酸盐等能使金属表面钝化而形成保护膜。

还有许多不可避免的操作因素。如工件表面很难避免接触操作者的手，而操作者的

手上可能有汗，人汗成分中含有较多的 Cl^-、乳酸及尿素等，这也易促进金属生锈。热处理残盐洗涤不净也是常见的腐蚀因素。铸件通过喷砂，表面新鲜而粗糙，与空气的接触面积大，再加上表面吸附性能和反应活性骤然升高而使铸件很快腐蚀。

五、防止金属腐蚀

防止金属腐蚀，应从材料和环境两方面入手，常用的有效措施有以下几种。

1. 正确选用金属材料，合理设计金属结构

在制造金属制品时应选择对某种介质具有耐蚀性的金属材料，这是防止腐蚀的最积极的措施。

金属材料的耐蚀性能与所接触的介质有密切的关系。如含 Cr 13%和 Cr 18%的各种不锈钢，在大气中、水中或具有氧化性的硝酸溶液中是完全耐腐蚀的，但在非氧化性的盐酸、稀硫酸中就不是完全耐蚀的。铜及铜合金、蒙乃尔合金（Ni 70%—Cu 30%）、铅等在稀盐酸、稀硫酸中相当耐蚀，但对于硝酸则完全没有耐蚀性能。从电极电势上看，铅、铬、铁等金属是容易腐蚀的金属，但当它们在某一介质中成为钝态，表面形成致密、稳定的氧化物薄膜时，对于氧化性介质反而表现出较好的耐蚀性。所以在选择金属材料制造设备时，首先要了解该金属材料在所处介质中能否耐蚀，耐蚀性能有多大。

合理的结构设计对于防腐来说，也是非常重要的。设计不合理，就可能在结构中造成水分和其他腐蚀介质的积存、局部应力集中等现象，而加速腐蚀。

结构设计时，应考虑下列原则：

（1）腐蚀余量

根据材料的腐蚀速度与设备和零件的使用寿命，在设计时应增加一定的腐蚀余量。

（2）避免水分或其他腐蚀介质的存留

水分和其他腐蚀性介质在产品某部位的存留必然会引起并加速该部分的腐蚀，因此在设计时，应避免采用可使水分和介质长时间存留的结构。如带尖角、凹槽或盲孔等，这样的结构很容易积存腐蚀介质，且给施涂保护涂层的工艺造成困难。如因工艺加工或结构的装配连接等原因不可避免地出现能够积存介质的沟槽或缝隙时，则应采取密封措施，或合理地设计排水孔、通风孔等，以消除腐蚀隐患。

（3）设计合理的表面形状

腐蚀往往是在表面发生的，因此设计时使表面具有较合理的形状和表面状态，对延长产品的使用寿命大有好处。

条件许可的情况下，最好采用平直表面，因为形状复杂的表面会造成电化学不均匀性，有利于形成腐蚀电池。当表面具有比较复杂的形状时，要设计成圆弧或圆角，这比设计成加工面尖角要好得多。如表面连接需用螺栓、铆钉、焊接或胶接时，应考虑表面的平滑和完整性。应把突出表面的紧固件数量尽可能减少，如有可能最好采用埋头铆钉或螺钉。当采用焊接方法时，采用对接焊比用搭焊好，采用连续焊比用点焊或间断焊好。当采用密封时，也要使接缝处不能存留灰尘和水分等。

（4）防止电偶腐蚀

成套设备装置中，通常要采用多种不同的材料，而且要相互接触，所以在设计时，应尽

量避免电位差别很大的金属材料相互接触，以防止发生电偶腐蚀。如铝合金、镁合金不应当和铜、镍、钢铁等电位较高的金属相接触。当必须把不同的金属装配在一起时，应当用不导电的材料把它们隔开，如需把铁管连接到铜管上时，可在铁管和铜管之间加上一段橡皮、塑料或陶瓷管以避免铁、铜直接接触引起腐蚀。

2. 电化学保护法

所谓电化学保护法，就是根据电化学原理，在金属设备或设施上施加一定的保护电流或保护电位，从而防止或减轻金属的腐蚀。根据防护方法的原理不同，电化学保护法又分为阳极保护法和阴极保护法。

阳极保护是把金属连接在电源正极上，通以电流，使它发生钝化，从而减缓金属腐蚀。这种方法只对那些在氧化性介质中可能发生钝化的金属才有作用，所以它的应用受到限制。

阴极保护就是将被保护的金属作为腐蚀电池的阴极，通过外加电流或牺牲阳极使被保护金属免遭腐蚀。

(1)外加电流保护法

将被保护的金属设备或设施与外加直流电源的负极相连，而用另一种导体(辅助阳极)与电源的正极相连，形成电解池，当电化学体系工作时，金属设备或设施作为电解池的阴极而得到保护。其工作原理如图 3.8 所示。地下管道常用此法保护。

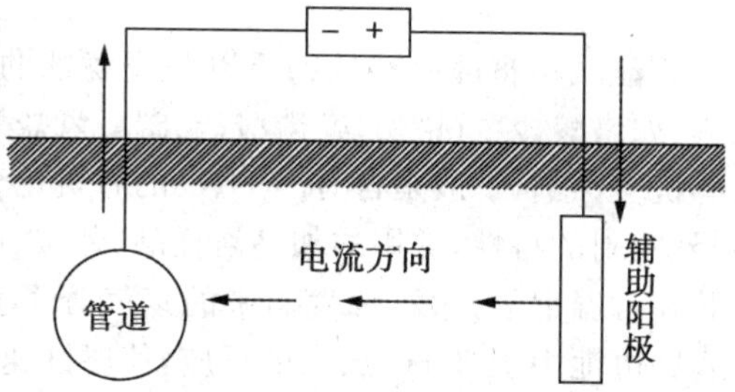

图 3.8　外加电流保护法示意图

(2)牺牲阳极保护法

将较活泼金属或其合金连接在被保护金属上，使其形成原电池，较活泼金属作为腐蚀电池的阳极被腐蚀，被保护的金属则得到电子作为阴极而达到保护的目的。一般常用的牺牲阳极材料有铝合金、镁合金或锌合金等。牺牲阳极法常用于保护海轮外壳、锅炉和海底设备等，如图 3.9 所示。

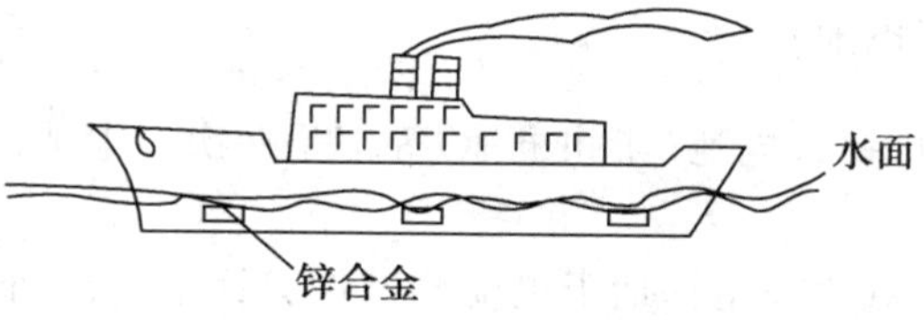

图 3.9　牺牲阳极保护法示意图

3.覆盖层保护法

该法是在金属表面覆盖一层紧密的保护膜，使金属与周围介质隔开，避免组成腐蚀电池，从而防止腐蚀。覆盖金属保护层的方法有电镀、喷镀、化学镀、浸镀、机械镀、真空镀等。覆盖非金属保护层的方法是将涂料、塑料、搪瓷、高分子材料、油漆等涂在被保护金属的表面。除此以外，还可以用化学方法使金属表面生成一层完整的、致密的氧化物或磷酸盐保护膜。

将钢铁制件用含有氧化剂硝酸钠或亚硝酸钠的氢氧化钠溶液处理，表面形成一层很薄的氧化膜 Fe_3O_4，颜色一般呈蓝黑色，这一过程又称为发蓝或发黑，其化学反应为：

$$3Fe + NaNO_2 + 5NaOH = 3Na_2FeO_2 + H_2O + NH_3\uparrow$$

$$6Na_2FeO_2 + NaNO_2 + 5H_2O = 3Na_2Fe_2O_4 + 7NaOH + NH_3\uparrow$$

$$Na_2FeO_2 + Na_2Fe_2O_4 + 2H_2O = Fe_3O_4 + 4NaOH$$

将钢铁制件用磷酸盐溶液处理，表面形成一层灰色难溶于水的磷酸盐保护膜的过程叫磷化。常用磷酸盐为磷酸铁锰（马日夫盐），以 $M(H_2PO_4)_2$ 表示，M 为 Fe^{2+}、Mn^{2+} 或 Zn^{2+} 等，其化学反应式为

$$H_2PO_4^- = H^+ + HPO_4^{2-} = 2H^+ + PO_4^{3-}$$

Fe^{2+}、Mn^{2+} 或 Zn^{2+} 可和 HPO_4^{2-}、PO_4^{3-} 形成难溶于水的复盐。

$$M^{2+} + HPO_4^{2-} = MHPO_4$$

$$3M^{2+} + 2PO_4^{3-} = M_3(PO_4)_2$$

4.缓蚀剂法

在腐蚀介质中，加入少量能减小腐蚀速率的物质以防止腐蚀的方法称为缓蚀剂法。常用的缓蚀剂有：无机缓蚀剂，如铬酸盐、重铬酸盐、磷酸盐、碳酸氢盐等，它们主要是在金属表面形成氧化膜和沉淀物；有机缓蚀剂，一般是含有 S、N、O 的有机化合物，其缓蚀作用主要是因为它们有被金属表面强烈吸附的特性，常用的如乌洛托品、苯胺、甲醛、苯基硫脲、糊精等；气相缓蚀剂，如碳酸环己胺在常温下易挥发，挥发出来的蒸气分子充满包装制件的空间，并吸附在金属表面，阻碍了腐蚀电池中阴极 H^+ 放电的反应，使腐蚀速度减慢。

阅读材料Ⅲ-1　化学电源

借自发的氧化还原反应将化学能直接转化为电能的装置叫作化学电源。化学电源分为一次电池（原电池）、二次电池（蓄电池）和燃料电池三大类。一次电池不能用简单方法再生，不能充电，用后废弃。二次电池使用后，可以用反向电流充电，使活性物再生，恢复到放电前状态，因此可反复使用。燃料电池是将一种燃料的化学能直接转化为电能的装置，它又被称为连续电池。

一、一次性电池(原电池)

常用的锌锰干电池、锌汞电池（纽扣电池）等都是一次性电池。

1.锌锰干电池

锌锰干电池又分为氯化铵型锌锰干电池和碱性锌锰干电池两种。前者是民用的主要电池，电池表示式为：

(－)Zn|26%NH_4Cl＋9%$ZnCl_2$|MnO_2,C(＋)

结构如图3.10所示。

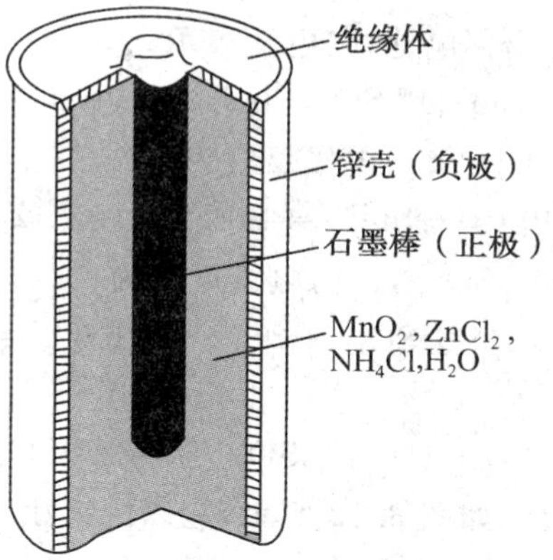

图3.10　锌锰干电池示意图

电池反应为：

负极：$Zn = Zn^{2+}(aq) + 2e^-$

正极：$2MnO_2(s) + 2NH_4^+ + 2e^- = Mn_2O_3(s) + 2NH_3(aq) + H_2O(l)$

总反应：$Zn + 2MnO_2(s) + 2NH_4^+ = Zn^{2+} + Mn_2O_3(s) + 2NH_3(aq) + H_2O(l)$

氯化铵型锌锰干电池的开路电压为1.5V,放电电压较稳,但低温性能差,防腐性也不佳,使用寿命不长。若采用导电性能更强的KOH代替上述电池中的NH_4Cl和$ZnCl_2$,就可得到碱性锌锰干电池,这比普通干电池的价格要贵,但使用寿命可增加50%。

2.锌汞干电池(纽扣电池)

它是以锌汞齐为负极,HgO和碳粉(导电材料)为正极,含有饱和ZnO的KOH糊状物为电解质,其中ZnO与KOH形成$[Zn(OH)_4]^{2-}$配离子。锌汞干电池的表示式为：

(－)Zn(Hg)|KOH(糊状,含饱和ZnO)|HgO,Hg(＋)

锌汞电池的特点是工作电压稳定,整个放电过程中电压变化不大,保持在1.34V左右。锌汞电池可制成纽扣形状(纽扣电池),用作助听器、心脏起搏器等小型装置的电源。锌汞干电池的结构如图3.11所示。

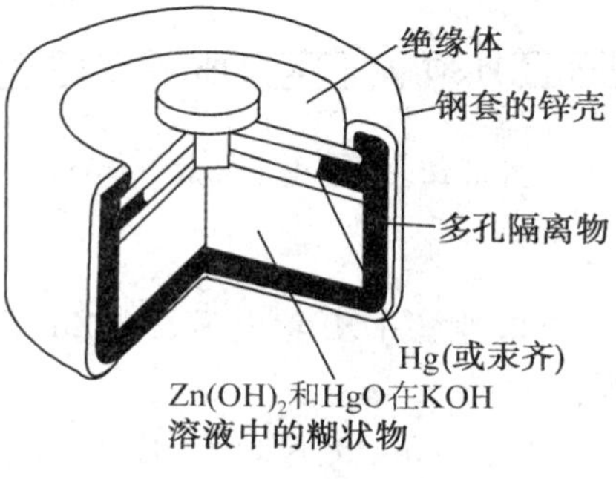

图3.11　锌汞电池示意图

二、二次电池(蓄电池)

1. 酸性蓄电池

酸性蓄电池就是俗称的铅蓄电池,其电池表示式为:

(−) Pb,$PbSO_4$|H_2SO_4(aq)|$PbSO_4$,PbO_2,Pb (+)

此电池负极是 Pb,$PbSO_4$|SO_4^{2-},电极反应为:

$$Pb(s)+SO_4^{2-} = PbSO_4(s)+2e^-$$

正极是 Pb,PbO_2,$PbSO_4$|SO_4^{2-},H^+,电极反应为:

$$PbO_2(s)+4H^+ +SO_4^{2-} +2e^- = PbSO_4(s)+2H_2O(l)$$

电池反应为:

$$Pb(s)+PbO_2(s)+4H^+ +2SO_4^{2-} = 2PbSO_4(s)+2H_2O(l)$$

铅蓄电池的结构与充放电如图 3.12 所示,它以两组相互间隔的铅锑合金格板作为电极导电材料,其中一组格板的孔穴中填充二氧化铅,另一组格板的孔穴中填充海棉状金属铅,并以稀硫酸(密度为 1.25～1.30g·cm^{-3})作为电解质溶液。铅蓄电池在放电后,可以利用外界直流电源进行充电、输入能量,使两极恢复原状。铅蓄电池的充放电可逆性好,稳定可靠,温度及电流密度适应性强,价格低,因此使用广泛。主要缺点是笨重、抗震性差,而且硫酸有腐蚀性。

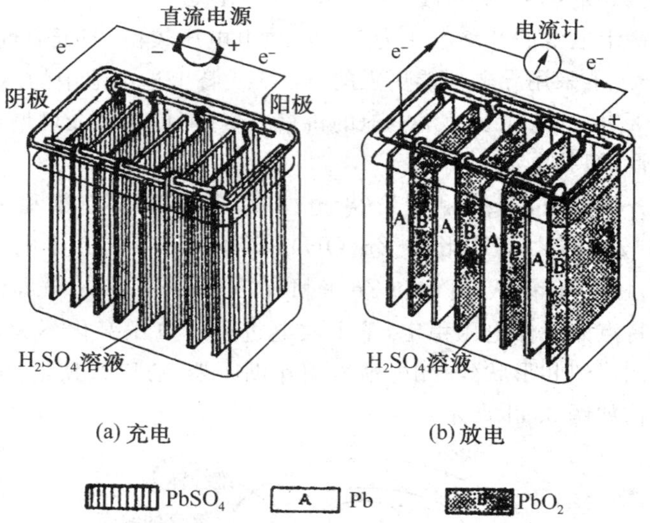

图 3.12 铅蓄电池充放电示意图

2. 碱性蓄电池

碱性蓄电池包括 Fe-Ni 蓄电池、Cd-Ni 蓄电池、Ag-Zn 蓄电池等。其中以镉—镍电池最为常见,其电池表示式为:

(−)Cd|KOH(1.19～1.21g·cm^{-3})|NiO(OH),C(+)

放电时的电极反应为:

负极：$Cd(s)+2OH^-(aq)=Cd(OH)_2(s)+2e^-$

正极：$2NiO(OH)(s)+2H_2O(l)+2e^-=2Ni(OH)_2(s)+2OH^-(aq)$

总反应：$Cd(s)+2NiO(OH)(s)+2H_2O(l)=Cd(OH)_2(s)+2Ni(OH)_2(s)$

镉—镍蓄电池的内部电阻小，电压平稳，反复充放电次数多，使用寿命长，且能在低温下工作，但价格较贵，且有一定污染。

密封设计的小容量Cd-Ni电池最先用作手机电源，但电池记忆效应是该种电池存在的主要问题之一，它是指电池在未放尽电的情况下就充电时，未放尽的电量会使极板“结晶”，人们称之为“记忆效应”。当产生记忆效应后，电池容量就会有明显下降，这令许多手机使用者深感不便。镍—氢电池和锂离子电池则没有记忆效应。

金属氢化物镍(MH-Ni)电池是一种新型的碱性蓄电池，它一出现，便作为无记忆效应、无镉污染的绿色环保电池受到欢迎，并以更高的比能量在手机电池中取得了大量的市场份额。

MH-Ni电池正极为镍电极，负极为贮氢合金，电解液与Cd-Ni电池相同。其反应原理如下：

正极：$Ni(OH)_2+OH^-=NiOOH+H_2O+e^-$

负极：$M+H_2O+e^-=MH+OH^-$

电池总反应式为：$Ni(OH)_2+M=NiOOH+MH$

1990年，SONY公司研制出第一代锂离子电池。1994年，芝加哥博览会上首次展出了以锂离子电池供电的手机，质量仅为111g。小巧轻薄的锂离子手机电池从此步入市场，由于其具有比能量高、工作电压高、自放电率低等特点而受到人们的喜爱，但由于其初期价格较贵，并未得到广泛普及。

锂离子电池的工作过程是锂离子从一个电极(脱嵌)进入另一个电极(嵌入)的过程。电池充电时，锂离子从正极中脱嵌，在炭负极中嵌入，放电时则反之。自锂离子电池问世以来，各国一直致力于对其正负极材料和电解质体系的不断研究改进。锂离子电池的比能量已达到120Wh/kg和300Wh/L，远远高于Cd-Ni和MH-Ni电池。目前广泛应用于手机的是以18650型圆柱形锂离子电池为代表的液态锂离子电池，其内部结构与Cd-Ni、MH-Ni电池相同，为典型的卷式结构。

爱立信的T28手机应用了一种新的锂离子电池，被称为固态锂离子电池(锂离子聚合物电池)，它采用了一种充满有机物电解质溶液的胶体聚合物材料。胶体聚合物电解质不会像液体那样任意泄漏，所以固态锂离子电池比液态锂离子电池安全。电解质被封装在一种极薄的薄膜容器中，电芯呈薄纸状，具有较大的可塑性，使形状设计上更加灵活，它可以比液态锂离子电池更有效地组装在方形电池盒中，也可被折曲来配合曲面。因为不需要像液态锂离子电池一样有一个刚性的金属壳体和昂贵的隔膜，因此它的重量更轻，厚度更薄，成本更低。固态锂离子电池的厚度为2～4mm，最小厚度可以达到0.4mm。

三、燃料电池

燃料电池在工作时不断从外界输入氧化剂和还原剂，同时将电极反应产物不断排出，所以可以不断放电使用，因而又称连续电池。

燃料电池以还原剂(氢气、肼、烃、甲醇等)为负极反应物质,以氧化剂(氧气、空气)为正极反应物质。为了使燃料便于进行电极反应,要求电极材料兼有催化剂的特性,故多采用多孔炭、多孔镍、铂、银等材料。例如氢—氧燃料电池,其电池表示式为:

(—)C,H_2(g)|NaOH(aq)|O_2,C(+)

负极:$H_2 + 2OH^- = 2H_2O + 2e^-$

正极:$O_2 + 2H_2O + 4e^- = 4OH^-$

总反应:$2H_2 + O_2 = 2H_2O$

在电池工作时,氢气和氧气连续不断地通入多孔石墨中。电解质溶液也有一部分扩散到电极孔中,在电极的催化作用下,氢气和氧气反应生成水,从电池内排出。

燃料电池直接将化学能转变为电能,因而理论上能量利用率可达100%,而且对环境污染少,所以对其研究有重大的实际意义。

阅读材料Ⅲ-2　材料的化学与电化学加工

利用化学或电化学原理对材料进行处理,可有效改善材料性能,提高耐蚀性或利于后续处理。

一、电镀

电镀是覆盖金属最常用的方法。它是利用电解的方法将一种金属镀到另一种金属零件的表面上。用电镀法所得到的镀层多半是纯金属,如Au、Pt、Ag、Cu、Sn、Pb、Cr、Zn、Cd、Ni等,但也可以形成合金镀层,如黄铜、锡青铜等。下面简单介绍镀锌原理。

根据电解原理,将被镀零件作为阴极材料,用金属锌作为阳极材料,在锌盐溶液中进行电解。电镀用锌盐通常不能直接用简单锌离子的盐溶液,否则镀层会粗糙、厚薄不均匀、镀层附着力差。在碱性锌酸盐镀锌中,镀液由氧化锌、氢氧化钠和添加剂等配制而成。氧化锌在氢氧化钠溶液中形成$Na_2[Zn(OH)_4]$溶液。

随着电解的进行,Zn^{2+}不断放电,同时$[Zn(OH)_4]^{2-}$不断离解,能保证电镀液中Zn^{2+}的浓度基本稳定。两极主要反应为:

阴极:$Zn^{2+} + 2e^- = Zn$

阳极:$Zn = Zn^{2+} + 2e^-$

从而在被镀件上形成镀锌层。

用电镀法覆盖金属有许多优点,如可在很大范围内控制镀层厚度,镀层金属用量少,无须加热或温度不高,镀层纯度高,与镀件表面结合牢固,厚度较均匀等;缺点是耗电量较大。

二、化学镀

所谓化学镀就是不用电能,使金属盐溶液中的金属离子通过置换反应或氧化还原反应析出金属于被处理的物品表面,进行金属覆盖的方法。如化学镀铜、镀镍、镀银等。化学镀得到的镀层具有厚度均匀、致密性良好、针孔少及耐蚀性优良等优点。

在生产实践中用得最多的是化学镀镍[镍盐溶液用次磷酸钠(NaH_2PO_2)还原],不需要电镀方面的设备,操作比较简单,对于结构形状较复杂的部件和管子内表面,都能获得较均一的镀层。其反应原理为:

$$NiSO_4 + NaH_2PO_2 + H_2O = Ni\downarrow + NaH_2PO_3 + H_2SO_4$$

$$NaH_2PO_2 + H_2O = H_2\uparrow + NaH_2PO_3$$

三、塑料电镀

塑料电镀是随着塑料的广泛应用而发展起来的一种新工艺。

由于塑料是电和热的不良导体,所以塑料电镀的关键是先在塑料表面形成一层能够导电的金属薄膜,然后才能进行电镀。

金属薄膜形成的方法很多。下面就以 ABS 工程塑料(苯乙烯—丁二烯—丙烯腈共聚物)化学镀铜为例来说明其工艺过程。

1.除油

除油的目的在于清除表面污垢,提高镀层结合力,一般可用有机溶剂、酸和碱等溶液进行。

2.粗化

粗化的作用是使工件表面呈微观粗糙不平的状态,以增大镀层与塑料间的接触面。

粗化方法有手工粗化、机械粗化、化学粗化等。手工粗化用砂布、金钢砂等摩擦零件表面,机械粗化用磨床、滚筒、喷砂等方法进行,这两种方法主要用于形状较简单的零件。一般零件多可采用化学法。粗化液主要由铬酐(CrO_3)、硫酸、磷酸、重铬酸盐等酸性物质和强氧化剂组成,它能与塑料表面的高分子化合物反应使其表面形成凹槽、微孔等,使表面粗糙。粗化液还能使塑料表面的高分子化合物发生断链,使长链变为短链,同时发生氧化、磷化等作用,使表面断链处生成较多的亲水性基团如羰基($>C=O$)、羟基(—OH)、磺酸基团($—SO_3H$)等,提高表面亲水性,有利于化学结合,提高镀层与基体的结合力。

3.敏化

敏化的作用是在经粗化的零件表面上吸附一层易于氧化的金属离子(如 Sn^{2+}),用于还原某一金属离子(如 Ag^+)。最常用的敏化剂为 $SnCl_2$ 酸性溶液。

4.活化

活化是在镀层表面吸附一层具有催化活性的金属微粒(如钯、金、银),形成催化中心,使 Cu^{2+} 能够在这些催化中心上发生还原作用。反应方程式为:

$$2Ag^+ + Sn^{2+} = Sn^{4+} + 2Ag(s)$$

经处理后的零件,置于含有铜离子及还原剂的水溶液中,发生催化还原作用而连续沉积出金属。常用镀铜液是由硫酸铜、酒石酸钾钠、氢氧化钠、甲醛和少量稳定剂组成的,反应为:

$$HCHO + OH^- = H_2(g) + HCOO^-$$

$$Cu^{2+} + H_2(g) + 2OH^- = Cu(s) + 2H_2O$$

上述反应可概括为

$$Cu^{2+}+2e^- \longrightarrow Cu(s)$$

$$2HCHO + 4OH^- \longrightarrow 2HCOO^- + H_2(g) + 2H_2O + 2e^-$$

总反应为

$$Cu^{2+} + 2HCHO + 4OH^- \longrightarrow Cu(s) + 2HCOO^- + H_2(g) + 2H_2O$$

工件经化学镀后，表面附着一层厚度为 0.05～0.2μm 的金属导电薄层，必须再采用常规电镀方法进行电镀。

四、阳极氧化

阳极氧化就是把电解过程中的金属作为阳极，使其表面得到厚度为 5～300μm 的氧化膜，从而达到防腐耐蚀的目的。现以常见的铝及铝合金的阳极氧化为例说明。

将经过表面抛光、除油等处理的铝及铝合金工件作为电解池的阳极材料，并用铅板作为阴极材料，稀硫酸（或铬酸、草酸）溶液作为电解液。通电后，适当控制电流和电压条件，阳极的铝制工件表面即被氧化而生成氧化铝膜。电极反应如下：

阳极：$2Al + 6OH^- \longrightarrow Al_2O_3 + 3H_2O + 6e^-$（主要）

$4OH^- \longrightarrow 2H_2O + O_2\uparrow + 4e^-$（次之）

阴极：$2H^+ + 2e^- \longrightarrow H_2\uparrow$

阳极氧化所得氧化膜能与金属牢固结合，因而大大提高了铝及合金的耐腐蚀性和耐磨性，并可提高表面的电阻和热绝缘性。

五、电解抛光

电解抛光是金属表面精加工方法之一。通过电抛光，可获得平滑和有光泽的金属表面。与机械抛光相比较，电解抛光有生产效率高、操作方便、劳动强度小等优点。

电抛光的原理是在电解过程中，利用金属表面上凸出部分的溶解速率大于金属表面上凹入部分的溶解速率，从而使金属表面平滑光亮。

电抛光时，将工件（钢铁）作为阳极材料，用铅板作为阴极材料，在含有磷酸、硫酸和铬酐的电解液中进行电解。此时工件（阳极）的表面被氧化而溶解。产生的 Fe^{2+} 能与溶液中的 $Cr_2O_7^{2-}$ 发生氧化还原反应，生成的 Fe^{3+} 进一步与溶液中的磷酸氢根形成磷酸盐 $[Fe(H_2PO_4)_3]$ 和硫酸盐 $[Fe_2(SO_4)_3]$ 等。由于阳极附近盐的浓度不断增加，在金属表面形成一种黏性薄膜。这种薄膜的导电性不良，并能使阳极的电极电势代数值增大，同时在金属凹凸不平的表面上黏性薄膜厚薄分布不均匀，凸起部分薄膜较薄，凹入部分较厚，因而阳极表面各处的电阻有所不同。凸起部分电阻较小，电流密度较大，这样就使凸起部分比凹入部分溶解得快，于是粗糙的平面逐渐变得平整。电抛光的主要电极反应为：

阳极：$Fe \longrightarrow Fe^{2+} + 2e^-$

阴极：$Cr_2O_7^{2-} + 14H^+ + 6e^- \longrightarrow 2Cr^{3+} + 7H_2O$

$2H^+ + 2e^- \longrightarrow H_2$

六、电解加工

电解加工是利用金属在电解液中可以发生阳极溶解的原理，将工件加工成型。就阳极溶解来说，它与电抛光相似。但电抛光时，阴极和阳极之间距离较大（10mm 左右），电解液在槽中是不流动的，因此，通过的电流密度小，金属去除率低，不能用来明显改变阳极（工件）的原有形状。

电解加工时，工件作为阳极，模件（工具）作为阴极。两极之间保持很小的间隙（0.1～1mm），使高速流动的电解液从中通过，以达到输送电解液和及时带走电解产物的作用，使阳极金属能较大量地不断溶解，最后成为与阴极模件工作表面相吻合的形状。

常用电解液是 14%～18%的 NaCl 溶液，适用于大多数黑色金属或合金的电解加工。电解过程中电极反应为：

阳极：$Fe = Fe^{2+} + 2e^-$

阴极：$2H^+ + 2e^- = H_2$

习　题

1. 完成并配平下列反应式。

酸性介质

(1) $KClO_3 + FeSO_4 \longrightarrow Fe_2(SO_4)_3 + KCl$

(2) $H_2O_2 + Cr_2O_7^{2-} \longrightarrow Cr^{3+} + O_2$

(3) $Na_2S_2O_3 + I_2 \longrightarrow Na_2S_2O_4 + NaI$

(4) $MnO_4^{2-} \longrightarrow MnO_2 + MnO_4^-$

碱性介质

(1) $Al + NO_3^- \longrightarrow Al(OH)_3 + NH_3$

(2) $ClO_3^- + Fe(OH)_3 \longrightarrow Cl^- + FeO_4^{2-}$

(3) $Fe(OH)_2 + H_2O_2 \longrightarrow Fe(OH)_3$

(4) $S^{2-} + ClO_3^- \longrightarrow S + Cl^-$

2. 写出下列电池中各电极上的反应和电池反应。

(1) (－)Pt, H_2 | HCl | Cl_2, Pt(＋)

(2) (－)Pt | Fe^{3+}, Fe^{2+} ‖ Ag^+ | Ag(＋)

(3) (－)Ag, AgCl | $CuCl_2$ | Cu(＋)

(4) (－)Pt, H_2 | H_2O, OH^- | O_2, Pt(＋)

3. 写出下列方程式的氧化和还原反应的半反应式。

(1) $5Fe^{2+} + 8H^+ + MnO_4^- = Mn^{2+} + 4H_2O + 5Fe^{3+}$

(2) $2I^- + 2Fe^{3+} = I_2 + 2Fe^{2+}$

(3) $Ni + Sn^{4+} = Ni^{2+} + Sn^{2+}$

(4) $Zn + Fe^{2+} = Zn^{2+} + Fe$

4. 将第 3 题各氧化还原反应组成原电池，用电池表示式表示。

5. 参考标准电极电势表，分别选择一种合适的氧化剂，能够氧化：(1) Cl^- 为 Cl_2；(2) Pb 为 Pb^{2+}；(3) Fe^{2+} 为 Fe^{3+}。再分别选择一种还原剂，能够还原：(1) Fe^{3+} 为 Fe^{2+}；(2) Ag^+ 为 Ag；(3) NO_2^- 为 NO。

6. 已知 $MnO_4^- + 8H^+ + 5e^- \longequal Mn^{2+} + 4H_2O, \varphi^\ominus = 1.49V$；

$Fe^{3+} + e^- \longequal Fe^{2+}, \varphi^\ominus = 0.771V$。

(1)判断标准状态下下列反应的方向：

$MnO_4^- + 5Fe^{2+} + 8H^+ \longequal Mn^{2+} + 5Fe^{3+} + 4H_2O$

(2)将这两个半反应组成原电池，写出原电池的符号，计算该原电池的标准电动势。

7. 判断下列氧化还原反应在 298.15K、标准状态下进行的方向。

(1)$Ag^+ + Fe^{2+} \longequal Ag + Fe^{3+}$

(2)$2Cr^{3+} + I_2 + 7H_2O \longequal Cr_2O_7^{2-} + 6I^- + 14H^+$

(3)$Cu + 2FeCl_3 \longequal CuCl_2 + 2FeCl_2$

8. 计算说明在 pH＝4.0 时，下列反应能否自发进行。(其余物质均处于标准状态)

(1)$Cr_2O_7^{2-}(aq) + H^+(aq) + Br^-(aq) \longrightarrow Br_2(l) + Cr^{3+}(aq) + H_2O(l)$

(2)$MnO_4^-(aq) + H^+(aq) + Cl^-(aq) \longrightarrow Mn^{2+}(aq) + Cl_2(g) + H_2O(l)$

9. 将反应 $Sn^{2+} + 2Fe^{3+} \longequal Sn^{4+} + 2Fe^{2+}$ 组成原电池：

(1)用符号表示原电池的组成，并计算 $E^\ominus$。

(2)计算反应的 $\Delta G_m^\ominus(298)$。

(3)若 $c(Sn^{2+}) = 1.0 \times 10^{-3} mol \cdot L^{-1}$，其他离子的浓度均为 $1.0 mol \cdot L^{-1}$，计算原电池的电动势。

(4)计算反应的平衡常数。

10. 有一 Br^- 和 Cl^- 的混合溶液，其浓度均为 $1.0 mol \cdot L^{-1}$，现欲使用 $1.0 mol \cdot L^{-1}$ 的 $KMnO_4$ 溶液只氧化 Br^- 而不氧化 Cl^-，问系统中 H^+ 浓度应在什么范围？(假定 Mn^{2+} 和气体均处于标准状态)

11. 已知半反应及其电对的 $\varphi^\ominus$ 分别为：

$H_3AsO_4 + 2H^+ + 2e^- \longequal H_3AsO_3 + H_2O, \varphi^\ominus = 0.581V$；

$I_2 + 2e^- \longequal 2I^-, \varphi^\ominus = 0.535V$。

(1)计算标准状态下，由以上两个半反应组成原电池的电动势。

(2)计算反应的平衡常数。

(3)计算反应的 $\Delta G_m^\ominus(298)$，并说明反应进行的方向。

(4)若溶液的 pH＝7(其他条件不变)，判断反应的方向。

12. 有一氢电极 $H_2(101325Pa)/H^+(aq)$。该电极所用的溶液均由 $1.0 mol \cdot L^{-1}$ 的弱酸(HA)与其钾盐(KA)所组成。若将此氢电极与另一电极组成原电池，测得其电动势 $E = 0.38V$。并知氢电极为正极，另一电极的 $\varphi = -0.65V$，问该氢电极中溶液的 pH 和弱酸(HA)的 $K_a^\ominus$ 分别为多少？

13. 已知反应 $2Ag^+ + Zn \longequal 2Ag + Zn^{2+}$。开始时，$c(Ag^+) = 0.1 mol \cdot L^{-1}$，$c(Zn^{2+}) = 0.3 mol \cdot L^{-1}$，求达平衡时溶液中剩余 Ag^+ 的浓度。

14. 标准钴电极(Co^{2+}/Co)与标准氯电极组成原电池，测得 $E^\ominus = 1.63V$。此时钴电极为负极，已知 $\varphi^\ominus(Cl_2/Cl^-) = 1.36V$。

(1)此电池反应的方向如何？

(2)计算 $\varphi^\ominus(Co^{2+}/Co)$。

(3)当 $p(Cl_2)$增大或减小时，原电池电动势将如何变化？

(4)当 Co^{2+} 的浓度降低到 0.01mol·L^{-1}时，原电池电动势将如何变化？数值是多少？

15.用反应式表示下列过程的主要电极产物。

(1)电解 $NiSO_4$溶液，阳极为镍，阴极为铁。

(2)电解熔融 $MgCl_2$，阳极用石墨，阴极用铁。

(3)电解 KOH 溶液，两极都用铂。

16.根据电极电势定性说明，钢铁在水中或其他中性水溶液中为什么不可能发生析氢腐蚀。

17.分别写出铁在微酸性水膜中，与铁完全浸没在稀硫酸(1mol·L^{-1})中发生腐蚀的两极反应式。

18.下列两种金属在规定的介质中接触会遭到哪种腐蚀，写出主要反应式。

(1)Sn-Fe 在酸性介质中。

(2)Al-Fe 在中性介质中。

(3)Cu-Fe 在 pH=8 的介质中。

第四章 原子结构和元素周期系

前几章主要从宏观方面阐述了物质变化的基本规律，为了深入了解物质变化的根本原因，还必须进一步了解物质的微观结构。本章就专门讨论原子的结构和元素周期系，至于分子结构和晶体结构将在下一章中进行讨论。近代研究结果表明，原子是由原子核和绕核高速运动的电子组成的，而原子核又由质子、中子等组成。由于物质的一些物理性质特别是化学性质主要取决于电子在原子核外的运动状态，因而本章首先讨论电子在原子核外的运动特征及其描述方法，然后再根据原子结构的知识讨论元素周期系。最后在阅读材料中简单介绍工程实际中经常用到的磁性材料、核燃料等知识。

第一节 核外电子的运动状态

一、电子运动的特征

电子和其他微观粒子，如光子、质子、中子等类似，质量和体积都极其微小，其运动方式与大量分子集合而成的宏观物质有很大差别，比如电子的运动就不遵守牛顿运动方程。经过科学家们的大量研究，发现电子的运动具有下列三个特征。

1. 吸收和放出的能量是量子化的

19 世纪 60 年代，本生(R. W. Bunsen)研究了大量焰色反应的结果，发现化学元素在高温火焰或电火花的作用下能发出特征的焰色，将这些焰色通过分光棱镜投射在屏幕上，可以得到一条条分立的线条，这就是原子光谱。相同元素的原子所产生的光谱完全相同，不同元素的原子光谱形状类似但谱线位置各不相同。这些事实说明，这些光线都是从原子内部发射出来的，并且能量是一份一份的、不连续的，这种现象被称为能量量子化。因为原子光谱与原子的结构密切相关，所以在原子结构中，电子所处能级是不连续的，或者说是能量量子化的。例如，最简单的氢原子光谱如图 4.1 所示。

氢原子光谱在可见光区有 5 条谱线，对应的波长分别为 656、486、434、410、397nm，除此以外，在红外光区和紫外光区还有很多谱线。其他原子的原子光谱与氢原子光谱类似，但谱线位置各不相同。

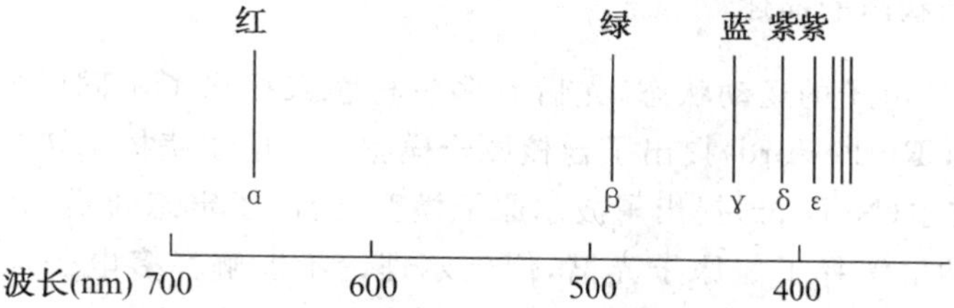

图 4.1　氢原子的可见光谱

2. 电子具有波粒二象性

人们很早就认识到，光既具有波动性(干涉、衍射)又具有粒子性(光电效应)，这称为光的波粒二象性。但光是没有静止质量的微观粒子，其他具有静止质量的微观粒子，如电子是否也具有波粒二象性呢?

1924 年，德布罗意(Louis de Brolie)受光的波粒二象性的启发，假设微观粒子也具有波粒二象性，并导出了著名的德布罗依关系式：

$$\lambda=\frac{h}{mv} \tag{4-1}$$

式中：λ 为微粒波的波长；h 为普朗克常数；m 为微粒质量；v 为微观粒子运动的速度。

这一假设很快被戴维逊(C. J. Davisson)等人的电子衍射实验(1927 年)证实。如图 4.2 所示，电子从电子枪 A 处射出，通过作光栅的晶体粉末 B，投射到屏幕 C 上，与光的衍射一样，也出现了明暗相间的同心环纹。这就证明了德布罗意的假设是正确的，即电子的运动也具有波动性，或者说电子也具有波粒二象性。后来又证明，除电子外，像质子、中子等其他微观粒子也具有波粒二象性，其波长都符合德布罗意关系式。

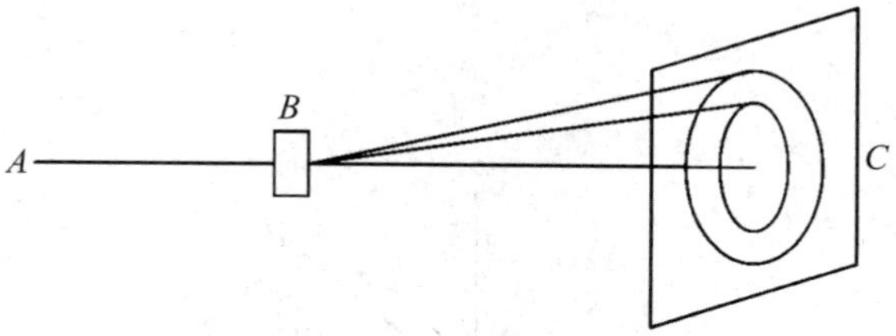

图 4.2　电子衍射示意图

3. 电子出现的统计性

电子绕核旋转时速度极高，而运动空间又非常狭小，因而不能同时准确测出某一瞬间某个电子的位置和速度，这就是著名的测不准原理。但是通过图 4.2 所示的实验可以发现，对于一个电子的衍射，确实不能确定它将落在何处，但对于电子流，却可以确定空间各处电子出现的概率大小，这说明电子在核外某区域的出现具有概率分布的性质或符合统计性规律。

二、电子运动状态的描述

为了描述核外电子的运动状态，先后有多位科学家提出了不同的原子模型，如 1911 年卢瑟福(Ernest Rutherford)提出了含核原子模型——电子绕核旋转与行星绕太阳运动相似；1913 年，波尔(N. Bohr)提出了波尔原子模型，给出了定态轨道、轨道能级和能量量子化等概念，成功地解释了氢原子光谱，但玻尔理论不能解释多电子原子的光谱。1926 年，奥地利物理学家薛定谔(Erwin Schrödinger)根据电子具有波粒二象性这一特征，提出了一个描述微观粒子运动的基本方程——薛定谔方程，奠定了现代量子力学的基础。

薛定谔方程是一种二阶偏微分方程，其形式为：

$$\frac{\partial^2\psi}{\partial x^2}+\frac{\partial^2\psi}{\partial y^2}+\frac{\partial^2\psi}{\partial z^2}+\frac{8\pi^2 m}{h^2}(E-V)\psi=0 \tag{4-2}$$

式中：x、y、z 为空间坐标；ψ 为电子波的波函数；E 为电子的总能量；V 为电子的势能；m 为电子的质量；h 为普朗克常数。

该方程不能从经典力学直接导出，也不能用任何方法加以理论证明，但该方程的正确性可以用实验来证明(如原子光谱)。

式中的 ψ 是薛定谔方程的解，是描述电子运动的数学函数式。只要能找出电子势能的表达式，该方程就可以精确求解，但目前为止只有氢原子的薛定谔方程可以精确求解，多电子原子的薛定谔方程只能近似地求解。由于解此方程需要很多的数学知识，情况非常复杂，在这里只简要介绍解此方程的思路和解的结果。

1. 波函数的求解和三个量子数

为求解方便，需将直角坐标变换为球坐标，参见图 4.3。

空间某点 P 的直角坐标与球坐标的对应关系为

$x=r\sin\theta\cos\varphi$

$y=r\sin\theta\sin\varphi$

$z=r\cos\theta$

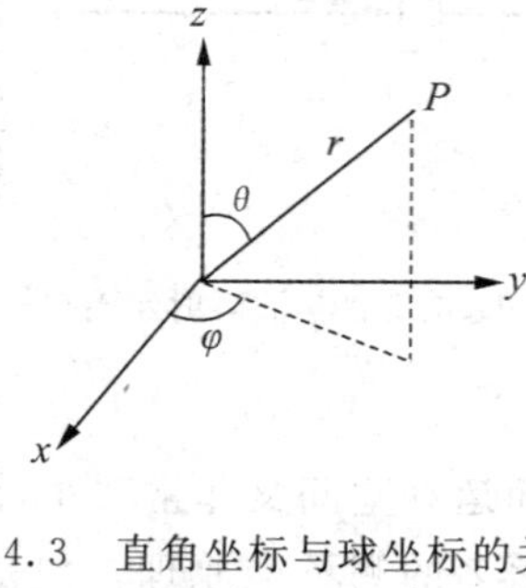

图 4.3　直角坐标与球坐标的关系

于是，直角坐标描述的波函数 $\psi(x,y,z)$ 就转化为了球坐标描述的波函数 $\psi(r,\theta,\varphi)$。数学上，还可以通过分离变量的方法将波函数分为两部分或三部分：

$$\psi(r,\theta,\varphi)=R(r)\times Y(\theta,\varphi) \tag{4-3-1}$$

或

$$\psi(r,\theta,\varphi)=R(r)\times\Theta(\theta)\times\Phi(\varphi) \tag{4-3-2}$$

式中：$R(r)$称为波函数的径向部分；$Y(\theta,\varphi)$称为波函数的角度部分。

只要将 $R(r)$、$\Theta(\theta)$、$\Phi(\varphi)$分别解出后即可得到 ψ 的具体表达式。

$R(r)$有许多个，其具体表达式与自然数 $n(n=1,2,3,\cdots)$有关，即当 $n=1$ 时有一个 $R(r)$表达式，当 $n=2$ 时又有一个 $R(r)$表达式，…

同理，$\theta(\theta)$的具体表达式与 $l(l=0,1,2,\cdots,n-1$，共 n 个)有关，$\Phi(\varphi)$的具体表达式与 $m(m=0,\pm1,\pm2,\cdots,\pm l$，共 $2l+1$ 个)有关。

当 n、l、m 都有确定值时，$R(r)$、$\Theta(\theta)$、$\Phi(\varphi)$都有确定的数学表达式，即 $\psi(r,\theta,\varphi)$有确定的数学表达式。

n、l、m 分别称为主量子数、角量子数和磁量子数。注意，l 的取值受 n 的限制，m 的取值受 l 的限制。如 n 取 2 时，l 只能取 0 和 1。当 l 取 0 时，m 只能取 0；当 l 取 1 时，m 只能取 0，±1。否则，解出的波函数在数学上没有意义。

对于氢原子，所有的原子轨道或波函数都有确定的数学函数式，如表 4.1 所示。

表 4.1　　**氢原子的部分波函数** *

轨道	$\psi(r,\theta,\varphi)$	$R(r)$	$Y(\theta,\varphi)$
1s	$\sqrt{\frac{1}{\pi a_0^3}}e^{-r/a_0}$	$2\sqrt{\frac{1}{a_0^3}}e^{-r/a_0}$	$\sqrt{\frac{1}{4\pi}}$
2s	$\frac{1}{4}\sqrt{\frac{1}{2\pi a_0^3}}(\frac{r}{a_0})e^{-r/2a_0}$	$\sqrt{\frac{1}{8\pi a_0^3}}(2-\frac{r}{a_0})e^{-r/a_0}$	$\sqrt{\frac{1}{4\pi}}$
$2p_z$	$\frac{1}{4}\sqrt{\frac{1}{2\pi a_0^3}}(\frac{r}{a_0})e^{-r/2a_0}\cos\theta$	$\sqrt{\frac{1}{24a_0^3}}(2-\frac{r}{a_0})e^{-r/a_0}$	$\sqrt{\frac{3}{4\pi}}\cos\theta$
$2p_x$	$\frac{1}{4}\sqrt{\frac{1}{2\pi a_0^3}}(\frac{r}{a_0})e^{-r/2a_0}\sin\theta\cos\varphi$	$\sqrt{\frac{1}{24a_0^3}}(2-\frac{r}{a_0})e^{-r/a_0}$	$\sqrt{\frac{3}{4\pi}}\sin\theta\sin\varphi$
$2p_y$	$\frac{1}{4}\sqrt{\frac{1}{2\pi a_0^3}}(\frac{r}{a_0})e^{-r/2a_0}\sin\theta\sin\varphi$	$\sqrt{\frac{1}{24a_0^3}}(2-\frac{r}{a_0})e^{-r/a_0}$	$\sqrt{\frac{3}{4\pi}}\sin\theta\sin\varphi$

* 表中 $a_0=53$pm，称为玻尔半径。它是指氢原子 1s 电子出现密度最大的地方与核之间的距离。

2. 波函数和原子轨道

合理的波函数有数学意义但没有明确的物理意义。波函数的平方才有明确的物理意义，它表示电子在核外单位体积内出现的概率大小。所以可以将波函数近似理解为电子在核外空间出现的范围。习惯上将波函数称为原子轨道，所谓的原子轨道并不是电子运动的轨迹，它只代表电子的某种运动状态，是波函数的代名词。

为便于理解，我们可以将核外的原子轨道理解成一层一层的，每一层都有若干个轨道。

$n=1$ 时称为第一层，用符号 K 表示；$n=2$ 时称为第二层，用符号 L 表示；以下依次为 M，N，O，P，Q，…层。

$l=0$ 时表示一种轨道，用符号 s 表示，即 s 轨道；$l=1$ 时，表示第二种轨道，用符号 p 表示，即 p 轨道；以下依次为 d，f，g，h，…轨道。s 轨道又称为 s 亚层，p 轨道又称为 p 亚层，以下类推。

m 可取值的数目表示某种轨道的简并数目，即能量相等的轨道的数目。如 $n=1$ 时 l

只能取 0，m 也只能取 0，意味着第一层（K 层）只有一个 s 亚层，s 亚层只有一个 s 轨道；$n=2$ 时 l 可取 0 和 1，当 l 取 1 时 m 又可取 0、+1、−1，因此第二层有 s 和 p 两个亚层，其中 p 亚层又有三个轨道，即第二层有两种共 4 个轨道，其他层轨道的种类和数目参见表 4.2。

表 4.2　　部分原子轨道与三个量子数的关系

n	l	m	轨道名称	轨道数
1	0	0	1s	1
2	0	0	2s	1
2	1	−1、0、+1	2p	3
3	0	0	3s	1
3	1	−1、0、+1	3p	3
3	2	−2、−1、0、+1、+2	3d	5
4	0	0	4s	1
4	1	−1、0、+1	4p	3
4	2	−2、−1、0、+1、+2	4d	5
4	3	−3、−2、−1、0、+1、+2、+3	4f	7

3. 原子轨道的角度分布图

要在三维空间画出原子轨道的图像是非常困难的，一般将它们分为径向部分和角度部分分别作图，可使图形简单化。径向分布图是将波函数的径向部分 $R(r)$ 对 r 作图，角度分布图是将波函数的角度部分 $Y(\theta,\varphi)$ 对 θ、φ 作图。由于角度分布图在讨论分子的形成时非常重要，这里只介绍波函数的角度分布图。

波函数的角度分布图见图 4.4。

注意各图皆为立体图，图中的正负号是由三角函数的性质决定的，在形成化学键时非常有用。

由图 4.4 可见，s 轨道为球形，p 轨道为双球（哑玲）形，d 轨道为花瓣形，f 及以下轨道图形复杂，这里不再介绍。

波函数的平方（ψ^2）表示电子在空间某处单位体积内出现的概率大小（即概率密度），有明确的物理意义，因此，有时也作出 Y^2 的角度分布图，称为电子云的角度分布图。

电子云角度分布图的形状与波函数角度分布图的形状相似，但有两点区别：第一，原子轨道的角度分布图有正负之分，而电子云的角度分布图均为正值，无正负之分，这是因为三角函数平方后不会出现负值。第二，电子云角度分布图较原子轨道角度分布图要“瘦”些，这是因为无论何种轨道，其 Y 值都小于等于 1，所以其平方值要更小一些。由电子云的角度分布图可以看出电子在原子核外各区域出现的概率大小。

4. 量子数的物理意义

主量子数 n 的大小表示电子离核平均距离的远近，也表示电子所处能级的高低，n 越大，电子离核的平均距离越远，所处能级越高。

角量子数 l 的大小决定了轨道的形状，如 $l=0$ 的轨道为球形，$l=1$ 的轨道为双球形……在多电子原子中，它也部分决定轨道的能级。

磁量子数 m 的大小决定了轨道在空间的伸展方向。如 $n=2$，$l=1$ 时，表示 2p 轨道，m 取值 +1、−1、0，表示 3 个 2p 轨道分别沿着 x、y、z 轴方向伸展。

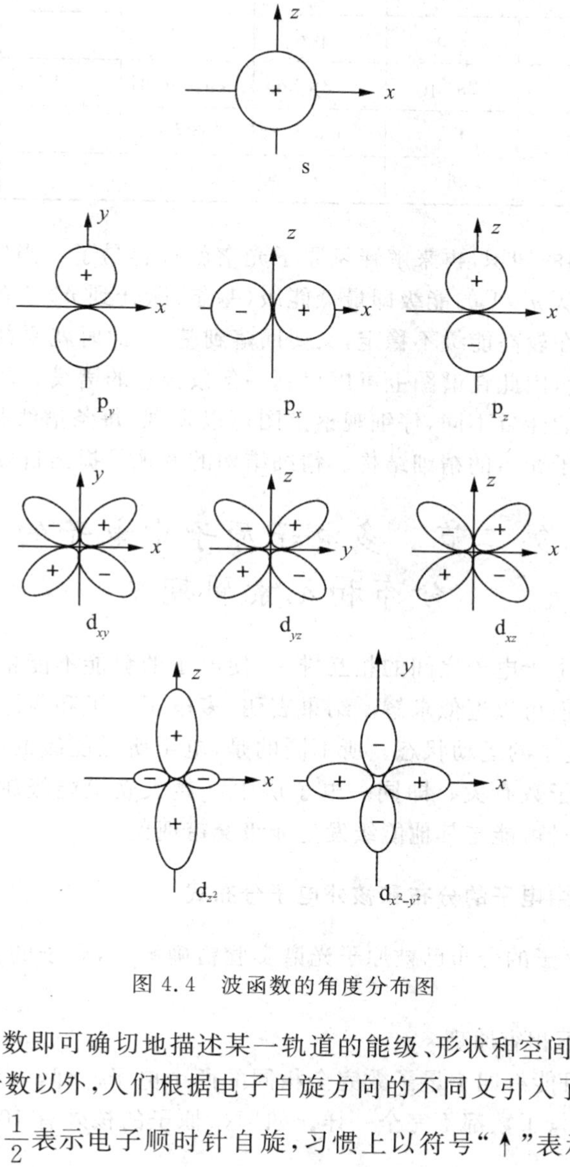

图 4.4　波函数的角度分布图

n、l、m 三个量子数即可确切地描述某一轨道的能级、形状和空间伸展方向。

除前述三个量子数以外，人们根据电子自旋方向的不同又引入了第四个量子数即自旋量子数 m_s：$m_s=+\frac{1}{2}$ 表示电子顺时针自旋，习惯上以符号"↑"表示；$m_s=-\frac{1}{2}$ 表示电子逆时针自旋，习惯上以符号"↓"表示。

至此，用四个量子数可以确切地描述某个电子的运动状态。如某电子的四个量子数分别为 3、1、−1、$-\frac{1}{2}$，表示电子以逆时针方式在 $3p_y$ 轨道上运动。

关于量子数、轨道符号、轨道数等原子结构方面的知识归纳于表4.3中。

表4.3　　原子结构综合知识

主量子数 n	1	2	3	4	5	6	7
电子层符号	K	L	M	N	O	P	Q
角量子数 l	0	0 1	0 1 2	0 1 2 3	…	…	…
轨道符号	s	s p	s p d	s p d f			
轨道名称	1s	2s 2p	3s 3p 3d	4s 4p 4d 4f			
轨道个数	1	1 3	1 3 5	1 3 5 7			
每层轨道总数	1	4	9	16			

有了氢原子结构的知识，再来解释氢原子光谱就很容易了。当原子受到高温或电火花的作用时，电子就从 $n=1$ 的能级即最低能级(基态)跃迁到 $n>1$ 的能级即较高的能级(激发态)，由于电子在较高能级不稳定，又要回落到基态，此时就要释放出能量，并且通常以光的形式释放能量，因此在谱图上可以得到一条条分立的谱线。若在磁场中，电子的自旋方式不同，所具有的能量不同，仔细观察谱图可以发现，每条谱线都是由两条紧挨的谱线组成的，这称为原子光谱的精细结构。精细结构的发现是提出自旋量子数的主要依据。

第二节　多电子原子中电子的分布和元素周期系

多电子原子中，由于电子之间的相互排斥，使电子的势能不能精确描述，因此薛定谔方程不能精确求解，但可以近似求解。结果表明，多电子原子和氢原子类似，也可用四个量子数来描述核外电子的运动状态。所不同的是，电子所处能级的高低不仅与主量子数有关，而且还与角量子数有关。即同一电子层中，l 越大轨道能级越高。这样，同层中的能级将发生分裂，并且可能与其他能级发生能级交错现象。

一、多电子原子中电子的分布和核外电子分布式

多电子原子中电子的分布已被原子光谱实验精确测定，电子的分布基本遵循下列几个原则。

1. 泡利(Pauli)不相容原理

一个原子中不可能有四个量子数完全相同的两个电子。即，一个原子中无论有多少个电子，它们的四个量子数都不完全一样。如$_{10}$Ne原子的核外有10个电子，它们占有的四个量子数分别为：

$(1,0,0,+\frac{1}{2})$、$(1,0,0,-\frac{1}{2})$、$(2,0,0,+\frac{1}{2})$、$(2,0,0,-\frac{1}{2})$、$(2,1,0,+\frac{1}{2})$、

$(2,1,0,-\frac{1}{2})$、$(2,1,+1,+\frac{1}{2})$、$(2,1,+1,-\frac{1}{2})$、$(2,1,-1,+\frac{1}{2})$、$(2,1,-1,-\frac{1}{2})$

该原理解决了各层和各亚层所能容纳的电子数问题。如第一层，$n=1$，l、m 都只能取零，m_s 可取 $+\frac{1}{2}$ 和 $-\frac{1}{2}$，因此该层只能容纳两个电子。同理分析可知，第二层可容纳 8 个电子，第三层可容纳 18 个电子……

2. 能量最低原理

在不违背泡利不相容原理的前提下，电子尽可能占据能量最低的轨道，使系统的能量保持最低。

各轨道能级高低可用鲍林(L. Pouling)近似能级图来表示(图 4.5)。

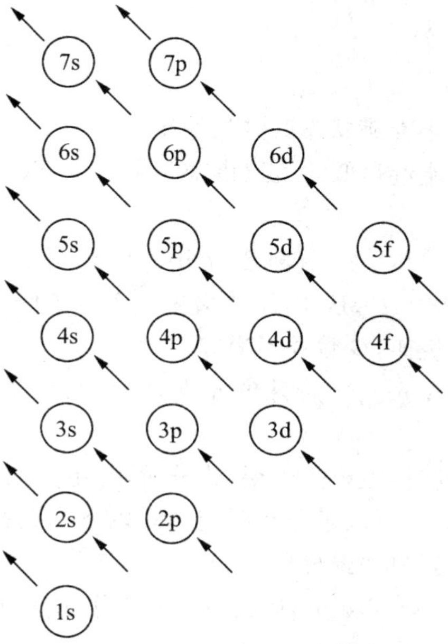

图 4.5　鲍林近似能级图

从鲍林近似能级图中可以看出：

(1)角量子数相同时，轨道能级随主量子数的增大而升高。如 1s<2s<3s…；2p<3p<4p…；3d<4d…

(2)主量子数相同时，轨道能级随角量子数的增大而升高。如 4s<4p<4d<4f。

(3)主量子数和角量子数均不相同时，有能级交错现象。如 4s<3d<4p；5s<4d<5p；6s<4f<5d<6p。

参照鲍林近似能级图，可以看出电子分布的顺序为：1s2s2p3s3p4s3d4p…

按照前述原则，多数元素原子核外电子的分布即可排出。排电子时可用电子分布式，所谓电子分布式就是用符号表示电子在核外各轨道上的分布。如：

$_{1}H$：$1s^1$；

$_{3}Li$：$1s^2 2s^1$；

$_{7}N$：$1s^2 2s^2 2p^3$；

$_{19}K$：$1s^2 2s^2 2p^6 3s^2 3p^6 4s^1$；

$_{26}Fe$：$1s^2 2s^2 2p^6 3s^2 3p^6 3d^6 4s^2$；

$_{35}Br$：$1s^2 2s^2 2p^6 3s^2 3p^6 3d^{10} 4s^2 4p^5$

注意，尽管 3d 轨道的能量比 4s 高，但在写核外电子分布式时，仍按主量子数的顺序排列。

3. 洪特(Hund)规则

在前述 N 的核外电子分布式中，有 3 个 2p 轨道和 3 个 2p 电子，这 3 个电子是如何分布的呢？洪特规则指出，电子尽可能多地占据能量相同的轨道并且自旋平行。

因此 N 的 2p 轨道表示式为：↑ ↑ ↑；O 的 2p 轨道表示式为：↑↓ ↑ ↑；Fe 的 3d 轨道表示式为：↑↓ ↑ ↑ ↑ ↑。

4. 全充满与半充满规律

d、f 等轨道在全充满或半充满状态时结构稳定。

为满足该规律，有时从能量较低的轨道借来一个电子，以达到全充满或半充满的稳定结构。如：

$_{24}Cr$：$1s^2 2s^2 2p^6 3s^2 3p^6 3d^5 4s^1$，从 4s 轨道借来一个电子使 d 轨道半充满；

$_{29}Cu$：$1s^2 2s^2 2p^6 3s^2 3p^6 3d^{10} 4s^1$，从 4s 轨道借来一个电子使 d 轨道全充满。

注意，多数元素遵守此规律，少数并不遵守。

有了前述 4 个规则，并注意几个特殊的元素，所有元素原子的核外电子分布式皆可写出。

由于原子在形成化学键时，主要是外层(也称价层)电子起作用，因此经常书写的是原子的外层电子分布式。书写外层电子分布时应注意以下几点：

(1)对于主族和零族元素只写最外层 $ns(np)$；

(2)对于过渡元素应写 $(n-1)d\ ns$，因为 $(n-1)d$ 往往参与成键；

(3)对于镧系和锕系应写 $(n-2)f\ (n-1)d\ ns$。

如：$_{19}K$：$4s^1$；$_{33}As$：$4s^2 4p^3$；$_{26}Fe$：$3d^6 4s^2$；$_{29}Cu$：$3d^{10} 4s^1$；$_{30}Zn$：$3d^{10} 4s^2$。

所有元素原子的外层电子分布式列于书后的元素周期表中。

根据以上规则，离子的核外电子分布式和外层电子分布式同样可以写出。但应注意，原子在失去电子形成正离子时，总是先失去最外层电子。如：

Cl^-：$1s^2 2s^2 2p^6 3s^2 3p^6$；

Ca^{2+}：$1s^2 2s^2 2p^6 3s^2 3p^6$；

Cu^{2+}：$1s^2 2s^2 2p^6 3s^2 3p^6 3d^9$；

Zn^{2+}：$1s^2 2s^2 2p^6 3s^2 3p^6 3d^{10}$。

原子在得失电子形成离子后，若离子的最外层为 2 个电子，称为 2 电子构型，如 Li^+：$1s^2$；8 个电子的称为 8 电子构型，如 Cl^-：$3s^2 3p^6$、Na^+：$2s^2 2p^6$；9～17 个电子的称为 9～17 电子构型，如 Cu^{2+}：$3s^2 3p^6 3d^9$、Fe^{2+}：$3s^2 3p^6 3d^6$；18 个电子的称为 18 电子构型，如 Zn^{2+}：$3s^2 3p^6 3d^{10}$；最外层和次外层为 20 个电子的称为 18＋2 电子构型，如 Pb^{2+}：$5s^2 5p^6 5d^{10} 6s^2$。显然，2 电子和 8 电子构型为稀有气体电子构型，较为稳定，其他几种为非稀有气体电子构型。

二、核外电子分布和元素周期系

原子核外电子分布的周期性变化是元素周期律的基础。元素周期表是元素周期律的表现形式。周期表有多种，现在最常用的是维尔纳的长式周期表(参见附录中的元素周期表)。

1. 周期的划分

每周期中的元素原子的最外层电子排布总是从 ns^1 开始到 np^6 结束(第一周期例外)，由于能级的交错，中间可能夹杂着 $(n-1)$d 轨道和 $(n-2)$f 轨道。由于同一周期内这些轨道的能级相近，我们将这些轨道合起来称为一个能级组，因此每一周期中元素的个数与每个能级组的轨道数是相互对应的。其对应关系如表 4.4 所示。

表 4.4　每一周期中元素个数与能级组的对应关系

周期	一	二	三	四	五	六	七
能级组	1s	2s2p	3s3p	4s3d4p	5s4d5p	6s4f5d6p	7s5f6d7p
轨道数	1	4	4	9	9	16	16
元素个数	2	8	8	18	18	32	32(23)
周期特征	特短	短	短	长	长	特长	特长

显然，在元素原子的核外电子分布式中，最大主量子数对应着该元素所在的周期数。例如：

$_{7}$N：$1s^2 2s^2 2p^3$，第二周期；

$_{19}$K：$1s^2 2s^2 2p^6 3s^2 3p^6 4s^1$，第四周期。

2. 族的划分

根据元素价层电子的分布，将所有元素划分为四大类 16 个族。即主族(7 个)、零族(1 个)、副族(7 个)、Ⅷ族(1 个)。

最后一个电子填入最外层(ns 或 np)的，该元素不是主族就是零族；最后一个电子填入次外层 $(n-1)$d 轨道的，不是副族就是Ⅷ族；最后一个电子填入再次外层 $(n-2)$f 轨道的，不是镧系就是锕系，它们也属于副族元素。副族元素和Ⅷ族元素都称为过渡元素。钇和镧系元素又称为稀土元素。如：

$_{7}$N：$2s^2 2p^3$，最后一个电子填入 2p 轨道，第五主族；

$_{30}$Zn：$3d^{10} 4s^2$，最后一个电子填入 3d 轨道，第二副族。

3. 区的划分

根据价层电子的分布，还可将元素划分为五个区。

(1)s 区：包括ⅠA、ⅡA，元素原子的外层电子分布式为 $ns^{1\sim2}$；

(2)p 区：包括ⅢA～ⅦA、0 族，$ns^2np^{1\sim6}$；

(3)d 区：包括ⅢB～ⅦB、Ⅷ族，$(n-1)d^{1\sim8}ns^{1\sim2}$(有例外)；

(4)ds 区：包括ⅠB、ⅡB，$(n-1)d^{10}ns^{1\sim2}$；

(5)f 区：包括镧系和锕系，$(n-2)f^{1\sim14}(n-1)d^{0\sim1}ns^2$(有例外)。

第三节　元素性质周期性递变与原子结构的关系

一、元素的氧化数

氧化数是指化合物分子中某元素原子的形式荷电数。某元素的一个原子的荷电数可以由假设把每个键中的电子指定给电负性较大的原子而求得。显然，单质中元素的氧化数为零；简单离子中元素的氧化数就是其所带的电荷数；化合物中 H 的氧化数一般为 +1，O 的氧化数一般为 −2，其他元素的氧化数可以根据“中性分子中各元素氧化数的代数和为零，复杂离子中各元素氧化数的代数和为离子电荷数”而求得。

周期表中，各元素的最高氧化数具有明显的周期性变化。

主族元素的最高氧化数一般等于其原子最外层上的电子数，也等于其所处的族数。由于氟、氧两元素吸引电子的能力特强，所以难以表现出正氧化数；主族元素中的非金属元素还经常表现出负氧化数，并且其最低氧化数与(族数−8)相对应。这是因为它们得到(族数−8)个电子可以达到稀有气体的稳定结构。除此以外，p 区元素还经常表现出不同价态的正氧化数。

副族元素的价电子除 s 电子外还包括 d 电子，其氧化数非常复杂，但除Ⅷ族外其最高氧化数仍与其族数相对应(ⅠB 族还有例外)。

第四周期过渡元素的主要氧化数列于表 4.5 中。

表 4.5　　第四周期过渡元素的主要氧化数

族	ⅢB	ⅣB	ⅤB	ⅥB	ⅦB	Ⅷ	ⅠB	ⅡB
元素	Sc	Ti	V	Cr	Mn	Fe、Co、Ni	Cu	Zn
氧化数	+3	+3 +4	+3 +4 +5	+2 +3 +6	+2 +4 +6 +7	+2 +2 +2 +3 +3 +3	+1 +2	+2

Ⅷ族元素的最高氧化数往往不表现出 +8，而经常表现出 +2 和 +3。零族元素号称惰性气体，很难与其他元素化合，但已合成多种氙的氟化物、氧化物，说明惰性气体的惰性是相对的。

二、原子半径

原子中电子在核外的概率分布无明确界限，因而单个原子实际上无所谓半径。这里所说的半径是指同一元素的两个原子结合后，两原子核之间距离的一半。非金属元素为“共价半径”，金属元素为“金属半径”。

各种元素的原子半径列于表 4.6 中。

表4.6　元素的原子半径(pm)

H 37																	He
Li 152	Be 111											B 80	C 77	N 74	O 74	F 71	Ne
Na 186	Mg 167											Al 143	Si 118	P 110	S 103	Cl 99	Ar
K 227	Ca 197	Sc 161	Ti 145	V 131	Cr 125	Mn 137	Fe 124	Co 125	Ni 125	Cu 128	Zn 133	Ga 122	Ge 123	As 125	Se 116	Br 114	Kr
Rb 248	Sr 215	Y 178	Zr 159	Nb 143	Mo 136	To 135	Ru 133	Rh 135	Pd 138	Ag 145	Cd 140	In 163	Sn 141	Sb 145	Te 143	I 133	Xe
Cs 257	Ba 217	La 187	Hf 156	Ta 143	W 137	Re 137	Os 134	Ir 136	Pt 139	Au 144	Hg 150	Tl 170	Pb 175	Bi 155	Po 118	At	Rn

由表中数据可见，元素的原子半径具有明显的周期性变化。对于主族元素，同族元素从上到下由于电子层数逐渐增多，原子半径逐渐增大；对于同周期元素，从左到右由于核电荷数逐渐增多而电子层数没有增强，核对外层电子的引力逐渐增加，所以原子半径逐渐减小。对于副族元素，不论从上到下还是从左到右，都有类似的变化规律，但变化没有主族明显，甚至有的反常。这是因为副族元素中新增的电子填入次外层，基本抵消了核对电子的吸引力。特别是镧系和锕系后的两个周期，同族元素的半径极为相近，造成元素的性质极为相近，往往难以分离。

三、元素的电离能

使 1mol 气态的处于基态的原子失去 1mol 电子变成一价气态离子所需要的最低能量称为元素的第一电离能，用符号 I_1 表示；使 1mol 一价的气态离子再失去 1mol 电子变为二价的气态离子所需要的最低能量称为第二电离能，用符号 I_2 表示，以此类推。

电离能数据反映了不同元素得失电子的能力。

一般金属元素的第一电离能较小，而非金属元素的第一电离能较大，并且有些元素失去一个电子较易（如ⅠA 族），有些失去两个电子较易（如ⅡA 族），而再失去电子则很难。这就是金属元素能形成不同价态离子的原因。

如 Na、Mg、Al 的 I_1、I_2、I_3（$kJ \cdot moL^{-1}$）分别见表 4.7。

表 4.7　Na、Mg、Al 的电离能

元素	I_1	I_2	I_3
Na	496	4570	6902
Mg	738	1443	7731
Al	578	1825	2750

显然，Na 容易形成一价离子而难以形成二价离子；Mg 容易形成二价离子，Al 容易形成三价离子。

各元素的第一电离能数据列于表 4.8 中。第一电离能总的变化规律是，同族元素从上到下逐渐减小，同周期元素从左到右逐渐增大，呈现明显的周期性。

四、元素的电负性

为综合考虑不同元素的原子在分子中吸引电子的能力，引入了电负性概念。电负性数值是综合考虑元素得失电子的能力而得到的。电负性越大，该元素的原子在分子中吸引电子的能力越强；电负性越小，该元素的原子在分子中吸引电子的能力越弱。电负性数据有多套，大同小异，现普遍使用鲍林由热化学数据得到的电负性数值，称为鲍林电负性。鲍林规定氟的电负性为 4.0，其他数据皆为相对值。鲍林电负性数据列于表 4.9 中。

由表 4.9 可见，电负性数据也具有明显的周期性变化。同一周期中，从左到右逐渐增大；同一族中，从上到下逐渐减小。一般金属元素的电负性小于 2.0，而非金属元素的电负性一般大于 2.0。

表4.8　元素的第一电离能(kJ · mol^{-1})

H 1312																	He 2372
Li 520	Be 899											B 801	C 1086	N 1402	O 1314	F 1681	Ne 2081
Na 496	Mg 738											Al 578	Si 786	P 1012	S 1000	Cl 1251	Ar 1521
K 419	Ca 590	Sc 631	Ti 658	V 650	Cr 623	Mn 717	Fe 759	Co 758	Ni 737	Cu 745	Zn 906	Ga 579	Ge 762	As 947	Se 941	Br 1140	Kr 1351
Rb 403	Sr 550	Y 616	Zr 660	Nb 664	Mo 685	Tc 702	Ru 711	Rh 720	Rd 805	Ag 804	Cd 868	In 558	Sn 709	Sb 834	Te 869	I 1008	Xe 1170
Cs 376	Ba 503	La 538	Hf 675	Ta 761	W 770	Re 760	Os 839	Ir 878	Pt 868	Au 890	Hg 1007	Tl 589	Pb 716	Bi 703	Po 812	At	Rn 1041

表4.9　元素的鲍林电负性

H 2.1																	He
Li 1.0	Be 1.5											B 2.0	C 2.0	N 3.0	O 3.5	F 4.0	Ne
Na 0.9	Mg 1.2											Al 1.5	Si 1.8	P 2.1	S 2.5	Cl 3.5	Ar
K 0.8	Ca 1.0	Sc 1.3	Ti 1.5	V 1.6	Cr 1.6	Mn 1.5	Fe 1.8	Co 1.9	Ni 1.9	Cu 1.9	Zu 1.6	Ga 1.6	Ge 1.8	As 2.0	Se 2.4	Br 2.8	Kr
Rb 0.8	Sr 1.0	Y 1.2	Zr 1.4	Nb 1.6	Mo 1.8	Tc 1.9	Ru 2.2	Rh 2.2	Pd 2.2	Ag 1.9	Cd 1.7	In 1.7	Sn 1.8	Sb 1.9	Te 2.1	I 2.5	Xe
Cs 0.7	Ba 0.9	La 1.0	Hf 1.3	Ta 1.5	W 1.7	Re 1.9	Os 2.2	Ir 2.2	Pt 2.2	Au 2.4	Hg 1.9	Tl 1.8	Pb 1.9	Bi 1.9	Po 2.0	At 2.2	Rn

五、元素的金属性和非金属性

金属元素易失去电子变成正离子，非金属元素易得到电子变成负离子。因此，常用金属性和非金属性来表示原子在化学反应中得失电子的能力。元素的金属性和非金属性与元素的电离能、电负性等因素密切相关。综合考虑各因素，周期表中各元素的金属性和非金属性大致有以下变化规律：对于主族元素，从上到下金属性增加而非金属性减小；从左到右金属性减小而非金属性增加。对于过渡元素，从左到右一般也是金属性减小，但从上到下金属性却逐渐减弱（ⅢB 族除外），这与电离能、电负性的变化规律基本一致。

阅读材料Ⅳ-1　物质的磁性

物质按其磁性可分为三类，即抗磁性物质、顺磁性物质和铁磁性物质。抗磁性物质将被外磁场排斥，而顺磁性物质和铁磁性物质将被外磁场吸引。

物质的磁性主要取决于两点：一是组成物质的原子、离子或分子是否含有未成对电子；二是物质的晶体结构。

若物质内部存在未成对电子，这些电子的自旋磁矩的取向将与外磁场方向一致，因而该物质能被外磁场吸引，这就是顺磁性物质。若物质内部的电子都已配对，则每个电子自旋所产生的磁矩被另一个自旋方向相反的电子所产生的磁矩抵消，这类物质在磁场中将被磁场排斥，这就是抗磁性物质。抗磁性物质之所以被外磁场排斥，是因为在外磁场的诱导下会产生一较小的与外磁场方向相反的诱导磁矩。事实上，顺磁性物质也会产生与外磁场方向相反的诱导磁矩，只是诱导磁矩难以抵消未成对电子所产生的自旋磁矩，因而顺磁性物质仍可以被外磁场吸引。

还有一些金属、合金及化合物如 Fe（<760℃）、Co（<1075℃）、Ni（<362℃）、Fe_3O_4 等具有自发磁畴，即使在没有外磁场的情况下，它们也能表现出磁性，这类物质称为铁磁性物质。铁磁性物质可以看作顺磁性物质的极端形式。

铁磁性物质的内部除含有未成对的单电子外，其原子在晶格中的排列不能过于疏松但也不能过于紧密，否则都不能表现出铁磁性。因此铁磁性物质与其晶体结构有着密切的关系。有些顺磁性物质不能表现出铁磁性就是因为其采取的晶体结构是不恰当的。

铁磁性物质的内部含有无数微小的磁畴，在磁畴中，所有未成对电子的自旋磁矩都处于同一方向，但在整个物质中，所有磁矩的排列方向可能并不一致。铁磁性物质被磁化就是磁畴在外磁场的作用下定向排列的过程。当外磁场撤去后，铁磁性物质仍然能保持磁性。但在高温、外力的作用下，磁畴的方向又将变得混乱，因此铁磁性物质可以退磁。

铁磁性物质除前面列出的几种外，还有铜、铝、锰组成的郝斯勒合金以及铝钴镍合金等。

铁磁性物质作为磁性材料，其应用十分广泛，如可用于制作录音磁带和电讯器材、磁导式气体分析仪以及医疗保健用品等。在工业上，利用电磁原理可以进行选矿、装卸、搬运、振打、分离、筛选等。电磁原理还可应用于环保工作中，如可以利用磁选法分离回收城市垃圾以及某些工业固体废弃物中的磁性物质；磁场絮凝还可以分离除去水中具有磁性的悬浮粒子和胶体粒子，以达到治理污染保护环境的目的。

阅读材料Ⅳ-2　核反应与核能

在一般的化学反应中，只是原子的重新排列组合，此过程中，仅仅是原子核外电子的运动状态发生了变化，而原子核的内部并没有发生任何变化。若采取某些特殊的方法，也可以使原子核发生变化，这就是核反应。

一、核裂变

将某些重原子核用中子（$^{1}_{0}n$）轰击，可以使重核分裂为较轻的新核，如目前核电站普遍使用的核燃料^{235}U，用慢中子轰击时就发生核裂变反应：

$$^{235}_{92}U + ^{1}_{0}n(慢) \longrightarrow 较轻的核 + 较重的核 + 中子$$

裂变产物非常复杂，已知的产物至少有 35 种元素（从$_{30}Zn$到$_{64}Gd$）的几百种同位素。

核裂变时，释放出大量的能量，此能量可以用爱因斯坦公式进行计算：

$$\Delta E = \Delta mc^2$$

式中：ΔE 为核反应释放出的能量；Δm 为核反应时减少的质量；c 为光速。

现以下列核裂变反应为例：

$$^{235}_{92}U + ^{1}_{0}n \longrightarrow ^{90}_{38}Sr + ^{144}_{58}Ce + 2^{1}_{0}n + 4^{\ 0}_{-1}e^-$$

已知各物质的摩尔质量依次为 234.9934、1.00867、89.8864、143.8816、1.00867、0.00055g·mol^{-1}，所以

$$\begin{aligned}\Delta m &= (89.8864 + 143.8816 + 2\times1.00867 + 4\times0.00055) - (234.9934 + 1.00867)\\ &= -0.2145(g\cdot mol^{-1})\end{aligned}$$

$$\begin{aligned}\Delta E &= \Delta mc^2 = -0.2145\times(2.9979\times10^8)^2\\ &= -1.928\times10^{13}(J\cdot mol^{-1})\\ &= -1.928\times10^{10}kJ\cdot mol^{-1}\\ &= -8.20\times10^7\ kJ\cdot g(U235)\end{aligned}$$

1g 标准煤完全燃烧放出的热量约为 30kJ，因而 1g ^{235}U 裂变所放出的能量相当于2.7×10^6g 标准煤完全燃烧。

^{235}U 只占天然铀的 0.7%，其余基本为^{238}U，此时可将^{238}U增殖为$^{239}_{94}Pu$后，再让其发生裂变反应，以获取能源：

$$^{238}_{92}U + ^{1}_{0}n \longrightarrow ^{239}_{94}Pu + 2^{\ 0}_{-1}e^-$$

$$^{239}_{94}Pu + ^{1}_{0}n \longrightarrow ^{90}_{38}Sr + ^{147}_{56}Ba + 3^{1}_{0}n$$

二、核聚变

将很轻的原子核加热到异常高的温度，可以使轻核聚变成较重的核。核聚变反应将放出更大的能量。

现以氘和氚的热核聚变为例：

$$^{2}_{1}H + ^{3}_{1}H \longrightarrow ^{4}_{2}He + ^{1}_{0}n$$

$$\Delta m = (4.00150 + 1.00867) - (2.01355 + 3.01550)$$
$$= -0.01888(\text{g} \cdot \text{mol}^{-1})$$
$$\Delta E = \Delta mc^2$$
$$= -0.01888 \times (2.9979 \times 10^8)^2$$
$$= -1.697 \times 10^{12}(\text{J} \cdot \text{mol}^{-1})$$
$$= -1.697 \times 10^9 \text{kJ} \cdot \text{mol}^{-1}$$
$$= -3.37 \times 10^8 \text{kJ} \cdot \text{g}^{-1}(\text{H})$$

相当于 1g ^{235}U 核裂变放出能量的 4 倍。

海洋中重氢的含量大得惊人，但遗憾的是，与核裂变不同，让热核聚变平稳地进行目前还没有实现。相信在不远的将来，人们定能够控制热核聚变反应，为人类源源不断地提供清洁能源。

习　题

1. 判断题

(1)能量量子化、波粒二象性和概率分布是微观粒子运动的三个特征。　(　　)

(2)电子的运动也可以用牛顿力学来描述。　(　　)

(3)除氢原子外的其他原子中，只要角量子数不同，其轨道能级必定不同。　(　　)

(4)通过原子发射光谱至少可以对金属元素进行定性分析。　(　　)

(5)确定了 n、l、m 三个量子数，就确定了一个原子轨道。　(　　)

(6)确定了 n、l、m 三个量子数，就确定了一个电子的运动状态。　(　　)

2. 选择题

(1)下列四个量子数组合正确的是________。

A. $(1,1,0,+\frac{1}{2})$　　B. $(3,0,0,+\frac{1}{2})$

C. $(1,2,1,-\frac{1}{2})$　　D. $(3,1,2,-\frac{1}{2})$

(2)下列原子轨道存在的是________。

A. 1p　　B. 2d　　C. 3f　　D. 6s

3. 填表

轨道名称	2p	4f	6s	5d
主量子数				
角量子数				
轨道个数				

4. 判断题

(1)当 $n=2$ 时，l 只能取 1，m 只能取 ± 1。　(　　)

(2)波函数角度分布图也能表示电子离核的远近。　(　　)

(3)磁量子数为 0 的轨道都是 s 轨道。　(　　)

(4)p 轨道角度分布图为“8”字形，这表明电子是沿“8”字形运动的。 (　　)

5. 填空题

(1)决定电子离核远近和所处能级高低的量子数是________。

(2)决定轨道形状的量子数是________。

(3)决定轨道空间伸展方向的量子数是________。

(4)决定电子自旋方向的量子数是________。

6. 下列原子的核外电子分布式是不正确的，它们各违背了什么原则？请改正。

(1)$_{5}B$:$1s^22s^3$

(2)$_{22}Ti$:$1s^22s^22p^63s^23p^63d^4$

(3)$_{7}N$:$1s^22s^22p_x^2p_y^1$

(4)$_{29}Cu$:$1s^22s^22p^63s^23p^63d^94s^2$

7. 分别写出$_{6}C$、$_{7}N$、$_{8}O$三种原子的电子分布式、外层电子分布式和 2p 电子的轨道表示式。

8. 通过表格形式写出$_{20}Ca$、$_{24}Cr$、$_{26}Fe$、$_{29}Cu$四种原子的外层电子分布式、未成对电子数和+2 价离子所属类型。

9. 选择题

(1)下列原子外层电子分布式不正确的是________。

A. $_{11}Na$:$3s^1$　　B. $_{17}Cl$:$3s^23p^5$　　C. $_{23}V$:$3d^34s^2$　　D. $_{30}Zn$:$4s^2$

(2)Mn^{2+}外层电子分布式正确的是________。

A. $4s^0$　　B. $3d^54s^0$　　C. $3s^23p^63d^5$　　D. $3d^5$

(3)下列原子中，未成对电子数最多的是________。

A. V　　B. Cr　　C. Mn　　D. Zn

(4)下列离子中，属于 9～17 电子构型的是________。

A. Cl^-　　B. Ca^{2+}　　C. Cu^{2+}　　D. Zn^{2+}

10. 填表

元素符号	外层电子分布式	周期	族	区
	$3s^1$			
Ni				
		四	ⅢA	

11. 填表

离子符号	离子外层电子分布式	未成对电子数	离子所属类型
Cl^-			
Fe^{3+}			
Zn^{2+}			

12. 某元素的最高氧化数为+6，最外层电子数为 1，金属性是同族中最强的。该元素是何种元素？请写出其外层电子分布式和+3 价离子的外层电子分布式，该离子属于何

种构型？

13. 下列元素的最高氧化数各是多少？它们还各有哪些主要氧化数？请举出相应化合物各一例。

Cr、Mn、Co、Pb、S、Br

14. 选择题

(1)下列元素中，原子半径最大的是________。

A. K　　B. Ca　　C. Na　　D. Mg

(2)下列元素中，第一电离能最大的是________。

A. P　　B. Cl　　C. F　　D. Ne

(3)下列元素中，电负性最小的是________。

A. K　　B. Na　　C. Ca　　D. Mg

(4)下列元素中，非金属性最强的是________。

A. N　　B. O　　C. F　　D. Cl

15. 比较下列元素的指定性质：

(1)最高氧化数：Cr　Mn，Ni　Mn

(2)金属性：Cr　Mo，Be　Mg

(3)电负性：B　N，O　S

(4)原子半径：Al　Mg，Nb　Ta

第五章　分子结构和晶体结构

除稀有气体外，原子通常都是通过原子间的相互作用以分子或晶体的形式存在。分子或晶体中的原子决不是简单地堆砌在一起的，而是存在着强烈的相互作用力，化学上将这种强烈的作用力称为化学键。化学键主要分为金属键、离子键和共价键三类。本章首先讨论共价键的形成以及共价分子之间的作用力，然后再讨论晶体的基本类型及其特征。

第一节　共价键的形成

同种非金属元素之间、不同种非金属元素之间以及电负性相差不大的非金属、金属元素之间一般以共价键结合形成共价型分子。1927 年，海特勒(W. Heitler)和伦敦(F. London)运用量子力学原理，通过求解氢分子的薛定谔方程，认识到了共价键的本质，经过发展形成了共价键理论。近代共价键理论主要有价键理论(VB 法)和分子轨道理论(MO 法)。本节主要介绍价键理论，对分子轨道理论只作简单介绍。

一、价键理论

1. 氢分子中共价键的形成

根据氢分子薛定谔方程的求解结果，可以得出两个氢原子之间的相互作用能 E 和核间距 d 之间的关系，如图 5.1 所示。当电子自旋方向相同的两个氢原子相互靠近时，系统能量升高，不能形成稳定的氢分子。当电子自旋方向相反的两个氢原子相互靠近时，系统能量逐渐降低，若继续靠近，系统能量又迅速升高。这说明在核间距为某一定值时，系统取得最低能量，可以形成稳定的氢分子。实验测得氢分子的 $d=74$pm，H—H 键能为 436kJ·mol^{-1}，验证了理论推导。

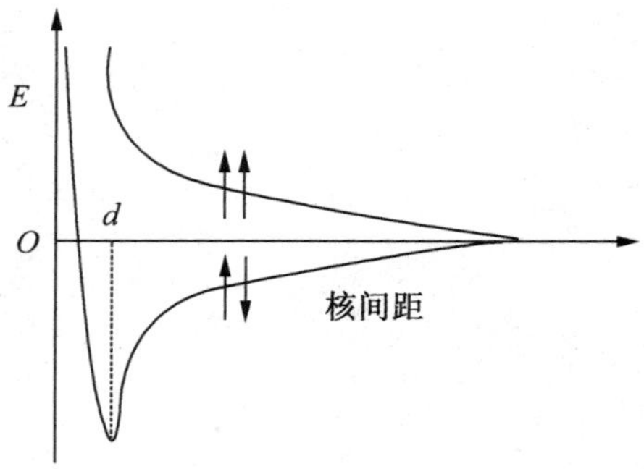

图 5.1　氢分子形成时的能量变化

氢分子中两个原子的核间距为 74pm，而氢原子 1s 电子出现概率最大的地方离核之间的距离即玻尔半径为 53pm，显然，氢分子中两个氢原子的核间距要比两个氢原子的玻尔半径之和小。这一事实说明，在氢分子的形成过程中，两个氢原子的 1s 轨道必然发生部分重叠。重叠的结果使核间的电子云密度增大，核间产生了吸引力，系统能量降低。若是自旋方向相同的两个氢原子相互靠近，情况正相反，不能形成稳定的氢分子。氢原子形成共价键时的轨道重叠情况可以用图 5.2 表示。

(a)自旋方式相同
(b)自旋方式相反

图 5.2　氢原子轨道的重叠

将量子力学处理氢分子的结果推广到其他分子，即发展为价键理论。

2. 价键理论要点

(1)两原子自旋方向相反的未成对电子相互接近时可以相互配对形成共价键。原子中有几个未成对电子就可以形成几个共价键，这就是共价键的饱和性。如 H 只能形成 H_2，H 和 O 只能形成 H_2O，H 和 N 只能形成 NH_3 等。

(2)原子轨道相互重叠时，只有“正、正”或“负、负”重叠才是有效的，否则不能形成共价键，这就是对称性匹配原理。

(3)原子轨道在重叠时，总是沿着重叠最多的方向进行。重叠越多共价键越稳定。这就是最大重叠原理。最大重叠原理决定了共价键具有方向性。

参见图 5.3，对于 s 和 p_x 轨道的重叠只有(a)方式可以形成稳定的共价键。

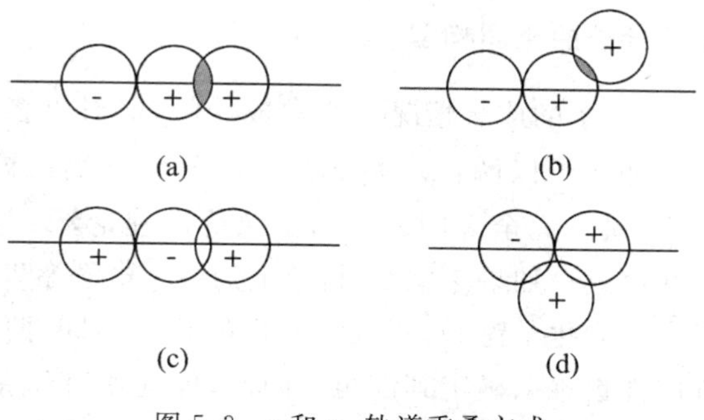

图 5.3　s 和 p_x 轨道重叠方式

3. σ 键和 π 键

根据上述原子轨道的重叠原则，s—s 和 s—p 轨道的重叠只有一种方式是有效的，即“头碰头”方式。我们将这种以“头碰头”方式重叠形成的共价键称为 σ 键。

对于两个 p 轨道的重叠则有两种方式：一是“头碰头”，二是“肩并肩”。参见图 5.4，这两种方式的重叠都是有效的。以“肩并肩”方式重叠形成的共价键称为 π 键。由于 π 键电子云并不处于两核连线上，核对 π 键电子的束缚力较小，因而 π 键不如 σ 键稳定。当两个原子形成共价键时应优先形成 σ 键，然后再考虑是否形成 π 键。换句话说，π 键不能单独存在。

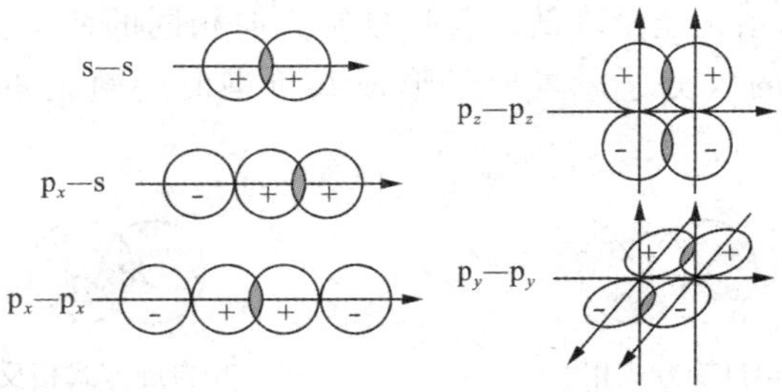

图 5.4 σ 键和 π 键的重叠方式

如 N_2 分子，其成键情况如图 5.5 所示，两个 N 原子之间形成了一根 σ 键和两根 π 键。由于三键相连，因此 N_2 分子特别稳定。

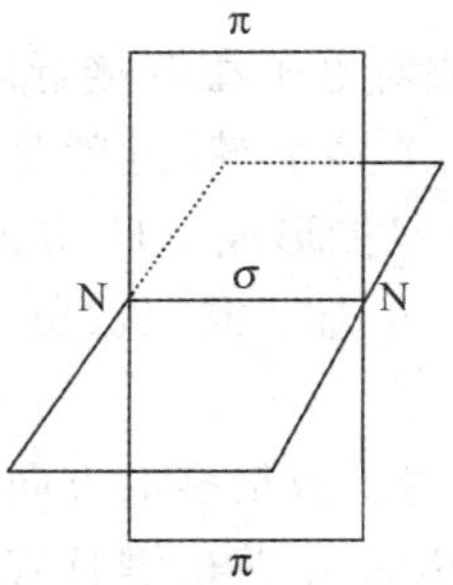

图 5.5 N_2 的化学键

二、杂化轨道理论和分子的空间构型

价键理论解释双原子分子的成键情况是非常成功的，但对于多原子分子的空间构型问题，价键理论却不能很好地予以解释。如 $BeCl_2$ 分子，实验测得该分子为直线形，键角为 180°，并且两根 Be—Cl 键是完全等同的。而按照价键理论，Be 原子 2s 轨道上的电子已配对，根本无法形成共价键。如果考虑 2s 轨道上的一个电子激发到 2p 轨道上去，确实有两个未成对电子，但在形成化学键时，两根键所用的轨道不同，两根键的性质必然有所不同，根据共价键的方向性也难以确定其键角。因而，价键理论有待发展。

1931 年，鲍林在电子配对法的基础上提出了轨道杂化的概念，现已发展成为杂化轨道理论。

1. 杂化轨道理论要点

(1)价层上成对的电子在相邻原子的作用下可以拆开并激发到能级相近的轨道上去。

(2)能级相近的价层轨道混合起来，重新组合成成键能力更强的新的原子轨道，这些新的轨道称为杂化轨道。杂化轨道的数目与参与杂化的轨道的数目相同。

(3)杂化轨道最大可能地对称分布在杂化原子的周围。

(4)杂化轨道与其他原子的价电子配对形成 σ 键。

2. 杂化类型

(1)sp 杂化

一个 s 轨道和一个 p 轨道进行的杂化称为 sp 杂化。现以 $BeCl_2$ 分子为例，说明 sp 杂化及其成键过程。

在 Cl 原子的影响下，Be 原子 2s 轨道上的一个电子激发到同为价层的一个 2p 轨道上去，然后一个 2s 轨道和一个 2p 轨道杂化成两个完全相同的 sp 杂化轨道，两个含单电子的 sp 杂化轨道分别与一个 Cl 原子的 p 轨道（也含单电子）相互重叠，形成两个完全相同的 σ 键。整个过程可用下式表示：

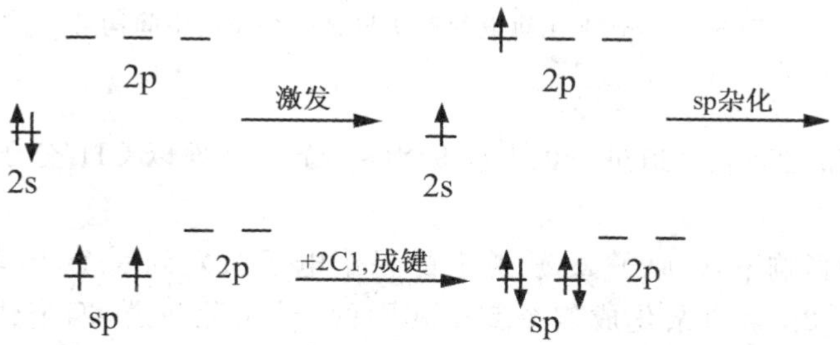

sp 杂化轨道的形状如图 5.6(a)所示。由于杂化轨道最大可能地对称分布在杂化原子的周围，所以 $BeCl_2$ 分子的空间构型为直线形，键角为 180°，如图 5.6(b)所示。

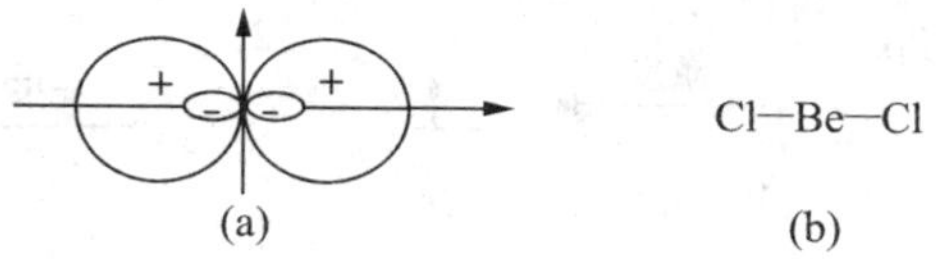

图 5.6　sp 杂化轨道的形状与 $BeCl_2$ 分子的空间构型

(2) sp^2 杂化

一个 s 轨道和两个 p 轨道进行的杂化称为 sp^2 杂化。现以 BF_3 分子为例，说明 sp^2 杂化及其成键过程。

在 F 原子的影响下，B 原子 2s 轨道上的一个电子激发到一个 2p 轨道上去，然后一个 2s 轨道和两个 2p 轨道杂化成三个完全等同的 sp^2 杂化轨道，三个含单电子的 sp^2 杂化轨道分别与一个 F 原子的 p 轨道（也含单电子）相互重叠，形成三个完全相同的 σ 键。整个过程可用下式表示：

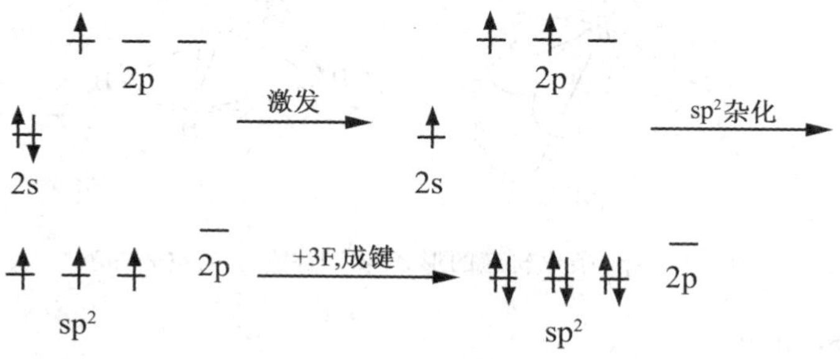

sp^2 杂化轨道的形状如图 5.7(a)所示。由于杂化轨道最大可能地对称分布在杂化原子的周围，所以 BF_3 分子的空间构型为平面三角形，键角为 120°，如图 5.7(b)所示。

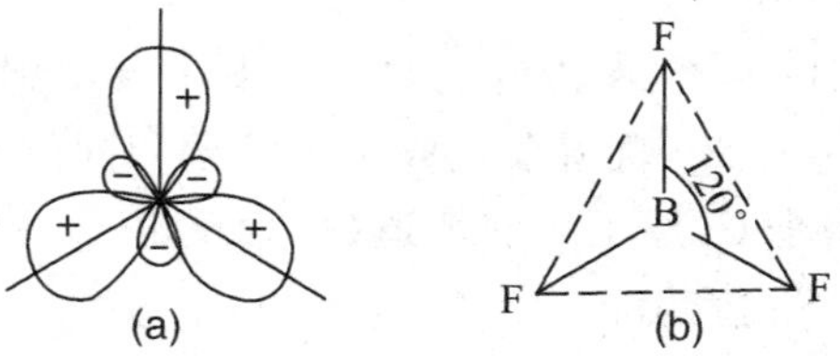

图 5.7 sp^2 杂化轨道的形状与 BF_3 分子的空间构型

(3)sp^3杂化

一个 s 轨道和三个 p 轨道进行的杂化称为 sp^3杂化。现以 CH_4分子为例，说明 sp^3杂化及其成键过程。

在 H 原子的影响下，C 原子 2s 轨道上的一个电子激发到一个 2p 轨道上去，然后一个 2s 轨道和三个 2p 轨道杂化成四个完全相同的 sp^3杂化轨道，四个轨道各含一个单电子，它们分别与一个 H 原子的 s 轨道(也含单电子)相互重叠，形成四个完全相同的 σ 键。整个过程可用下式表示：

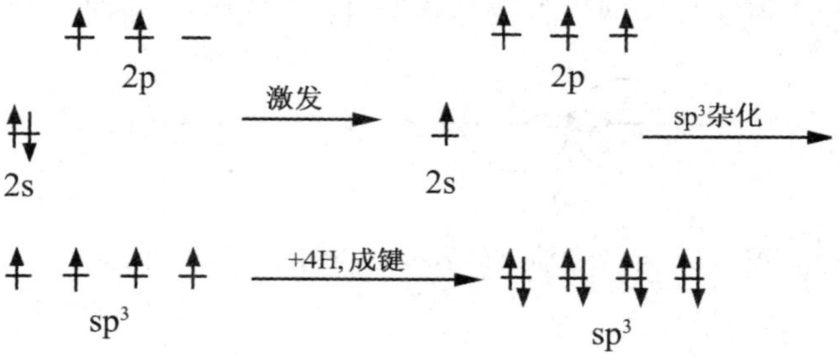

sp^3杂化轨道的形状如图 5.8(a)所示。由于杂化轨道最大可能地对称分布在杂化原子的周围，所以 CH_4分子的空间构型为正四面体形，键角为 109°28′，如图 5.8(b)所示。

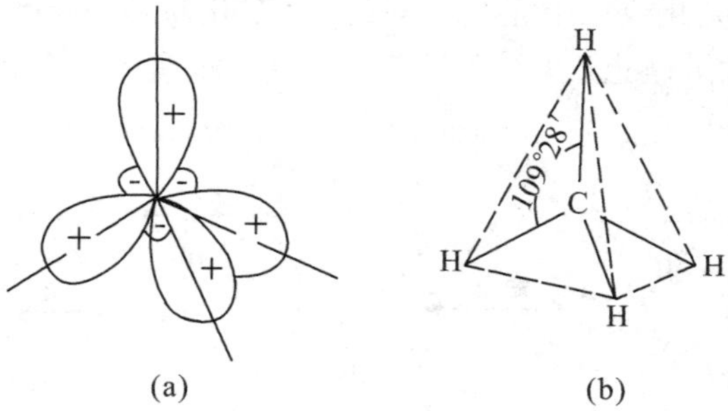

图 5.8 sp^3 杂化轨道的形状与 CH_4 分子的空间构型

(4)不等性 sp^3杂化

前述几种杂化方式中，参与杂化的轨道都是含单电子的，杂化以后生成的杂化轨道也含单电子并且所有杂化轨道都形成了 σ 键。事实上，含有成对电子的原子轨道也可以参与杂化，只是杂化以后，部分杂化轨道已被孤对电子占据不能成键罢了，我们将这种杂化方式称为不等性杂化。现以 NH_3 分子和 H_2O 分子为例来说明这种杂化情况。

对于 NH_3 分子，若 N 原子的价层轨道不发生杂化，则形成的三根 N—H 键将相互垂直，这与实测键角 107°18′相差甚远。若 N 原子采取 sp^3 杂化，整个过程如下式所示：

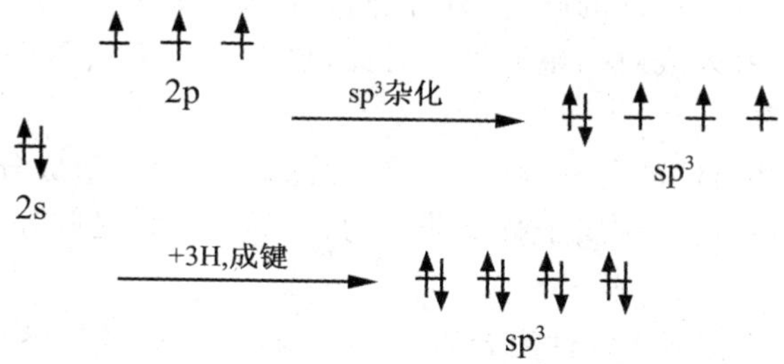

由于 N 原子的一个杂化轨道被孤对电子占据没有成键，该孤对电子仅受 N 原子的吸引，更靠近 N 原子，它必然对其他三对成键电子发生排斥作用。因此，NH_3 分子的键角应比 109°28′小一些。事实上，NH_3 分子的键角为 107°18′，其空间构型为三角锥形。这说明杂化轨道理论对 NH_3 分子的解释是非常合理的。

对于 H_2O 分子，情况比较类似，但 O 原子周围有两对孤对电子，对成键电子对的排斥作用将更大一些。实测 H_2O 分子的键角为 104°45′，其空间构型为 V 字形。

NH_3 及 H_2O 分子的空间构型如图 5.9 所示。

图 5.9　NH_3 及 H_2O 分子的空间构型

除上述杂化方式外，尚有 d 轨道参与的杂化，情况比较复杂，这里不作介绍。

前述 s、p 轨道参与的杂化方式及分子空间构型可归纳于表 5.1 中。

表 5.1　s、p 轨道参与的杂化方式及分子空间构型

杂化类型	sp	sp^2	sp^3	不等性 sp^3	
参与轨道	1 个 s、1 个 p	1 个 s、2 个 p	1 个 s、3 个 p	1 个 s、3 个 p	
杂化轨道数	2	3	4	4	
成键轨道夹角	180°	120°	109°28′	$90° < \theta < 109°28'$	
分子空间构型	直线形	平面三角形	四面体形	三角锥形	V 字形
实例	$BeCl_2$、$HgCl_2$	BF_3、BCl_3	$CHCl_3$、SiF_4	NH_3、PH_3	H_2O、H_2S
中心原子	Be、Hg	B	C、Si	N、P	O、S
中心原子所在族	ⅡA、ⅡB	ⅢA	ⅣA	ⅤA	ⅥA

三、分子轨道理论

人们生命所必需的氧气是由氧分子组成的。根据价键理论，氧分子中的两个氧原子应该以双键结合，并且分子内部的电子都已配对。但根据磁性实验，测得氧分子为顺磁性物质，即氧分子中存在着未成对的单电子。对此，价键理论无法予以解释，而分子轨道理论则能较好地予以解释。

分子轨道理论是共价键的另一种理论。该理论认为，原子形成分子后，电子不再局限于个别原子的原子轨道，而是从属于整个分子的分子轨道，它强调分子的整体性。分子轨道理论有两个要点。

1. 分子轨道由原子轨道的线性组合得到，分子轨道的数目与参与组合的原子轨道的数目相同

现以氢分子为例。两个氢原子轨道（即波函数）以相加的方式组合，可以得到成键分子轨道（σ_{1s}）；两个氢原子轨道（即波函数）以相减的方式组合，可以得到反键分子轨道（σ_{1s}^*）。成键轨道能量降低，反键轨道能量升高，能量的降低和升高基本上是对称的。如图 5.10 所示。

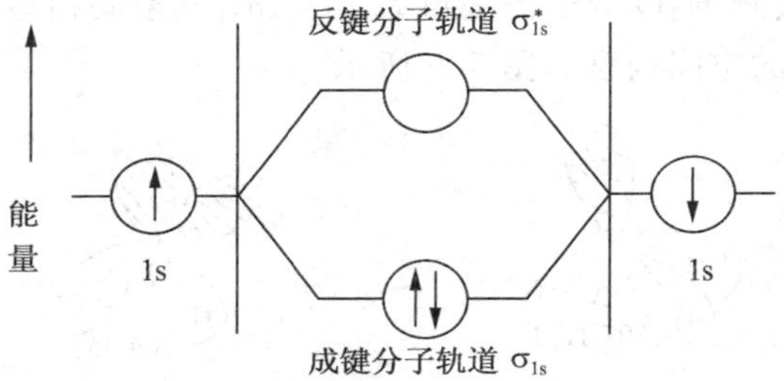

图 5.10　氢分子的分子轨道

2. 分子轨道中电子的分布与原子轨道中电子的分布一样也服从泡利不相容原理、能量最低原理和洪特规则

因此，氢分子中的两个电子填入成键轨道 σ_{1s} 中，并且自旋方向相反。电子填入成键轨道以后系统的能量降低，因而氢分子可以稳定存在。

对于两个氦原子可用同样方法处理，但四个电子中，有两个填入成键轨道，两个填入反键轨道，系统的总能量没有发生变化，因而氦分子不能稳定存在。

除 s 轨道和 s 轨道可以组成分子轨道以外，p 轨道和 p 轨道、s 轨道和 p 轨道都可以组成分子轨道。

由 s 和 s、s 和 p、p_x 和 p_x 等轨道形成的分子轨道的电子云沿键轴方向都是圆柱形对称的，这种分子轨道称为 σ 轨道；由 p_y 和 p_y、p_z 和 p_z 形成的分子轨道沿 x 轴不是圆柱形对称的，这种轨道称为 π 轨道。图 5.11 给出了几种分子轨道的形状及名称。

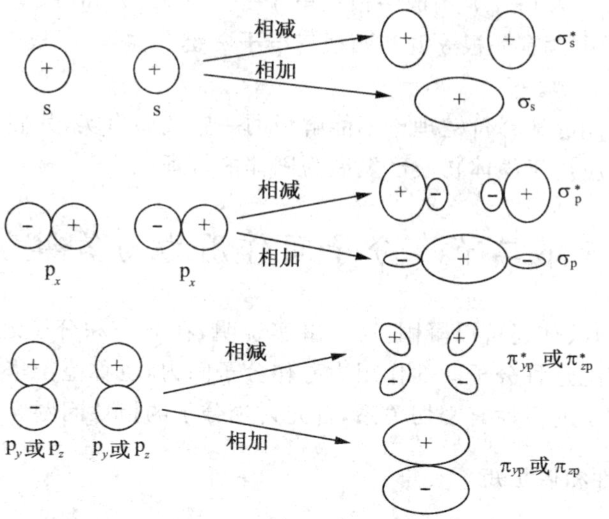

图 5.11　几种分子轨道形成示意图

根据分子光谱实验，可以确定分子轨道的能级，如 O_2 的分子轨道近似能级图如图 5.12 所示。由于 1s 电子在内层，不参与化学键的形成，所以图中没有给出。

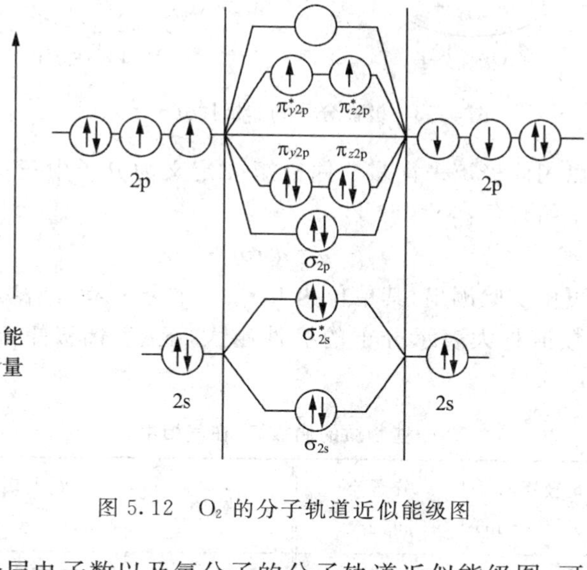

图 5.12　O_2 的分子轨道近似能级图

根据氧原子的价层电子数以及氧分子的分子轨道近似能级图，可以写出氧分子的电子分布式：

$$O_2:[KK(\sigma_{2s})^2(\sigma_{2s}^*)^2(\sigma_{2p})^2(\pi_{y2p})^2(\pi_{z2p})^2(\pi_{y2p}^*)^1(\pi_{z2p}^*)^1]$$

式中的 KK 表示没有参与成键的 K 层轨道。

由氧分子的电子分布式可见，$(\pi_{y2p}^*)^1$、$(\pi_{z2p}^*)^1$ 轨道上各有一个电子并且自旋平行，因而氧分子有顺磁性。

氧分子中对成键有作用的电子为 $(\sigma_{2p})^2$、$(\pi_{y2p})^2$、$(\pi_{z2p})^2$、$(\pi_{y2p}^*)^1$、$(\pi_{z2p}^*)^1$，其中 $(\sigma_{2p})^2$

构成一根 σ 键，$(\pi_{y2p})^2$ 和 $(\pi_{y2p}^*)^1$ 构成一根三电子 π 键，$(\pi_{z2p})^2$ 和 $(\pi_{z2p}^*)^1$ 又构成一根三电子 π 键。因此，氧分子中含有一根 σ 键和两根三电子 π 键。注意，一根三电子 π 键的键能只相当于半根正常的 π 键。

分子轨道理论能够解释价键理论不能解释的一些实验事实，其假设也比较合理，近年来发展较快。将其应用于固体物质已发展为固体能带理论。

第二节　分子间作用力与氢键

气体可以液化，液体还可以凝固，这些事实说明，在分子和分子之间还存在着一种较弱的作用力。人们把这种分子间的作用力称作分子间力，也称范德华力。

分子间力与分子的极性有密切关系，首先讨论分子的极性问题。

一、分子的极性和偶极矩

中性分子中，正负电荷的电量是相等的，但在分子内部，两种电荷的分布可能是不均匀的。我们将正负电荷中心重合的分子称为非极性分子，而将正负电荷中心不重合的分子称为极性分子(见图 5.13)。

(a) 极性分子　　(b) 非极性分子

图 5.13　极性分子和非极性分子示意图

分子的极性可以用偶极矩来衡量。偶极矩 μ 定义为分子中正负电荷中心间距 d 与极上电荷所带电量 q 的乘积：

$$\mu = d \cdot q \tag{5-1}$$

偶极矩的数值可由实验测出，其单位为 C·m(库仑·米)。表 5.2 给出了部分物质的偶极矩。偶极矩数值越大表示分子的极性越大，显然，偶极矩为零的分子是非极性分子。

表 5.2　　**一些物质的偶极矩(在气相中)**

物　质	偶极矩 ($\times 10^{-30}$ C·m)	分子空间构型	物质	偶极矩 ($\times 10^{-30}$ C·m)	分子空间构型
O_2	0	直线	N_2	0	直线
H_2	0	直线	H_2S	3.07	V 字
CO	0.33	直线	H_2O	6.24	V 字
HF	6.40	直线	SO_2	5.34	V 字
HCl	3.62	直线	NH_3	4.34	三角锥
HBr	2.60	直线	BCl_3	0	平面三角

续表

物　质	偶极矩（$\times10^{30}$C·m）	分子空间构型	物质	偶极矩（$\times10^{30}$C·m）	分子空间构型
HI	1.27	直线	BF_3	0	平面三角
CO_2	0	直线	CH_4	0	正四面体
CS_2	0	直线	CCl_4	0	正四面体
HCN	9.94	直线	$CHCl_3$	3.37	四面体

由表 5.2 可见，由同种元素组成的双原子分子皆为非极性分子，由不同种元素组成的双原子分子皆为极性分子，这显然与它们的化学键是否有极性有关。对于多原子分子，若分子的空间构型是对称的，不论其化学键是否有极性，分子皆无极性；反之，若分子的空间构型不对称，分子一定有极性。

如 CO_2 的空间构型为直线形，分子结构对称，偶极矩为零，为非极性分子。H_2O 的空间构型为 V 字形，分子结构不对称，其偶极矩为 6.24×10^{-30} C·m，所以 H_2O 为极性分子，并且极性较强。

分子的极性对物质的某些性质有明显影响，例如，极性物质易溶于极性溶剂中，非极性物质易溶于非极性溶剂中，该原理称为相似相溶原理。

二、分子间力

首先考察非极性分子之间相互作用的情况。当非极性分子相互靠近时[见图5.14(a)]，由于分子中的电子和原子核不断运动，使得分子中正负电荷中心在某瞬间发生了相对位移，产生了瞬时偶极。分子中原子数目越多以及原子中的电子数目越多，分子越容易变形，产生的瞬时偶极越强。一个分子的瞬时偶极会诱导邻近分子的瞬时偶极采取异极相邻的状态[见图 5.14(b)]，这就产生了作用力。这种由瞬时偶极产生的吸引力称为色散力。尽管瞬时偶极存在的时间极短，但异极相邻的状态总是不断重复着[见图 5.14(c)]，使色散力始终存在。

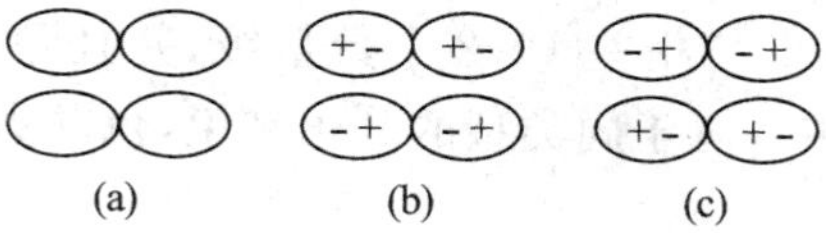

图 5.14　非极性分子相互作用情况

当极性分子和非极性分子相互靠近时，除色散力外，非极性分子在极性分子固有偶极的影响下将会产生诱导偶极，诱导偶极与极性分子固有偶极之间产生的吸引力称为诱导力（见图 5.15）。

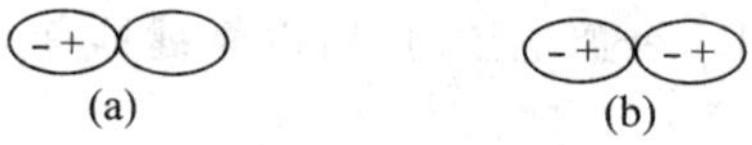

图 5.15　极性分子与非极性分子相互作用情况

当极性分子相互靠近时，除存在色散力和诱导力以外，其固有偶极必然按照同极相斥、异极相吸的状态进行取向。这种由固有偶极的取向而产生的吸引力称为取向力（见图5.16）。

图 5.16　极性分子相互作用情况

综上所述，在非极性分子之间仅存在色散力；在非极性分子和极性分子之间除存在色散力以外，还存在诱导力；在极性分子之间，则色散力、诱导力、取向力同时存在。色散力、诱导力、取向力总称为分子间力，又叫范德华力。

部分物质的分子间作用能数据列于表5.3中。

表 5.3　部分物质分子间作用能（$kJ \cdot mol^{-1}$）的分配

分子	取向能	诱导能	色散能	总能量
H_2	0	0	0.17	0.17
Ar	0	0	8.49	8.49
Xe	0	0	17.41	17.41
CO	0.003	0.008	8.74	8.75
HCl	3.30	1.10	16.82	21.12
HBr	1.09	0.71	28.45	30.25
HI	0.59	0.31	60.54	61.44
NH_3	13.30	1.55	14.73	29.58
H_2O	36.36	1.92	9.00	47.28

由表5.3可知，分子间力是普遍存在的一种作用力，其总作用能较小，比共价键的键能（一般为100～450$kJ \cdot mol^{-1}$）相差1～2个数量级，并且除水等极性特大的分子以外，分子间力一般以色散力为主。对于同类型的分子来说，色散力又与分子量成正比。

三、氢键

除上述三种作用力以外，某些分子间还存在着与分子间力大小相当的另一种作用力——氢键。当氢原子与电负性大的X原子形成共价键时，由于键的极性很强，共用电子对强烈地偏向X原子一边，氢原子的核几乎“裸露”出来，这个半径很小的氢核还能吸引另一个电负性大的X原子（F、O、N）的孤电子对，从而形成氢键。由于孤电子对的位置是固定的，并且氢核只能吸引一个孤电子对，所以氢键具有方向性和饱和性。例如：

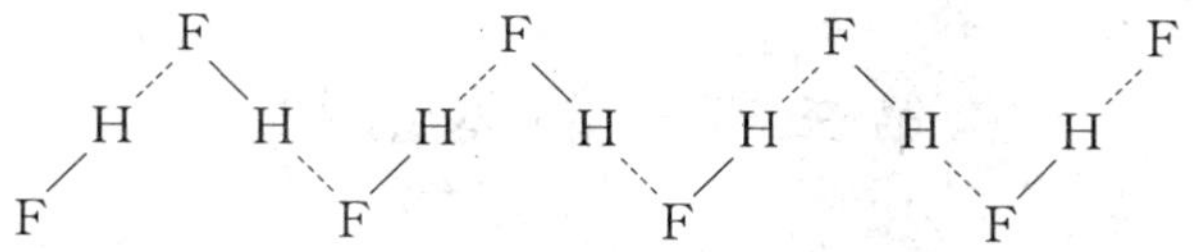

除 HF 外，H_2O、NH_3以及无机含氧酸、有机酸、醇、胺、蛋白质等分子间都含有氢键，它们的混合物之间也能形成氢键，因而氢键的存在相当普遍。

氢键的键能一般在 $40kJ \cdot mol^{-1}$以下，与分子间作用能大体相当，属于分子间力的范畴。但对于某些分子，由于氢键的存在，使分子间作用力差不多增大一倍，这必然对其溶、沸点等物理性质产生较大的影响。

判断分子间是否有氢键，不能仅看分子中有无氢原子，还要看分子中的氢原子是否与 N、O、F 原子相连。如 CH_4、$H_2[SiF_6]$就不能形成氢键，而 HClO、H_3BO_3则可以形成氢键，这是因为 HClO、H_3BO_3的分子结构式分别为 Cl—OH、$B(OH)_3$。

四、分子间作用力对物质物理性质的影响

1. 物质的熔点和沸点

同类型的单质和化合物，其熔、沸点随分子量的增大而增大。这是因为分子量增大，其色散力随之增大。若有氢键存在，其熔、沸点将突然增高。如ⅣA～ⅦA 族元素的氢化物，其沸点变化规律如图 5.17 所示。

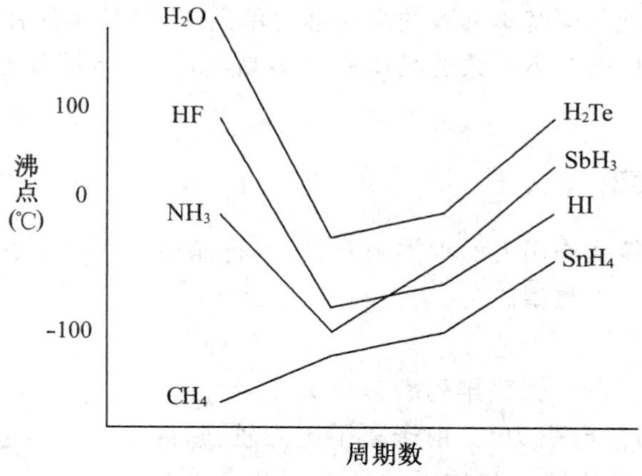

图 5.17　ⅣA～ⅦA 族氢化物的沸点

2. 物质的溶解性

分子间作用力相近的物质可以相互溶解，而分子间作用力又与分子量、分子的极性以及是否存在氢键等因素有关。一般来说，若分子量相差不是太大、极性相似的物质可以相互溶解，如 I_2易溶于 CCl_4中，水可以溶解大部分分子量不大的极性分子。特别是当彼此能形成氢键时，在分子量相差不是很大的前提下，两物质可无限混溶，如水和乙醇；反之，则难以溶解，如 I_2难溶于水、水难溶于汽油等。

第三节　晶体结构

固体物质可以分为晶体和非晶体两大类。晶体都具有整齐、规则的几何外形和固定的熔点。如金刚石、石英、干冰、冰、氯化钠、明矾、金属等皆为晶体。而非晶体则没有规则的几何外形，也没有固定的熔点。如玻璃、树脂、橡胶、塑料等皆为非晶体。

组成晶体的微粒（分子、原子和离子）在晶体的内部有规则地排列[见图 5.18(a)]，若将这些微粒看成几何点（晶格结点），则将这些几何点在三维空间规则排列所组成的几何图形称为晶格或点阵[见图 5.18(b)]。能够完全代表晶格特征的最小单元称为晶胞[见图 5.18(c)]。晶胞的特征用三根棱的长度和三个面的夹角来描述，这些参数称为晶胞参数。每种晶体都有自己的晶格和晶胞。

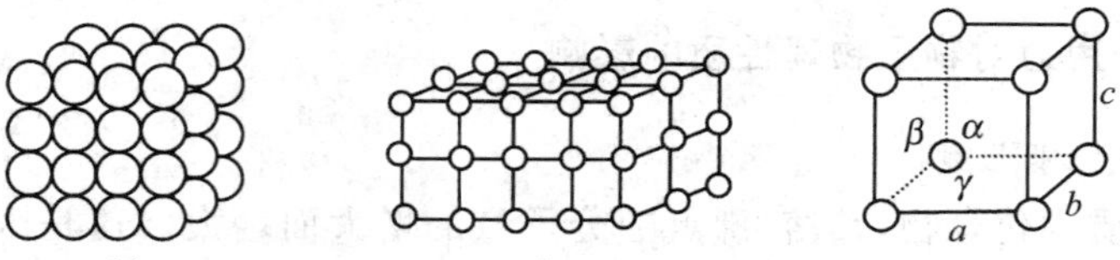

图 5.18　晶格与晶胞

晶体内部所有晶胞位向基本一致的晶体称为单晶体，单晶体具有各向异性（各个方向上的性质不同）；晶胞位向互不一致的晶体称为多晶体，多晶体具有各向同性。常见晶体物质一般为多晶体。

一、晶体的基本类型

按照晶体内部微粒间作用力的种类来划分，可将晶体分为离子晶体、分子晶体、原子晶体和金属晶体四种基本类型。

1. 离子晶体

离子晶体的晶格结点上交替排列着正负离子，结点间的作用力为离子键力（静电引力）。由于离子键力较强，离子晶体一般都具有较高的熔点和较大的硬度。在离子晶体遭受外力作用发生层间位移时，会使同性离子处于相邻相斥的状态，因而离子晶体的延展性差、脆性大。离子晶体多数易溶于水。离子晶体的熔融液或水溶液都易导电。图 5.19 为 NaCl 的晶胞。

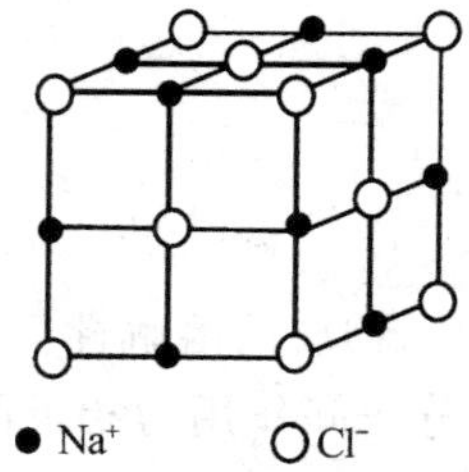

图 5.19　NaCl 的晶胞

在典型离子晶体中，随着离子电荷(q)的增多和离子间距 d ($d = r_+ + r_-$) 的减小，离子间作用力 f $\left[f = k\dfrac{q_+ q_-}{(r_+ + r_-)^2}\right]$ 增加，晶体的熔点升高、硬度增大。例如：

离子晶体	K	F		Na	F		Ca	O
离子半径(nm)	0.133	0.133		0.097	0.133		0.099	0.132
离子半径之和(nm)	0.266		>	0.230		=	0.231	
离子的电荷	+1	−1	=	+1	−1	<	+2	−2
离子间作用力	——————————————→增大							
熔点(℃)	860			933			2614	

活泼金属(ⅠA 族的 Na、K，ⅡA 族的 Ba、Sr、Ca、Mg 等)的盐类和氧化物通常属于离子晶体，如氯化钠、溴化钾、氧化镁、碳酸钙等。氯化钠、氯化钾、氯化钡的熔沸点较高，稳定性好，不易受热分解，这些氯化物的熔融态常被用作高温时的加热介质，叫作盐浴剂。

2. 分子晶体

在分子晶体的晶格结点上排列着分子，结点间的作用力为分子间力(包括氢键)。图 5.20 为干冰的晶胞。

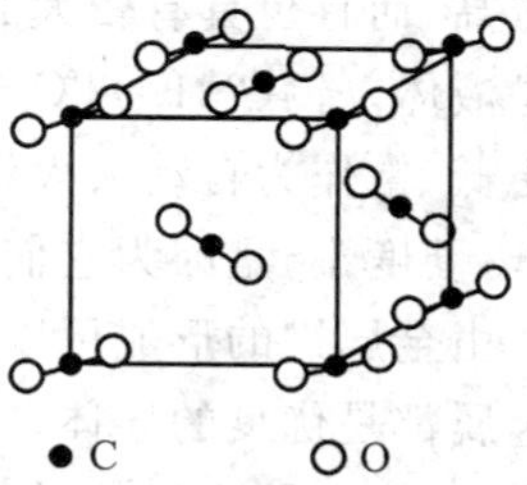

图 5.20　干冰的晶胞

由于分子间力较弱，分子晶体的硬度较小，熔点较低，并有较大的挥发性，如碘片、萘晶体等。许多共价分子化合物只有在较低温度下才以晶体状态存在，而常温下多为液态和气态，所以对于分子晶体物质一般不讨论其延展性和脆性。分子晶体是由电中性的分子组成的，所以其固态和熔融态都不导电，是电的绝缘体。但某些分子晶体含有极性较强的共价键，能溶于水并且形成水合离子，因而其水溶液能导电，如冰醋酸(HAc)。

相同类型分子晶体的熔点随着分子间力(主要是色散力)的增大而升高，相同类型的分子间色散力又随分子量的增加而增大。但是，若分子间能形成氢键，其熔沸点的变化规律将有突变。

共价型分子一般形成分子晶体。

3. 原子晶体

绝大多数共价化合物都形成分子晶体，但也有一小部分共价化合物形成原子晶体，如金刚石、石英等。

在原子晶体的晶格结点上排列着原子，原子之间由共价键相连，它比分子间力要强大得多，所以原子晶体一般具有很高的熔点和很大的硬度，在工程上经常用作磨料或耐火材料。尤其是金刚石，晶体中的每个 C 原子都采取 sp^3 杂化轨道与周围 C 原子成键(见图 5.21)，要破坏 4 个共价键或扭曲键角，将会受到很大阻力，所以金刚石的熔点高达 3550℃，是所有单质中熔点最高的，硬度也最大。

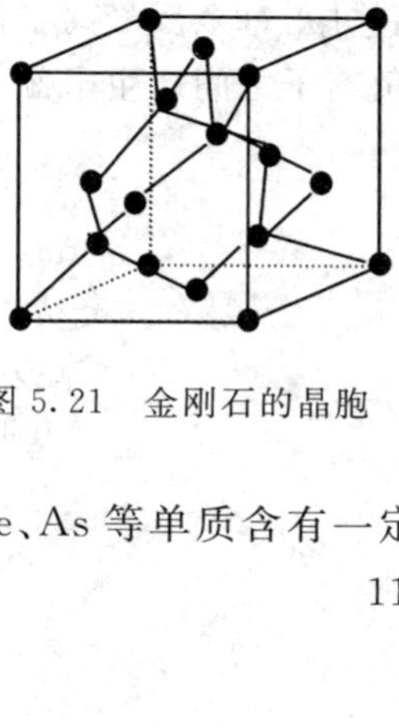
图 5.21　金刚石的晶胞

原子晶体几乎没有延伸性，有脆性。由于晶体中没有离子，因此其固态和熔融态都不导电。但某些原子晶体如 Si、Ge、As 等单质含有一定的金属晶体成分，可以作为优良的半导体材料。原子晶体在一般溶剂中都难以溶解。常见的原子晶体很少，除了上面提到的几种以外，SiC、金刚石型 BN、GaAs 等也为原子晶体。

4. 金属晶体

金属都采取紧密堆积结构。在金属晶体的晶格结点上排列着金属原子或金属正离子，在这些金属原子和金属离子之间，存在着从金属原子上脱落下来的电子，这些电子并不固定在某些金属离子的附近，而是可以在整个晶体中自由运动，这些电子叫作自由电子。金属原子和金属离子通过自由电子的吸引而结合的力就是金属键。

金属键的强弱与金属原子的核电荷、原子半径、原子的外层电子分布等因素有关。金属晶体多数具有较高的熔点和较大的硬度。通常所说的耐高温金属就是指熔点等于或高于铬(1857℃)的金属，它们集中在 d 区的ⅣB、ⅤB、ⅥB 和ⅦB 族中，其中熔点最高的钨(3410℃)和铼(3180℃)常被用作测量高温的热电偶材料。这些金属元素的原子外层一般都含有较多的未成对 d 电子，由于它们的参与，金属间的金属键大大增强。这些金属不仅熔点高，而且也具有较大的硬度。也有部分金属单质的熔点较低，如汞(－38.87℃，常温下是液体)、锡(231.97℃)、铅(327.5℃)和铋(271.3℃)等均为低熔点金属，它们的合金熔点更低，常作为自动灭火设备、锅炉安全装置、信号仪表、电路中的保险等。这部分金属熔点低，硬度小，是因为它们的外层没有 d 电子或 d 电子已饱和。

由金属键的形成可以看出，金属晶体都是电和热的良导体，尤其是 ds 区的铜、银、金等金属都是优良的导体。金属晶体一般都具有优良的机械加工性能，这与金属键的离域性有关，在金属变形的过程中，金属键始终不会遭到破坏。

金属单质及其合金一般都形成金属晶体。

二、过渡型化学键与过渡型晶体

将晶体分为四种基本类型给研究和讨论问题带来了许多方便。但在常见晶体物质中，尚有很大一部分不能用这些基本类型来概括。如 $AlCl_3$，加热到 181℃就升华，遇水则强烈水解。这些性质既不是典型离子晶体的性质又不是典型分子晶体的性质。要解释此现象，还需了解键型过渡问题。

1. 过渡型化学键

当正负离子不在电场中时，离子都是球形对称的，其正负电荷的中心位于球心[见图 5.22(a)]；当离子处于电场中时，正负离子特别是负离子肯定要发生变形[见图5.22(b)]；在晶体中，每个反号离子都能提供这种电场，因而正负离子都要发生变形，变形的结果使正、负离子之间产生了额外的作用力[见图 5.22(c)]，甚至能使正负离子的价层轨道发生重叠。

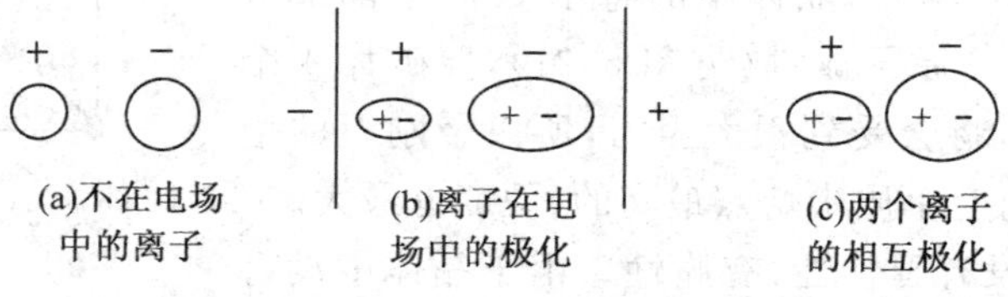

图 5.22　离子极化作用示意图

这种此离子使彼离子变形的能力称为离子的极化力。显然，离子的电荷越多、半径越小，提供的电场越强，其极化力越大。如 $Si^{4+}>Al^{3+}>Mg^{2+}>Na^{+}$。

在其他离子的影响下，离子是否容易变形称为离子的变形性。离子的正电荷越少、负电荷越多，半径越大，离子外层电子构型不是稀有气体构型，其变形性越大。如 $I^{-}>Br^{-}>Cl^{-}>F^{-}$；$Ag^{+}>K^{+}$；$Fe^{2+}>Ca^{2+}$。

若离子之间的极化作用很强，有可能使离子键过渡到共价键（见图 5.23）。事实上，多数盐类的化学键既含有离子键成分又含有共价键成分，这就是过渡型化学键。

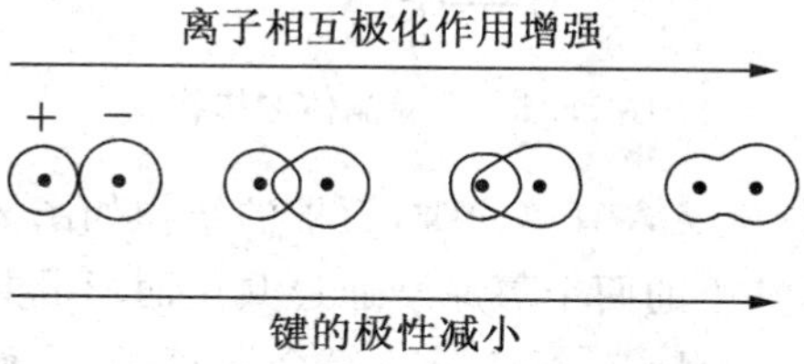

图 5.23　离子键向共价键的过渡

2. 过渡型晶体

凡含有过渡型化学键的晶体皆为过渡型晶体。如 $AlCl_3$，其共价键成分甚至大于离子键成分，因此它具有许多分子晶体的性质。在所有盐类及氧化物中，除少数为典型离子晶体以外，多数为过渡型晶体，只不过过渡的程度不同罢了。由离子晶体向分子晶体过渡的程度越大，其溶、沸点越低，硬度越小。

如ⅡA 族氯化物从上到下熔点越来越高，其变化规律与ⅠA 族正好相反。这是因为ⅠA 族氯化物（钠以下）皆为典型离子晶体，从上到下离子半径越来越大，离子键越来越弱，所以熔点越来越低。而ⅡA 族氯化物尽管可以看作是离子晶体，但离子键中或多或少含有共价键的成分，由于从下到上阳离子的半径越来越小，其极化力越来越大，所以从下到上共价键成分越来越多，熔点越来越低。

除离子晶体和分子晶体之间的过渡以外，四种典型类型的晶体皆可相互过渡，情况更为复杂，这里不再介绍。

三、混合型晶体

除前面介绍的四种典型晶体及过渡型晶体以外，尚有一类晶体，在其内部含有两种类型的作用力（不是过渡型化学键），如石墨、石棉、云母、沸石等。

石墨晶体的结构如图 5.24 所示。

石墨晶体为层状结构，同层中的每个 C 原子都采取 sp^2 杂化，与周围的其他三个 C 原子形成强有力的共价键，每个 C 原子还剩下一个价层 p 轨道和一个价电子，又可形成离域大 π 键，因而层中 C 原子的结合是相当牢固的。而层与层之间却仅靠分子间力结合。因此石墨晶体被称为混合型晶体。尽管层间的分子间作用力较大，但层与层之间仍然比较容易滑动，因此石墨可以作润滑剂。与石墨结构类似的 MoS_2、石墨型 BN 都可以作润滑剂和润滑油的添加剂。由于石墨晶体中含有离域大 π 键，在其水平方向可以导电，其性质又非常稳定，所以常被作为电极材料。

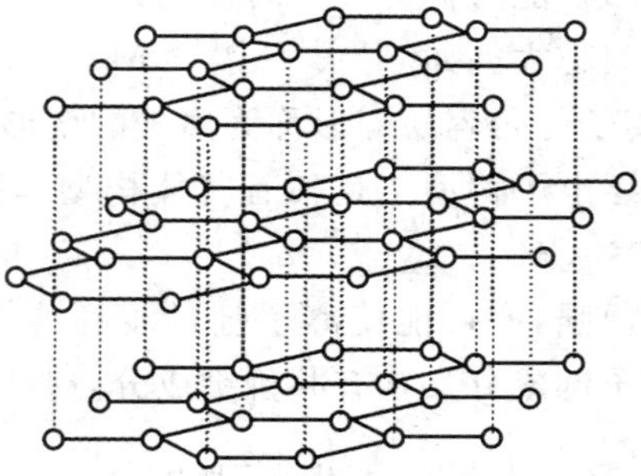

图 5.24　石墨晶体的结构

石棉晶体中既含有共价键又含有离子键，石棉的结构如图 5.25 所示。硅氧四面体是这类晶体的基本结构单元，其中的两个氧原子通过共用而形成共价型长链，结合牢固。链间填充着维持电中性的 Ca^{2+}、Mg^{2+}、Na^{+}、K^{+} 等金属离子，因而链与链之间是仅靠少数金属离子与带负电荷的长链形成的离子键。由于金属离子含量不多，所以链与链之间结合力较弱。这就是石棉可以抽拉成纤维的原因。

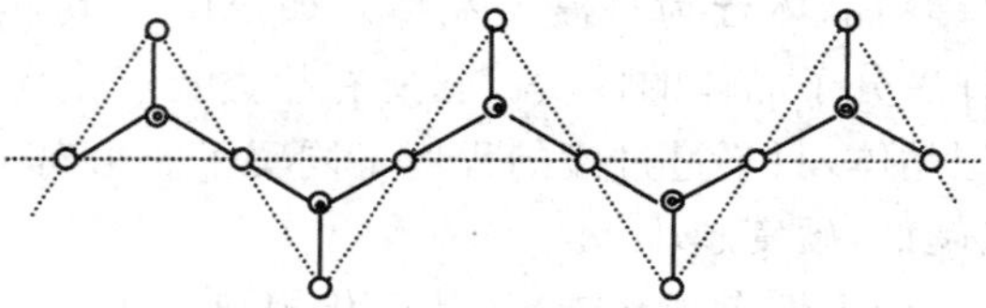

图 5.25　石棉中硅酸根负离子的链状结构

若硅氧四面体中的氧有三个被共用，则形成云母，云母具有层状结构，层间也是靠少数离子形成的离子键力相结合。

若硅氧四面体中的四个氧原子全被共用，则形成体型大分子，这就是石英。但是，硅氧四面体中的硅常常被铝取代形成铝硅酸盐，因而在铝硅酸盐体型结构的内部仍然填有维持电荷平衡的 Na^{+}、K^{+}、Ca^{2+}、Mg^{2+} 等正离子。

硅酸盐中，有的硅氧四面体被共用两个氧原子，有的共用三个，有的共用四个，可以形成各种各样含有不同大小孔洞的体型大分子。沸石就是具有这种体型结构的天然硅酸盐大分子。人们根据硅酸盐的这种性质合成了各种型号的分子筛。

四、判别晶体某些物理性质的一般方法

选择材料要考虑熔点、硬度、导电性、延展性等一些物理特性。对晶体物质来说，判别、比较这些熔点、硬度等特性的一般方法为：

(1)先将金属晶体区分出来。绝大多数的金属单质都属于典型的金属晶体。

(2)再将原子晶体区分出来。如前所述，典型的共价型物质中，原子晶体只有极少数。

(3)然后将典型离子晶体、过渡型晶体和典型分子晶体区分出来。

(4)若同为典型离子晶体，再用离子电荷、离子半径来比较其离子键力的大小；若同为

分子晶体，无氢键时用分子量大小来比较；若同为过渡型晶体，主要用离子价态、离子半径来比较其极化力和变形性的大小。

最后必须指出，这种判别只是定性的，不很严格。

阅读材料Ⅴ-1　生物大分子

生物体中含有各种各样组成不同、结构不同的生物大分子，即使组成相同的生物大分子，若结构不同，其生物功能可能完全迥异。因而分子结构知识对于探索各种生命活动的奥秘具有举足轻重的作用。

一、糖类

糖是自然界中存在的具有生物功能的一类有机化合物。它主要是由绿色植物通过光合作用形成的：

$$6CO_2+6H_2O+\text{能量(太阳光)}\xrightarrow{\text{叶绿素}}C_6H_{12}O_6+6O_2$$

这类化合物由 C、H、O 三种元素组成，其中大部分的化学通式为 $C_n(H_2O)_n$。糖类有单糖和多糖之分，多糖是单糖的聚合物。常见的葡萄糖和果糖都是单糖，它们的结构式分别为：

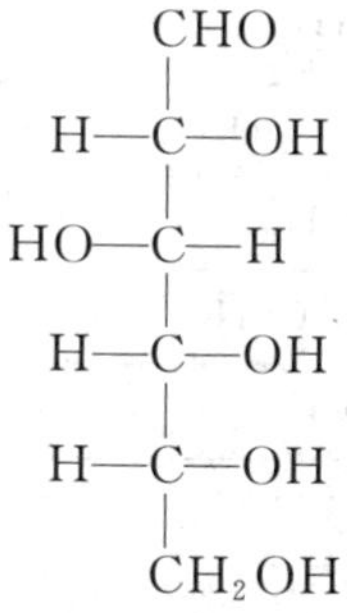

葡萄糖

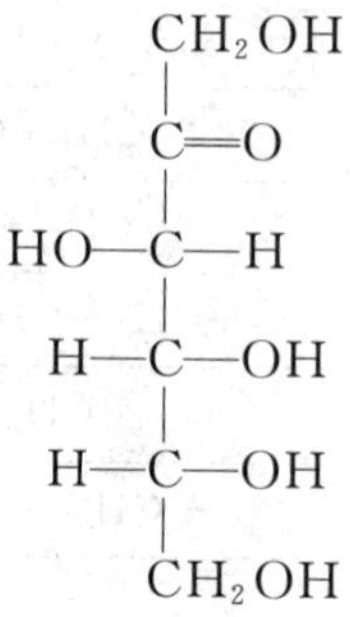

果糖

葡萄糖含有一个醛基，而果糖则含有一个酮基。

淀粉和纤维素都是多糖，在适当的条件下，多糖可以水解为单糖。

淀粉是葡萄糖的高聚体，水解到二糖阶段为麦芽糖，进一步水解则为葡萄糖。直链淀粉含有几百个葡萄糖单元，而支链淀粉则含有几千个葡萄糖单元。淀粉在唾液中淀粉酶的作用下可以水解成单糖，进入胃肠后还能被胰脏分泌出来的淀粉酶水解，水解成单糖后才能被人体吸收、储存。糖类物质的主要生物学功能是通过生物氧化而提供能量以满足生命活动的能量需要。

纤维素也是多糖，它是没有支链的直链型分子，其基本结构单元也是葡萄糖。纤维素与直链淀粉的差别在于葡萄糖单元之间的连接方式不同。由于分子间氢键的作用，纤维素分子平行排列、紧密结合，形成纤维束，纤维束拧在一起形成绳状结构，绳状结构再排列起来就形成了纤维素。

纤维素与淀粉的性质有很大的不同，纤维素不仅不溶于水，甚至不溶于强酸和碱。人体中由于缺乏分解纤维素的水解酶，因而纤维素不能为人体所利用。牛、马等动物的胃里含有能使纤维素水解的酶，因此纤维素可以作为这些动物的饲料。

二、蛋白质和氨基酸

蛋白质是生物体内最复杂多变的一类大分子。所有蛋白质都含有 C、N、O、H 元素，多数蛋白质还含有 S 或 P，有些甚至含有 Fe、Cu、Zn 等。蛋白质种类繁多、功能迥异。

蛋白质是氨基酸的聚合物，采取适当的方法可以将蛋白质水解成氨基酸。构成蛋白质的氨基酸都是 α-氨基酸（与羧基相邻的碳称为 α 碳）。由于氨基酸的种类不同、排列方式不同，可以得到功能各异的蛋白质。

若将氨基酸的通式写为 $R—CH(NH_2)—COOH$，R 不同，代表氨基酸不同。人体内的主要蛋白质大约由 20 种氨基酸组成，其 R 基、名称和符号列于表Ⅴ-1 中。

表Ⅴ-1　　20 种人体氨基酸的名称、结构和符号

名　称	R 基	符　号
甘氨酸	$—H$	Gly
丝氨酸	$—CH_2—OH$	Ser
苏氨酸	$—CH(OH)—CH_3$	Thr
半胱氨酸	$—CH_2—SH$	Cys
酪氨酸	$—CH_3—C_6H_6—OH$	Tyr
天冬酰胺	$—CH_2—CO(NH_2)$	Asn
谷氨酰胺	$—CH_2—CH_2—CO(NH_2)$	Gln
冬氨酸	$—CH_2—COO^-$	Asp
谷氨酸	$—CH_2—CH_2—COO^-$	Glu
丙氨酸	$—CH_3$	Ala
缬氨酸	$—CH(CH_3)_2$	Val
亮氨酸	$—CH_2—CH_2—CH(CH_3)_2$	Leu
异亮氨酸	$—CH(CH_3)—CH_2—CH_3$	Ile
脯氨酸	$—CH_2—CH_2—CH_2$	Pro
苯丙氨酸	$—CH_2—C_6H_6$	Phe
色氨酸	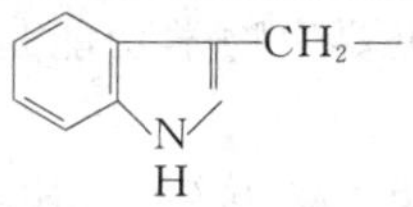	Trp
蛋氨酸	$—CH_2—CH_2—S—CH_3$	Met
赖氨酸	$—CH_2—(CH_2)_3—NH_3^+$	Lys
精氨酸	$—CH_2—(CH2)_2—NH—C(NH_2)_2^+$	Arg

续表

名　称	R基	符　号
组氨酸	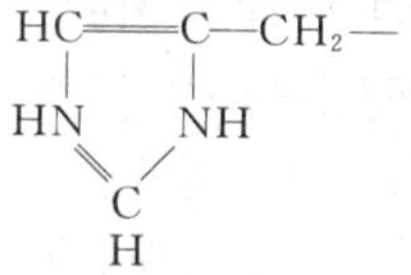	His

三、核酸

核酸是一类多聚核苷酸，采取适当的方法可以将核酸降解成核苷酸。核苷酸还可以进一步分解为核苷和磷酸，而核苷又可以分解成碱基和核糖。核糖有两种：一种为戊糖，另一种为脱氧戊糖。含戊糖的核酸又称为核糖核酸（RNA），含脱氧戊糖的核酸又称为脱氧核糖核酸（DNA）。

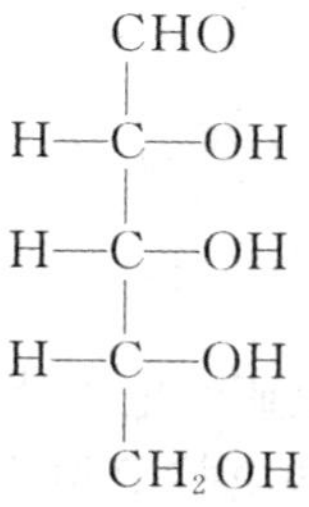

核糖的链状结构

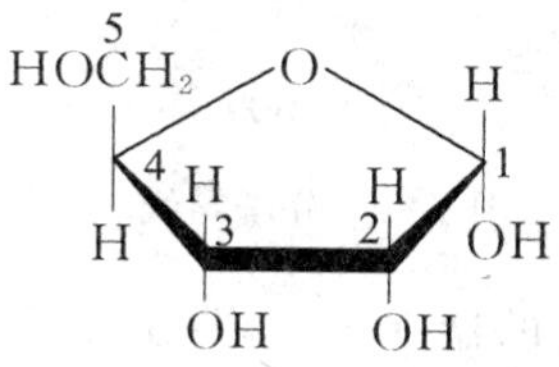

核糖的环状结构

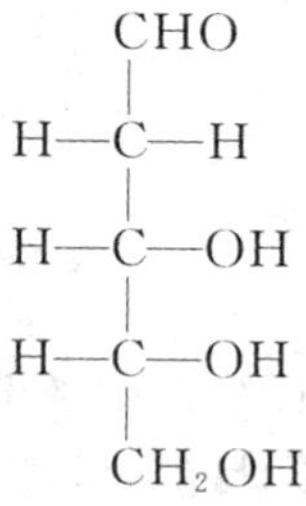

脱氧核糖的链状结构

核酸是遗传信息的携带者和传递者。核酸有着几乎无限多的可能结构，而生物体的遗传特征就反映在DNA的结构上，即DNA的结构携带着遗传的全部信息，这就是通常所说的DNA携带着遗传密码。生物体将DNA遗传给后代后，转录给RNA，然后再翻译给蛋白质，蛋白质执行各种生命功能。复制就是指以原来的DNA分子为模板合成出相同分子的过程。所谓转录，就是在DNA分子上合成出与其核苷酸顺序相对应的RNA的过程。而翻译则是在RNA的控制下，按从DNA得来的核苷酸顺序合成出具有特定氨基酸顺序的蛋白质。由于生命活动通过蛋白质来表现，所以生物的遗传特征实际上是通过“DNA→RNA→蛋白质”过程传递的，这就是遗传信息传递的中心法则。

阅读材料Ⅴ-2　分子工程学应用简介

在分子水平上研制、生产电子器件被称为分子工程学。电子通信技术和计算机技术的飞速发展，迫切需要更小巧、功能更完备的微型电子器件，因而世界上许多发达国家竞相投资、大力开展分子工程学的研究。目前，分子导线和分子开关的研制最令人关注。

1991年，英国学者N. Boden提出用盘状液晶作分子导线。液晶是一种既有液体的性质又有晶体光学特性的一类有机化合物，参见图Ⅴ-1。在具有液晶性质的六取代三亚苯基环状分子结构中,三个亚苯基外侧由具有良好绝缘性能的脂肪链所环绕[见图(a)],向此化合物中加入具有空轨道的缺电子分子,则共轭体系(三亚苯基环)中心将出现正电性空穴[见图(b)]。由于盘状液晶分子在外电场的作用下定向排列,因而环中心将形成一条轴线[见图(c)],这一轴线就是分子导线,电子或空穴沿此导线可以做定向流动。

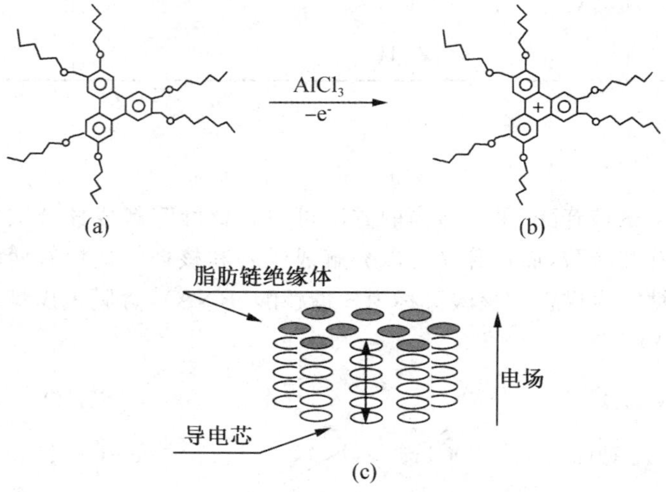

图Ⅴ-1　分子导线

开关是电子计算机中必不可少的器件之一,要在分子水平上研制电子计算机,必须首先研制分子开关。目前,科学家们主要把视线放在光控、温控和电控等类型的分子开关上。下面介绍一种光控分子开关。

参见图Ⅴ-2,N-邻羟亚苄基苯胺具有光致重排性质[见图(a)],若将多聚乙炔链与N-邻羟亚苄基苯胺相连[见图(b)],不难看出,在没有光照时,与N-邻羟亚苄基苯胺相连的聚乙炔链的共轭体系为单键、双键相间的连续传导系统,或者说分子开关处于开启状态;当光照时,由于N-邻羟亚苄基苯胺的重排,多聚乙炔链的共轭体系发生间断,此时分子开关处于关闭状态,传导功能终止。

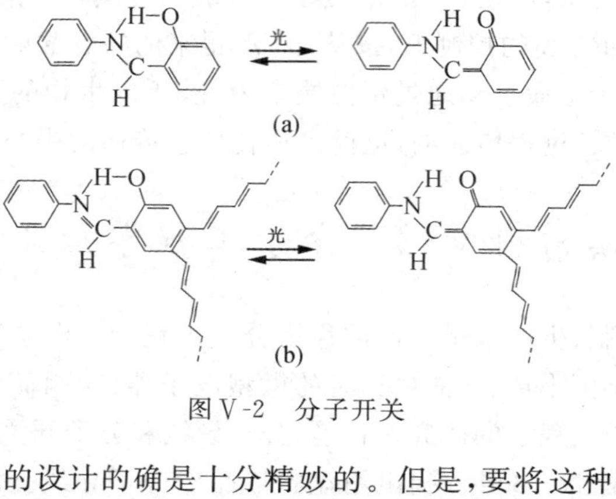

图Ⅴ-2　分子开关

这种光控分子开关的设计的确是十分精妙的。但是,要将这种分子开关按指定部位引入导电聚合物,还需要进行深入的研究。我们相信,随着科学技术的发展,人们对客观事物的认识和掌握将不断加深，分子器件和分子电子计算机的问世都将不再是科学幻想。

习　题

1. 价键理论有哪几个要点？原子轨道重叠成键时必须符合哪些条件？

2. 共价键有几种类型？它们是根据什么划分的？由 s、p 轨道形成的 σ 键和 π 键各有几种？为什么 σ 键一般比 π 键牢固？

3. 根据价键理论和杂化轨道理论画出下列分子的结构式(可用一根短线表示一对共用电子)：

Hg_2Cl_2，$BeCl_2$，$CHCl_3$，SiF_4，CS_2，HCN，OF_2，H_2S，H_2O_2，HClO，PH_3，N_2H_4，BBr_3

4. 各种 s、p 轨道的杂化类型和成键轨道的夹角(键角)及分子空间构型之间存在什么关系？

5. 根据杂化轨道理论预测下列分子的空间构型：

$BeCl_2$，OF_2，H_2S，HClO，BCl_3，PH_3，PCl_3，SiF_4，$CHCl_3$，CH_3Cl，CH_2Cl_2，HCN

6. 填表

化合物	中心原子的杂化类型	分子的空间构型
SiH_4		
H_2S		
$BeCl_2$		
$CHCl_3$		
PH_3		
BBr_3		

7. 氧分子具有顺磁性(分子中含有未成对电子)，请用分子轨道理论解释之。

8. 判断题

(1)四氯化碳的熔、沸点低，因此分子不稳定。

(2)色散力仅存在于非极性分子之间。

(3)凡含有氢原子的分子之间均能形成氢键。

(4)氯化氢(HCl)溶于水后产生 H^+、Cl^-，所以氯化氢不是共价分子化合物。

9. 选择题

(1)下列物质中，熔点最高的是________。

A. SiF_4　　B. $SiBr_4$　　C. SiI_4　　D. $SiCl_4$

(2)下列物质中，沸点最低的是________。

A. PF_3　　B. PCl_3　　C. PBr_3　　D. PI_3

(3)下列物质中，难溶于水的是________。

A. HCl　　B. NH_3　　C. CH_3OH　　D. CH_4

(4)下列物质中，分子间只存在色散力的是________。

A. CO_2　　B. NH_3　　C. H_2S　　D. HBr

(5)下列偶极矩分别是 HF、HCl、HBr、HI 四种分子的，其中属于 HCl 分子的是________ C·m。

A. 6.40×10^{-30}　　B. 3.62×10^{-30}

C. 2.60×10^{-30}　　D. 1.27×10^{-30}

10. 填充下表(表中各项若存在写“Y”，否则写“N”)

相互作用的分子	取向力	诱导力	色散力	氢键
H_2—H_2				
H_2—$CHCl_3$				
$CHCl_3$—HCl				
H_2O—H_2O				
H_2O—H_2O_2				

11. 判断题

(1)共价化合物均形成分子晶体。(　　)

(2)金属晶体和离子晶体熔融态时都能导电，说明它们含有相同的导电粒子。(　　)

(3)由于分子晶体内所含的基本微粒是中性分子，所以它们溶于水后均不导电。(　　)

(4)金属晶体具有良好的延展性是因为金属晶体受外力作用变形时，金属键不会被破坏。(　　)

12. 选择题

(1)下列晶体中，能导电的是________。

A. 金刚石　　B. 氯化钠　　C. 石墨　　D. 干冰

(2)下列离子晶体中，熔点最高的是________。

A. CaF_2　　B. CaO　　C. $CaCl_2$　　D. BaO

(3)下列物质中，硬度最大的是________。

A. SiC　　B. SiF_4　　C. $SiCl_4$　　D. $SiBr_4$

(4)下列金属中，耐高温的是________。

A. Li　　B. W　　C. Zn　　D. Pb

13. 填空题

(1)SiO_2 是__________晶体，CO_2 是__________晶体，BaO 是__________晶体，GaAs 是__________晶体。

(2)金属晶体能导电是由于在金属晶体的__________中有__________存在。

(3)极性分子的晶体溶于水后能导电是由于能生成__________。

(4)离子晶体硬度较大是由于__________，其脆性是由于它受外力较大时离子键会__________。

14. 已知下列两类晶体的熔点(℃)：

(1) NaF：993，NaCl：801，NaBr：747，NaI：601。

(2) SiF_4：−90.2，$SiCl_4$：−70，$SiBr_4$：5.4，SiI_4：120.5。

为什么钠的卤化物的熔点比相应硅的卤化物的熔点高？为什么钠的卤化物和硅的卤化物其熔点的递变规律不一样？

15. NaCl、RbCl、CsCl 和 $BaCl_2$ 均可视为典型离子晶体，试比较它们的熔点。

16. 按熔点由低到高的顺序排列下列化合物。

(1) $MgCl_2$，PCl_5，NaCl，$SiCl_4$，$AlCl_3$。

(2) $BaCl_2$，$CaCl_2$，$MgCl_2$，$BeCl_2$，$SrCl_2$。

17. 选择题

(1) 下列离子中，极化力最强的是________。

A. Na^+　　B. Mg^{2+}　　C. Ca^{2+}　　D. Mn^{7+}

(2) 下列离子中，变形性最大的是________。

A. S^{2-}　　B. O^{2-}　　C. Br^-　　D. I^-

(3) 下列氯化物中，硬度最大的是________。

A. $BaCl_2$　　B. $MgCl_2$　　C. NaCl　　D. KCl

(4) 下列氯化物中，熔点最低的是________。

A. NaCl　　B. $MgCl_2$　　C. $AlCl_3$　　D. $SiCl_4$

(5) 下列化合物中，属于原子晶体的是________。

A. Cu　　B. $FeCl_3$　　C. GaAs　　D. CO_2

(6) 下列混合型晶体中，既含共价键又含离子键的是________。

A. MoS_2　　B. 石棉　　C. 石墨　　D. 石墨型 BN

18. 比较下列指定的性质：

(1) 熔点：$FeCl_2$　$FeCl_3$，CrO　CrO_3。

(2) 硬度：BN　CaO，KCl　$BaCl_2$。

(3) 挥发性：$MgCl_2$　$SiCl_4$。

19. 判断题

(1) ⅡA 族元素的氯化物从上到下熔点越来越高。　　(　　)

(2) Al 和 Cl_2 分别是较活泼的金属和活泼的非金属单质，因此两者相互作用形成典型的离子键，固态为离子晶体。　　(　　)

(3) 金属元素的氯化物都是离子晶体；非金属元素的氯化物都是分子晶体。　　(　　)

20. 比较下列各项指定性质，并予以简单解释。

(1) SiO_2，KI，$FeCl_3$，CCl_4 的熔点。

(2) BF_3，BBr_3 的沸点。

(3) SiC，CO_2，BaO 的硬度。

第六章　配位化合物

前面几章讨论的化合物多属于简单化合物，一般都符合经典的化学键理论。还有一类化合物不能用经典的化学键理论予以解释，如$[Cu(NH_3)_4]SO_4$、$K_3[Fe(CN)_6]$等。这类化合物称为配位化合物，简称配合物(以前称络合物)。配合物的种类和数量很多，在分析化学、医药卫生、工业生产及生命科学领域中都有重要和广泛的应用。因此，有必要对配位化合物的形成、组成和应用作一些了解。在本章的阅读材料中，还介绍了金属元素与人体健康、感光材料等现代科学知识。

第一节　配合物的形成、组成和命名

一、配合物的形成

向硫酸铜溶液中加入氨水，开始时生成浅蓝色的氢氧化铜沉淀，继续加入氨水，沉淀又溶解，生成深蓝色的溶液。将溶液浓缩结晶后可以得到深蓝色的晶体，经分析，其组成为$[Cu(NH_3)_4]SO_4$。

像$[Cu(NH_3)_4]SO_4$之类的复杂化合物，$[Cu(NH_3)_4]^{2+}$和SO_4^{2-}之间为离子键，SO_4^{2-}中的S—O键和NH_3分子中的N—H键也都符合经典的价键理论，这比较容易理解。那么，配离子$[Cu(NH_3)_4]^{2+}$中的Cu^{2+}和NH_3是如何结合的呢？配合物价键理论给予了较好的解释。

配合物价键理论认为，配合物的中心离子(上例中的Cu^{2+})与配位体(上例中的NH_3)间的化学键是配位键，简称配键。这一理论主要有以下两个要点。

(1)中心离子有空的价层轨道，配位体有孤对电子。两者相遇时，通过共用孤对电子而形成配位键。配位键的键电子由一方提供，但仍属于共价键的范畴。

凡具有价层空轨道的金属离子皆可作配合物的中心离子。常见的有：V、Cr、Mn、Fe、Co、Ni、Cu、Zn、Mo、Te、Ru、Rh、Pd、Ag、Cd、W、Re、Os、Ir、Pt、Au、Hg。

它们都是d区和ds区的元素，这是因为它们的$(n-1)$d、ns和np轨道能量相近，都属于价层轨道，并且往往是空着的，可以接受配位体提供的孤电子对。而碱金属、碱土金属以及非金属元素的内层轨道已被电子占满，外层的空轨道能量又较高，很难再接受孤电子对，难以形成配合物。

凡能提供孤电子对的中性分子和阴离子都能作配位体(简称配体)。常见的有：

CN^-、NH_3、H_2O、OH^-、SCN^-、NCS^-、F^-、Cl^-、Br^-、I^-、$H_2N—CH_2—CH_2—NH_2$（乙二胺，简写为 en）、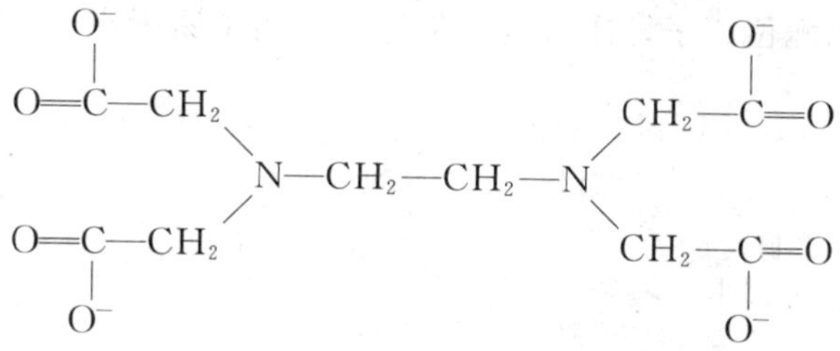（乙二胺四乙酸根，简写为 EDTA）。

显然，孤电子对是由配体中的某个原子提供的，我们称配体中能提供孤电子对的原子为配位原子。常见的配位原子有：C、N、O、S、F、Cl、Br、I 等。

只能提供一个配位原子的配体称为单齿配体，同时能提供两个或两个以上配位原子的配体称为多齿配体。

(2)中心离子的价层空轨道在接受配位原子的孤电子对形成配位键时一般先进行杂化，以形成不同空间构型的配离子。

常见的杂化方式有 sp、sp^3、dsp^2、d^2sp^3、sp^3d^2 等，对应的空间构型分别为直线、四面体、平面正方形和八面体。

例如，$[Ag(NH_3)_2]^+$ 配离子利用价层的 s 和 p 轨道进行 sp 杂化，杂化轨道接受两个 N 原子提供的两对孤电子对形成配位键，两个配位键的夹角为 180°，所以 $[Ag(NH_3)_2]^+$ 的空间构型为直线形。

配合物价键理论不但能解释配位键的形成，对配离子的空间构型也能作圆满的解释。由于中心离子的杂化方式较为复杂，这里不再详细介绍。

二、配合物的组成

配合物一般由阴阳离子组成，有正配离子和负配离子之分，不论是正配离子还是负配离子，都是由中心离子和配体组成的。习惯上又将配离子称为配合物的内界。如：

$[Cu$　$(NH_3)_4]$　SO_4　；　K_3　$[Fe$　$(CN)_6]$

中心离子　配体　　　　　　　　中心离子　配体

内界　　　外界　　　　外界　　　内界

配合物　　　　　　　　配合物

事实上，除上述组成以外，尚有少部分配合物只有内界而没有外界，中心离子也可能是金属原子而不是金属离子。如 $[CoCl_3(NH_3)]$、$[Fe(CO)_5]$、$[Co_2(CO)_8]$ 等，其中 $[Co_2(CO)_8]$ 又称为双核配合物。

与中心离子直接配位的配位原子的数目称为中心离子的配位数。如 $[Cu(NH_3)_4]^{2+}$ 的配位数为 4，$[Fe(CN)_6]^{3-}$ 的配位数为 6，$[Cu(en)_2]^{2+}$ 的配位数为 4。中心离子常见的配位数是 2、4、6。影响配位数的主要因素是中心离子的外层电子分布、电荷数以及中心离子和配位原子的半径之比等。一般金属离子都有其特征配位数，如 Ag^+ 的特征配位数为 2，Cu^{2+}、Zn^{2+} 的为 4，Cr^{3+}、Fe^{2+}、Fe^{3+} 的为 6 等，但有例外，如 Ni^{2+}、Co^{3+} 等离子的配位数可能是 4 也可能是 6。

含有多齿配体的配合物又称为螯合物,之所以称为螯合物是因为多齿配体与中心离子配位时,多齿配体中的配位原子好像螃蟹的螯将中心离子紧紧夹住,如$[Cu(en)_2]^{2+}$的结构为:

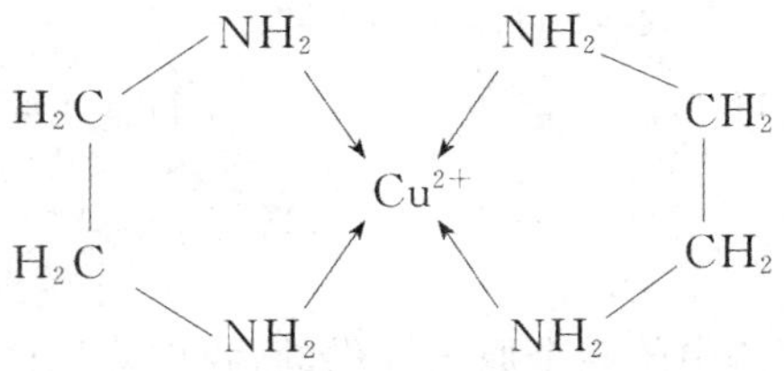

螯合物都具有环状结构,常见的环有五元环和六元环。由于配体与中心离子由两根或两根以上的配位键相连,所以其稳定性比一般配离子的稳定性要大得多。

三、配合物的命名

按照《无机化学命名原则》(1980),配位化合物的系统命名中,外界和内界服从一般无机化合物的命名原则:若外界是负离子而且是简单离子如Cl^-、S^{2-}、OH^-,则叫作"某化某";若外界是负离子而且是复杂酸根如SO_4^{2-}、Ac^-等,则叫作"某酸某"。若外界是正离子,则在负配离子(内界)后加"酸"字称"某酸某"。也就是说,把负配离子看成是一个复杂酸根离子。

内界(即配离子)的命名次序是:先配体,后中心离子,并在中间加一个"合"字,即内界的命名采用"某合某"的形式。配体的命名次序是负离子在前,中性分子在后;无机配体在前,有机配体在后。若同是负离子或同是中性分子则按配位原子的英文字母顺序排列,若配位原子也相同,则配体中原子数目少的列于前。在每种配位体前用中文数字一(可以省略)、二、三等表示配位体的数目,并以中黑点"·"把不同配体隔开。中心离子后加括号,用罗马数字Ⅰ,Ⅱ,Ⅲ,…来表明中心离子的价数。

配位化合物的命名举例如下:

$K[PtCl_3(NH_3)]$	三氯·氨合铂(Ⅱ)酸钾
$[Co(NH_3)_5(H_2O)]Cl_3$	(三)氯化五氨·水合钴(Ⅲ)
$[CoCl_3(NH_3)_3]$	三氯·三氨合钴(Ⅲ)
$[CoCl(NH_3)_5]Cl_2$	(二)氯化一氯·五氨合钴(Ⅲ)
$K_4[PtCl_6]$	六氯合铂(Ⅱ)酸钾
$K[PtCl_3(C_2H_4)]$	三氯·(乙烯)合铂(Ⅱ)酸钾
$[CoCl_2(NH_3)_3(H_2O)]Cl$	氯化二氯·三氨·水合钴(Ⅲ)
$[CrCl_2(H_2O)_4]Cl$	氯化二氯·四水合铬(Ⅲ)
$[Cu(en)_2]SO_4$	硫酸二乙二胺合铜(Ⅱ)
$[Mn(NCS)_2(15C5)]$	二硫氰根·(15-冠-5)合锰(Ⅱ)

除系统命名外,有些配合物还有习惯名称或商品名称。如$K_3[Fe(CN)_6]$又称铁氰化钾、赤血盐,$K_4[Fe(CN)_6]$又称亚铁氰化钾、黄血盐。

第二节 配位化合物的稳定性

我们首先看一个实验。向$[Cu(NH_3)_4]SO_4$溶液(蓝色)中加入$BaCl_2$溶液，立即生成白色沉淀；若加入2mol·L^{-1} NaOH溶液则无现象；若加入Na_2S溶液则生成黑色沉淀。

加入$BaCl_2$立即生成沉淀说明配合物与强电解质类似，在水溶液中全部离解成内界和外界，外界离子仍然是普通离子。加入NaOH不生成沉淀是因为铜离子在内界，铜离子的浓度较小，加之$Cu(OH)_2$的$K_{sp}^{\ominus}$较大，铜离子浓度与氢氧根离子浓度平方的乘积不大于$Cu(OH)_2$的$K_{sp}^{\ominus}$；加入Na_2S能生成沉淀是因为CuS的$K_{sp}^{\ominus}$较小，较小的铜离子浓度与硫离子浓度的乘积仍然大于CuS的$K_{sp}^{\ominus}$。这说明内界中的中心离子只有很少一部分离解出来，即配离子与简单离子有很大的区别。

一、配离子的离解平衡

事实上，配离子与一般弱电解质类似，在水溶液中只能部分离解，并且离解也是分级进行的。现以$[Cu(NH_3)_4]^{2+}$为例说明其离解平衡。

$$[Cu(NH_3)_4]^{2+} \rightleftharpoons [Cu(NH_3)_3]^{2+} + NH_3$$

$$K_1^{\ominus} = \frac{c\{[Cu(NH_3)_3]^{2+}\} \cdot c(NH_3)}{c\{[Cu(NH_3)_4]^{2+}\}}$$

$$[Cu(NH_3)_3]^{2+} \rightleftharpoons [Cu(NH_3)_2]^{2+} + NH_3$$

$$K_2^{\ominus} = \frac{c\{[Cu(NH_3)_2]^{2+}\} \cdot c(NH_3)}{c\{[Cu(NH_3)_3]^{2+}\}}$$

$$[Cu(NH_3)_2]^{2+} \rightleftharpoons [Cu(NH_3)]^{2+} + NH_3$$

$$K_3^{\ominus} = \frac{c\{[Cu(NH_3)]^{2+}\} \cdot c(NH_3)}{c\{[Cu(NH_3)_2]^{2+}\}}$$

$$[Cu(NH_3)]^{2+} \rightleftharpoons Cu^{2+} + NH_3$$

$$K_4^{\ominus} = \frac{c[Cu^{2+}] \cdot c(NH_3)}{\{[Cu(NH_3)]^{2+}\}}$$

$K_1^{\ominus}$、$K_2^{\ominus}$、$K_3^{\ominus}$、$K_4^{\ominus}$称为配离子的逐级离解常数。它们与一般平衡常数一样，也仅与温度有关。

若将上述四步离解合成一步，则为：

$$[Cu(NH_3)_4]^{2+} \rightleftharpoons Cu^{2+} + 4NH_3$$

$$K^{\ominus} = \frac{c[Cu^{2+}] \cdot c^4(NH_3)}{c\{[Cu(NH_3)_4]^{2+}\}}$$

显然，$K^{\ominus} = K_1^{\ominus} \cdot K_2^{\ominus} \cdot K_3^{\ominus} \cdot K_4^{\ominus}$。由于这些平衡常数的大小反映了配离子的不稳定程度，所以它们又被称为不稳定常数，分别用$K_{不稳}^{\ominus}$,$K_{不稳1}^{\ominus}$,…表示。

若将前述离解平衡倒过来写，则称为配合反应。总配合反应的平衡常数用$K_{稳}^{\ominus}$表示，显然$K_{稳}^{\ominus} = 1/K_{不稳}^{\ominus}$,$K_{稳1}^{\ominus} = 1/K_{不稳4}^{\ominus}$。$K_{稳}^{\ominus}$越大说明配离子越稳定。

常见配离子的稳定常数和不稳定常数列于附录6中。利用稳定常数或不稳定常数可以对溶液中相关离子的浓度进行计算，计算方法与一般化学平衡计算类似，这里不再赘述。

二、配离子的转化

配离子的离解平衡与其他平衡一样，当改变平衡系统的某个条件时，平衡也将发生移动，配离子甚至可以完全转化。

1. 一种配离子转化为另一种配离子

向$[Cu(NH_3)_4]^{2+}$的离解平衡系统中加入盐酸，由于解离出的NH_3与H^+作用生成NH_4^+，使$[Cu(NH_3)_4]^{2+}$不断解离，若加入的盐酸足够多，$[Cu(NH_3)_4]^{2+}$最终全部转化为$[Cu(H_2O)_4]^{2+}$：

$$[Cu(NH_3)_4]^{2+}+4H_3O^+ = [Cu(H_2O)_4]^{2+}+4NH_4^+$$

向$[HgCl_4]^2$溶液中不断加入 KI 溶液，由于$[HgI_4]^{2-}$的稳定性比$[HgCl_4]^{2-}$的大得多，平衡将向生成$[HgI_4]^{2-}$的方向移动：

$$[HgCl_4]^{2-}+4I^- = [HgI_4]^{2-}+4Cl^-$$

2. 配离子和难溶盐之间的转化

向$[Cu(NH_3)_4]^{2+}$溶液中加入Na_2S溶液，由于生成 CuS 沉淀，降低了Cu^{2+}的浓度，$[Cu(NH_3)_4]^{2+}$将不断解离，直至全部转化为 CuS：

$$[Cu(NH_3)_4]^{2+}+S^{2-} = CuS+4NH_3$$

向 AgCl 沉淀中加入氨水时，由于NH_3可以和Ag^+配合，AgCl 将不断溶解，最后全部转移到溶液中：

$$AgCl+2NH_3 = [Ag(NH_3)_2]^+ + Cl^-$$

但 AgBr 只能部分溶解于氨水，而 AgI 几乎不溶解。我们通过计算溶解反应的平衡常数可以解释这一现象。

AgCl 溶于氨水反应的平衡常数表达式为：

$$K^\ominus=\frac{c\{[Ag(NH_3)_2]^+\}\cdot c(Cl^-)}{c^2(NH_3)}$$

将分子分母同乘以$c(Ag^+)$，得

$$\begin{aligned}K^\ominus &=\frac{c\{[Ag(NH_3)_2]^+\}\cdot c(Cl^-)\cdot c(Ag^+)}{c^2(NH_3)\cdot c(Ag^+)}\\ &=K^\ominus_{稳}\{[Ag(NH_3)_2]^+\}\cdot K^\ominus_{sp}(AgCl)=1.12\times10^7\times1.56\times10^{-10}\\ &=1.75\times10^{-3}\end{aligned}$$

$K^\ominus$的数值不是很小，只要氨水的浓度不是很稀，AgCl 可以顺利溶解。

对于 AgBr 和 AgI，同样可以算出其$K^\ominus$分别为8.6×10^{-6}和1.7×10^{-9}。由于其$K^\ominus$太小，即使用浓氨水也不能使其完全溶解。事实上，AgBr 一般用$Na_2S_2O_3$来溶解，AgI 一般用 KCN 或浓 KI 来溶解，反应如下：

$$AgBr+2S_2O_3^{2-} = [Ag(S_2O_3)_2]^{3-}+Br^-$$

$$AgI+2CN^- = [Ag(CN)_2]^- + I^-$$

$$AgI+I^- = [AgI_2]^-$$

第三节 配位化合物的应用

在形成配离子或配合物时，往往发生溶解度、离子浓度的改变或溶液颜色和电极电势的改变，这些特征变化使配合物在分析化学以及电镀、照相、冶金等行业得到广泛的应用。

一、在分析化学中的应用

1. 离子的定性鉴定

分析化学中常用配离子的显色来鉴定某些离子。如将氨水加入到待鉴定溶液中，若产生$[Cu(NH_3)_4]^{2+}$所具有的深蓝色，证明溶液中有Cu^{2+}。为检验无水酒精中是否混入了少量水，可向酒精中投入少量白色的无水硫酸铜固体，若硫酸铜固体显浅蓝色，证明生成了$[Cu(H_2O)_4]^{2+}$，有水存在。

Fe^{3+}与NH_4SCN或KSCN反应，可生成血红色的物质，其主要成分是$[Fe(NCS)_n]^{3-n}$配离子，这是鉴别Fe^{3+}的灵敏反应。Fe^{3+}还可与$[Fe(CN)_6]^{4-}$反应，生成深蓝色$Fe_4[Fe(CN)_6]_3$沉淀（俗称普鲁士蓝），因此$K_4[Fe(CN)_6]$也是鉴定Fe^{3+}的试剂。而$[Fe(CN)_6]^{3-}$则是检验Fe^{2+}的试剂，其产物称为黛蓝（现已证明黛蓝和普鲁士蓝是同一种物质）。

Ni^{2+}与有机试剂丁二酮肟在弱碱性条件下能生成鲜红色的二丁二酮肟合镍沉淀，这是检验Ni^{2+}的灵敏反应。

2. 离子的定量分析

除离子的定性鉴定以外，配合反应还经常应用于金属离子的定量分析。例如，$[Fe(NCS)_n]^{3-n}$的$K^{\ominus}_{稳}=2.0\times10^2$，而$[FeY]^-$的$K^{\ominus}_{稳}=1.3\times10^{26}$（Y为EDTA的4价负离子），后者远大于前者。在用EDTA配合滴定法测定铁的含量时，向待测溶液中加入SCN^-作指示剂，Fe^{3+}与SCN^-首先生成血红色的$[Fe(NCS)_n]^{3-n}$，这时用EDTA作滴定剂进行滴定，随着滴定剂的加入，$[Fe(NCS)_n]^{3-n}$不断转化为更稳定的$[FeY]^-$，达终点时，Fe^{3+}与EDTA全部配合而使SCN^-游离出来，溶液由血红色变为黄色。反应式如下：

$$[Fe(NCS)_n]^{3-n}+Y^{4-}=\!=\!=[FeY]^-+nSCN^-$$

用比色法测定钢中的锰含量时，为掩蔽有色的Fe^{3+}，先用H_3PO_4或F^-使其与Fe^{3+}反应生成无色的配离子，可以消除对锰的干扰。

二、在电镀行业中的应用

电镀时，我们要求镀件上析出的镀层厚薄均匀、光滑细致、附着力强，为此必须控制镀液中金属离子的浓度。若金属离子浓度过大，在短时间内大量离子在阴极镀件上放电，必然使镀层粗糙、不均匀并且附着力差。若在镀液中加入配合剂，使金属离子转化为离解度较小的配离子，可以有效地解决这一问题。

如在碱性镀Zn时，加入NaOH作配合剂，使Zn^{2+}转化为$[Zn(OH)_4]^{2-}$：

$$2NaOH+ZnO+H_2O=\!=\!=Na_2[Zn(OH)_4]$$

$$[Zn(OH)_4]^{2-}=\!=\!=Zn^{2+}+4OH^-$$

由于$[Zn(OH)_4]^{2-}$的形成，降低了Zn^{2+}浓度，使Zn在镀件上的析出过程中晶核生长缓慢，得到光滑细致的镀层。

又如氰化镀Cu时，利用KCN与Cu^{2+}形成稳定配合物$K_2[Cu(CN)_4]$，有效控制镀液中Cu^{2+}的浓度，可明显改善镀层质量：

$$[Cu(CN)_4]^{2-} \Longrightarrow Cu^{2+} + 4CN^-$$

为减少氰化物对人体的毒害和含氰废水对环境的污染，现在大力提倡无氰电镀。如用焦磷酸钾($K_4P_2O_7$)作配合剂，使Cu^{2+}转化为$[Cu(P_2O_7)_2]^{6-}$配离子($K^{\ominus}_{稳}=1\times10^9$)，也可有效控制镀铜液中$Cu^{2+}$的浓度：

$$2CuSO_4 + K_4P_2O_7 \Longrightarrow Cu_2P_2O_7 + 2K_2SO_4$$

$$Cu_2P_2O_7 + 3K_4P_2O_7 \Longrightarrow 2K_6[Cu(P_2O_7)_2]$$

三、在冶金行业中的应用

所谓湿法冶金，就是将矿床开采、粉碎、富集后，用含有配合剂的溶液浸泡，由于配合剂的存在，矿粉中的金、银等单质金属可以被O_2氧化而转移到溶液中：

$$4Ag + O_2 + 8CN^- + 2H_2O \Longrightarrow 4[Ag(CN)_2]^- + 4OH^-$$

将尾矿过滤除去后，向溶液中加入锌粉，金、银等贵金属又被还原出来：

$$2[Au(CN)_2]^- + Zn \Longrightarrow 2Au + [Zn(CN)_4]^{2-}$$

将析出的贵金属粉末收集后，再进行冶炼，即可得到闪闪发光的银块或金块。

四、消除某些离子的毒害

KCN、NaCN是剧毒物质，但在电镀生产、热处理氰化盐浴、湿法冶金等工艺中经常要使用它们。为减少其毒害，一方面，提倡无氰电镀和以其他低氰、无氰盐类代替剧毒的氰盐；另一方面，对生产、运输、储存中产生的氰化物废液、废渣应进行无害化处理。如用硫酸亚铁处理含CN^-的废液，可以生成毒性很小的配合物$Fe_2[Fe(CN)_6]$[六氰合铁(Ⅱ)酸亚铁]：

$$6NaCN + 3FeSO_4 \Longrightarrow Fe_2[Fe(CN)_6] + 3Na_2SO_4$$

某些重金属离子对人体的毒性是非常严重的，但利用EDTA的螯合能力，可以消除其毒性。如人体急性铅中毒，可以口服EDTA溶液或肌肉注射含有EDTA的药剂，使Pb^{2+}以毒性很小的配离子形式存在，通过代谢而排出体外。

五、在照相技术中的应用

在照相业中，常用硫代硫酸钠($Na_2S_2O_3$，俗称大苏打、海波)作为定影剂的主要成分。

照相底片和印相纸上含有以AgBr为主的感光剂，曝光后，AgBr分解为银核，经过显影处理，银核转化为单质银，而未感光的AgBr则未发生任何变化。若不经过定影处理，此AgBr还可以继续感光，使底片和照片无法保存。因此，显影后要用含有$Na_2S_2O_3$的定影剂进行处理，使胶片上未曝光的AgBr转化为配离子而被洗去：

$$AgBr(s) + 2S_2O_3^{2-} \Longrightarrow [Ag(S_2O_3)_2]^{3-} + Br^-$$

六、离子和稀有元素的分离

如溶液中有 Al^{3+} 和 Zn^{2+}，欲使其分离，可在溶液中加入氨水，因 Zn^{2+} 与氨水形成溶于水的配离子 $[Zn(NH_3)_4]^{2+}$，而 Al^{3+} 只与氨水形成 $Al(OH)_3$ 沉淀而不形成配离子，从而可以将两者分离。

对于性质相近的稀有元素如铷与铯、锆与铪、铌与钽、镓与铟等，也常应用螯合剂使某种或某些金属形成螯合物，实现分离、提取的目的。

除以上几方面的应用外，配合物在合成橡胶、树脂等生产工艺中还可以作催化剂；在能源的开发、研究方面（如光解制氢），配合物的应用也取得了一定进展，具有广阔的应用前景。

阅读材料Ⅵ-1 金属元素与人体健康

金属元素对人体健康的影响可以分为两个方面：一是部分金属元素是人体中各种酶的组成部分，是人体中必不可少的微量元素；二是过量金属元素，特别是一些重金属元素如汞、镉、铅、铬、砷对人体健康能产生极大危害。

被列为人体必需微量金属元素的有钒、铬、锰、铁、钴、镍、铜、锌、钛、锶、锂等，这些金属在人体中可以起到催化活化作用，维持人体各种机能的正常代谢。由于它们在人体中的含量很低，不同于人体中的铁、钙、钠、钾等常量金属元素，因此称它们是人体必需的微量金属元素。这些元素广泛分布于各类食品中，如瘦肉、动物肝脏、蛋类、鱼类，大白菜等富含铁和锌；豆类、青椒、洋葱等则是锰和镍的重要来源；多数中草药也含有极为丰富的各种微量金属元素。人体微量金属元素的缺失将影响人体的免疫调节功能，进而影响各类新陈代谢。

各种微量元素在人体中的作用机理尚不很清楚，但它们对人体健康的影响却是公认的。

金属元素不同于各类有机物，有机物在人体中通过生物化学作用可以分解为小分子物质而排出体外，在自然环境中也可以通过化学或生物化学的作用分解为小分子甚至 CO_2 和 H_2O 等无机物。人体中的金属元素尽管也可以通过代谢作用排出体外，但代谢作用缓慢，特别是当摄入量大于代谢量时，部分金属元素很容易在人体中积累，积累到一定程度时就会对人体健康产生危害。

部分金属元素对人体的毒害作用很强。汞、镉、铅、铬、砷就号称“五毒重金属”。除铬外，它们都不是人体必需的微量元素，当人体中这些金属的含量超过一定限度时（这个限度很低），就会引起人体中毒。随着人类对这些重金属的大量开采和使用，环境中的各种重金属含量大大增加，它们必然会通过各种途径进入人体，从而对人类的健康造成很大威胁。如发生在日本水俣县的“水俣病”就是由汞中毒引起的。企业将含汞废水和含汞废渣排入河中，汞在底泥中转化为甲基汞，经鱼成千上万倍的富集以后进入人体，从而引起集体汞中毒事件。在日本还发生过“痛痛病”事件，当地水田被镉污染，镉被水稻吸收后富集在大米中，人食用了被镉污染的大米而引起集体中毒。这两起重金属污染事件在全世界范围内都造成了重大的影响。

金属元素在自然环境中永远不会被降解，只能从一种存在形式转化为另一种形式，因此重金属污染将会造成长期的影响。我们在工作和日常生活中应尽量避免向环境中排放重金属，如平时使用的干电池就含有很多的重金属，一节纽扣电池可以使六万升水不能饮用，使一平方米的土地丧失农用价值。因此废旧电池不能乱丢，应送到专门的回收站。

关于金属元素的中毒机理，一般认为是金属元素与蛋白质（氨基酸）和核酸的反应。蛋白质是由氨基酸组成的，氨基酸中有羧基（—COOH）和氨基（$—NH_2$），它们都能与重金属离子以配位键结合形成金属螯合物，从而影响蛋白质的生理功能。人体的正常功能还在于人体中各种各样的酶的作用，而酶多是由蛋白质组成的，它的活性中心含—SH时，能与重金属反应，从而使酶失去活性。还有一些酶本身就是配合物，重金属离子能够取代配合物中的中心离子，也能使酶失去活性。另外，酶的非活性中心也能与某些重金属结合而使结构发生变形，使酶的活性减弱。

与蛋白质反应同等重要的是金属与核酸的反应。核酸中含有各种含氮碱、磷酸和糖，含氮碱中的—N 和—NH，磷酸和糖中的—OH 都易与某些金属起反应。而某些金属与核酸中的这些碱基或羟基结合后，就会引起核酸立体结构的改变，从而可能会影响细胞的遗传，甚至有可能使人体发生畸变或致癌。

要检测人体内金属元素的含量可借头发来进行。头发主要是由纤维性角蛋白组成的，人体中的许多金属元素，通过血液在毛囊中与角蛋白结合，于是头发变成了人体金属元素的一条排泄途径。据研究，积聚在头发中的微量元素要比积聚在血液中和尿中的高十倍，人体内某种金属元素含量高的时候，长出来的头发中这种金属元素的含量也比较高。因此有人称头发是金属元素代谢变化的"录音带"，用它来检验金属元素的含量具有取样少、易采集、储藏运输和重复测定比较方便、不会给被检验者带来痛苦等优点。

阅读材料Ⅵ-2　感光材料

所谓感光材料是指在短时间的光照作用下，能发生变化，然后经过一定的物理方法和化学方法处理，能得到固定影像的物质的统称。感光材料分为卤化银系统和非卤化银系统两大类。它们被广泛用于照相、制版、复印、晒图、蚀刻等工艺技术中。

AgBr 在光照下发生如下的光化学反应：

$$AgBr + h\nu = Ag^* + Br^*$$

式中的 Br^* 表示激发态的 Br 原子，它可以被明胶等有机物吸收。

光照停止后，光化学反应也随之停止。将感光后的底片用显影剂（如对苯二酚）处理，光分解形成的银核就被还原成细粒状金属银。由于曝光程度的不同，银的分布不同，因而显影后的底片呈现出深浅不同的颜色。同时，对苯二酚则被氧化成醌，这个过程叫作显影。反应可表示如下：

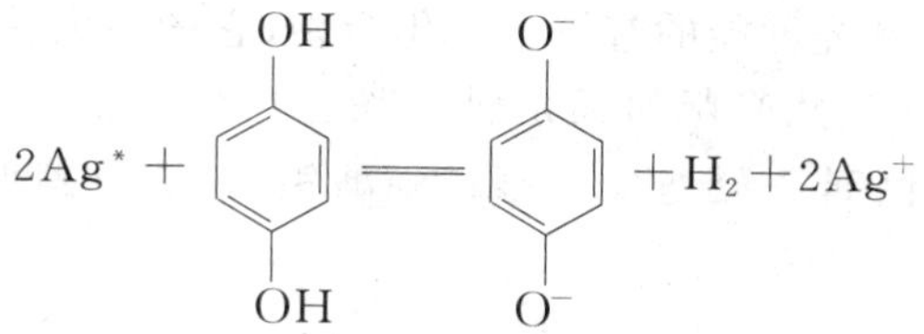

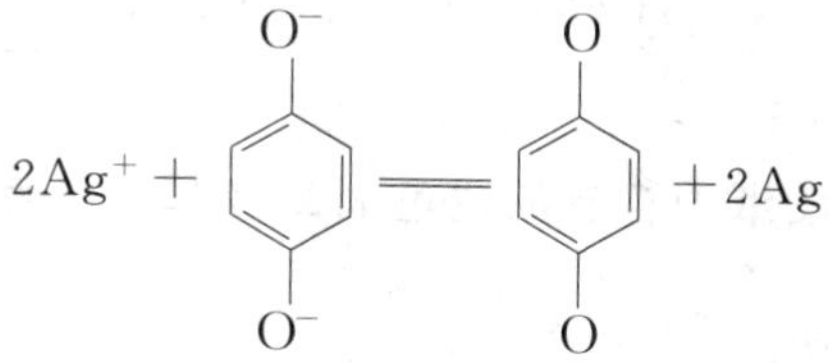

然后再将底片浸入定影剂(如硫代硫酸钠)溶液中,使未曝光的溴化银溶解而进入溶液,这个过程叫作定影。反应为:

$$AgBr(s)+2S_2O_3^{2-} = [Ag(S_2O_3)_2]^{3-}+Br^-$$

重铬酸盐属于非卤化银系统感光材料,在酸性介质中它是相当强的氧化剂,在还原剂作用下能使+6 价态铬还原成+3 价态铬。在制版、蚀刻工艺中,常常是用重铬酸铵和明胶或聚乙烯醇等组成的重铬酸盐胶。胶层见光后,重铬酸铵中的 $Cr_2O_7^{2-}$ 在光的作用下被还原剂(由聚乙烯醇或明胶充当)还原成 Cr^{3+}。以聚乙烯醇为例:

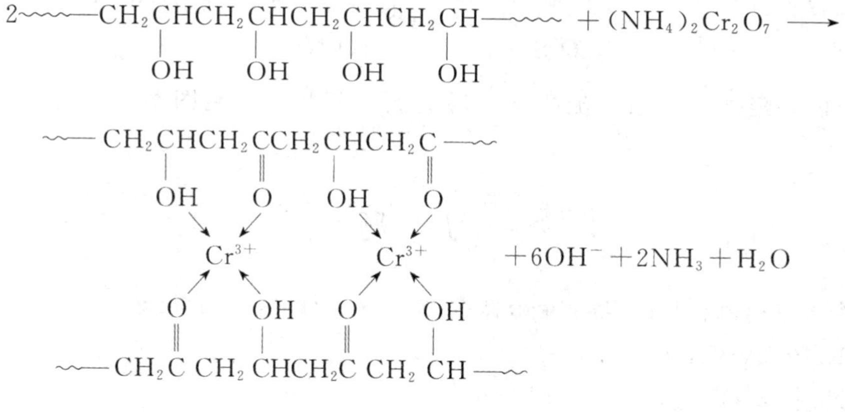

被氧化后的聚乙烯醇中的亲水基团($>C=O$ 、—OH)与 Cr^{3+} 配合,一方面封闭了亲水基,另一方面 Cr^{3+} 把聚乙烯醇分子交联起来形成体型大分子(立体网状结构),因而变为不溶。所以在晒版后胶层上见光部分不溶于水而保留在版面上,未见光部分的性质则没有发生改变,在显影时被水冲洗掉,从而形成图文。

$(NH_4)_3[Fe(C_2O_4)_3]$也属于非卤化银系统感光材料,早年的晒图工艺就利用它的感光性,将含有$(NH_4)_3[Fe(C_2O_4)_3]$的溶液浸渍在晒图纸上,设法将图形盖住后曝光:

$$2(NH_4)_3[Fe(C_2O_4)_3] \xrightarrow{h\nu} 2FeC_2O_4+3(NH_4)_2C_2O_4+2CO_2$$

然后将晒图纸浸入 $K_3[Fe(CN)_6]$溶液中,发生下列反应:

$$3Fe^{2+}+2[Fe(CN)_6]^{3-} = Fe_3[Fe(CN)_6]_2$$

晾干后就成为蓝底白线的蓝图。

后来,又使用了具有感光性能的有机重氮化合物,它的最大特点是性能稳定,没有暗反应,毒性较小,多用作预涂感光版的感光剂。当用于晒图工艺时将晒图纸浸以二苯胺-对重氮硫酸(氢)盐和成色剂 2-羟基-3,6-萘二磺酸钠,设法将图形外的部分遮盖住后曝光,可发生下列反应:

$$\text{Ph—NH—C}_6\text{H}_4\text{—N}{=}\text{N—SO}_4\text{H} + \text{H}_2\text{O} \xrightarrow{h\nu} \text{Ph—NH—C}_6\text{H}_4\text{—OH} + \text{N}_2 + \text{H}_2\text{SO}_4$$

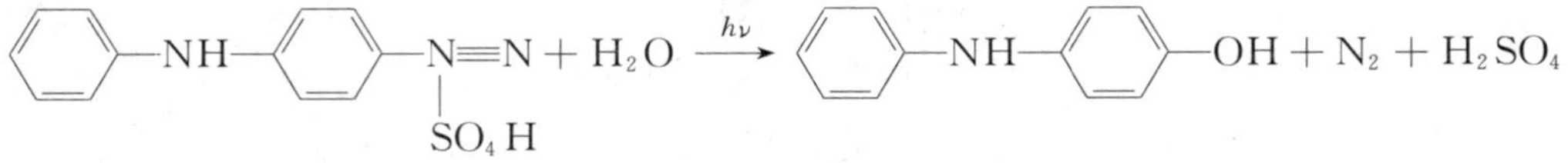

曝光后用氨气熏,NH_3 与晒图纸中含有的成色剂 2-羟基-3,6-萘二磺酸钠及未曝光的二苯胺-对重氮硫酸盐作用:

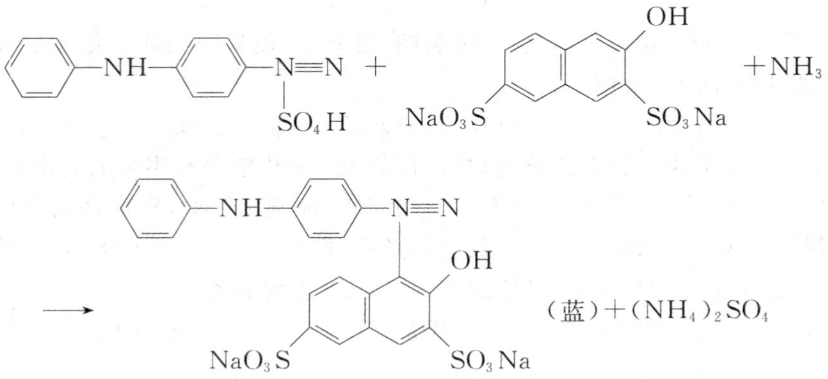

出现其产物 2-羟基-3,6-萘二硫酸钠-1-对偶氮二苯胺的蓝色图案,这就是白底蓝线的蓝图。

习 题

1. 命名下列配合物,并指出中心离子、配位体、配位原子、配位数。

(1) $K[PtCl_3(NH_3)]$

(2) $Na_2[Zn(OH)_4]$

(3) $[Ni(en)_3]SO_4$

(4) $[CoCl(NH_3)_5]Cl_2$

(5) $Na_2[SiF_6]$

2. 已知两种固体配合物,它们具有相同的化学式:$Co(NH_3)_5BrSO_4$。它们之间的区别在于:向第一种配合物的溶液中加入 $BaCl_2$ 时,产生白色沉淀,加入 $AgNO_3$ 时无现象;而第二种配合物的情况正相反。请写出这两种配合物的结构简式。

3. 下列配合物在水中能离解出哪些离子?哪一种离子的浓度最大?哪一种离子的浓度最小?

(1) $[Cu(NH_3)_4]Cl_2$

(2) $K_2[PtCl_6]$

(3) $Na_3[Ag(S_2O_3)_2]$

4. 计算 AgCl、AgBr 在 $2mol \cdot L^{-1}$ 氨水中的溶解度。

5. 判断下列反应进行的程度：

(1)$[Cu(CN)_2]^- + 2NH_3 \rightleftharpoons [Cu(NH_3)_2]^+ + 2CN^-$

(2)$[Cu(NH_3)_4]^{2+} + Zn^{2+} \rightleftharpoons [Zn(NH_3)_4]^{2+} + Cu^{2+}$

6. 选择适当的试剂，使下列前一物质转化为后一物质，写出每一步反应的化学方程式。

$Ag \rightarrow AgNO_3 \rightarrow AgCl \rightarrow [Ag(NH_3)_2]Cl \rightarrow AgBr \rightarrow Na_3[Ag(S_2O_3)_2] \rightarrow AgI \rightarrow K[AgI_2] \rightarrow Ag_2S \rightarrow AgNO_3 \rightarrow Ag$

7. 写出能实现下列要求所用的物质及反应式。

(1)检验无水酒精中是否含水。

(2)消除含氰废水的毒性。

(3)卤化银系统胶片定影。

(4)将湿法冶金得到的$[Ag(CN)_2]^-$溶液中的银置换出来。

(5)配制无氰镀铜液。

8. 写出下列操作的现象及化学方程式。

(1)用 KSCN 溶液在白纸上写字，干后喷射 $FeCl_3$ 溶液。

(2)用 $CuSO_4$ 溶液在白纸上写字，干后喷射浓氨水。

(3)用亚铁氰化钾在白纸上写字，干后喷射 $FeCl_3$ 溶液。

9. 判断题

(1)配合物中只含有配位键。　(　　)

(2)配位体的个数就是中心离子的配位数。　(　　)

(3)配离子的电荷数就是中心离子的电荷数。　(　　)

(4)配离子与弱电解质类似，在水溶液中只能部分离解。　(　　)

10. CO 对血红蛋白的亲和力比 O_2 大 210 倍。若载氧血红蛋白用 $FeHb \cdot O_2$ 表示，请写出人体 CO 中毒时的反应。

第七章　无机工程材料

在学习物质结构理论的基础上，本章针对工科各类专业的需要和科学技术的发展，介绍主要的无机工程材料。重点介绍金属与合金材料、半导体材料、硅酸盐材料。着重讲授各类无机材料中涉及的化学组成、结构、性能等基本概念和基本知识。以典型材料为例，介绍它们在工程技术中的应用和发展，并介绍几类新型的工程材料。通过学习，进一步认识化学与材料科学的密切关系，扩大工程视野。

第一节　金属材料

金属与合金构成的材料，是材料三大支柱之一，在国民经济、日常生活中都占有极为重要的地位。

一、金属的分类和性质

1. 金属的分类

金属通常分为黑色金属和有色金属两大类。黑色金属包括铁、锰、铬及它们的合金，有色金属是除黑色金属以外的其他金属。

有色金属按其密度、化学稳定性及其在地壳中的分布情况等，又分为轻金属、重金属、贵金属、稀有金属、放射性金属五类。

轻金属一般是指密度小于 $5g \cdot cm^{-3}$ 的金属，包括钠、铝、钾、钙、钛等。这类金属的原子半径较大，因而密度小。又由于外层价电子数少，化学性质很活泼。

重金属一般是指密度大于 $5g \cdot cm^{-3}$ 的金属，有铜、镍、铅、锌、锡、锑、钴、镉、汞等。

贵金属包括金、银和铂系六个元素，这类金属在地壳中含量少，价格贵，化学性质特别稳定。

稀有金属在自然界中含量较少且分布稀散，提取和制备较难。如锂、铷、铍、镓、铟、铊、锆、铪、铌及稀土元素等。

2. 金属的结构与物理性质

在晶体结构一节中讲过，金属晶格是紧密堆积结构，有自由电子，这使得金属具有一些共同的物理性质，即金属光泽，导电、导热性，延展性等。

金属的密度彼此间相差很大。最轻的锂，密度仅有 $0.53g \cdot cm^{-3}$，钾、钠的密度小于 $1g \cdot cm^{-3}$，最重的锇密度为 $22.7g \cdot cm^{-3}$，金为 $19.3g \cdot cm^{-3}$，铁为 $7.86g \cdot cm^{-3}$，铝为

2.7g · cm^{-3}。

金属的熔点差别也很大。熔点最高的是钨(3380℃),最低的是汞(−38℃)。金属熔点的高低是由金属键的强弱决定的。大多数 d 区、ds 区金属,不仅外层 s 电子参与成键,次外层 d 电子也参与金属键的形成。一般认为,未成对 d 电子越多,所形成的金属键越强,金属的熔点越高。同周期 d、ds 区的过渡元素中,从左到右未成对 d 电子数先逐渐增多,到Ⅴ、Ⅵ、Ⅶ副族最多,再向右又逐渐减少。所以,高熔点金属一般集中在 d 区。至于 ds 区ⅡB 族,因 d 轨道全充满,没有未成对电子,故 Zn、Cd、Hg 熔点较低。总之,高熔点金属集中于周期表中部,通常所说的耐高温金属是指熔点等于或高于铬(熔点为 1857℃)的金属。

第ⅠA 族及 p 区金属单质多数是低熔点的,但由于ⅠA 族金属太活泼,p 区的镓、铟、铊又很稀少,所以工程上常用铅、锡、铋及其合金作为低熔点材料。

金属的硬度一般都较高,但彼此差别也较大。以金刚石硬度为 10 作标准,常见金属的硬度顺序为

Cr	W	Ni	Pt	Fe	Cu	Al	Ag	Zn	Au	Mg	Sn	Pb	K	Na
9	7	5	4.3	4～5	3	2.9	2.7	2.5	2.5	2.1	1.8	1.5	0.5	0.4

二、合金的基本类型和结构

虽然金属具有良好的导电、导热性,但其强度、硬度一般较低,且价格较高。除了某些特殊的用途(如电力工业用的纯铜)外,工程技术中所用的金属材料多是合金。合金是一种金属与其他金属或非金属融合而形成的具有金属特征的物质。按合金的结构,可将其分为三种基本类型。

1. 机械混合物合金

两种金属在熔融时能够互溶,凝固时熔点不同的各组分分别结晶,从而形成成分不同的、微细晶体的机械混合物,在显微镜下可以观察到各组分的晶体或它们的混合晶体,因此整个合金不完全均匀。混合物合金的导电、导热等性质是其各组分金属的平均性质。

2. 固溶体合金

一种金属与另一种金属或非金属在熔融时互相溶解,凝固时析出的晶体内均匀地包含这些组分,这种固态溶液则称为金属固溶体。固溶体是一种均匀的组织。一般将固溶体中含量多的金属称为溶剂,含量少的金属称为溶质。固溶体保持着溶剂金属的晶格类型。

根据溶质原子在晶体中所处的位置不同,将固溶体分为取代(置换)固溶体和间充(间隙)固溶体两大类,如图 7.1 所示。

取代固溶体的特点是:溶剂金属晶格保持不变,溶质金属原子取代了晶格内某些结点的位置。形成取代固溶体的条件是:溶剂与溶质金属的晶格类型相同,原子半径相近,原子的价电子层结构与电负性相近。如铜和锌、铜和银、铁和钴之间易形成取代固溶体。

间充固溶体的特点是:溶剂金属晶格保持不变,溶质原子“钻入”溶剂金属晶格空隙中。显然,溶质原子半径大时,则不能形成间充固溶体,只有半径很小的溶质原子,如:C、

B、N、H 等才能形成此类固溶体。一般认为，形成间充固溶体的条件是 $r_{溶质}/r_{溶剂}<0.59$。

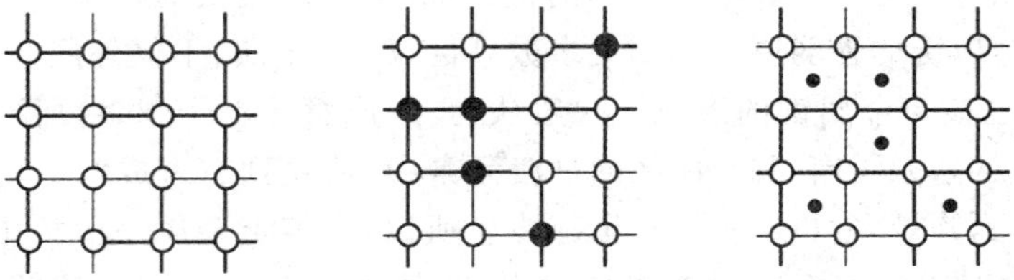

(a)纯金属晶格　(b)取代固溶体晶格　(c)间充固溶体晶格

图 7.1　纯金属与固溶体晶格中原子的分布

实际上，无论哪种固溶体，由于溶剂与溶质金属(或非金属)原子间总有性质的差别，因此，固溶体尽管保持着溶剂金属的晶格和基本性质，但由于溶质原子的“溶入”，对原金属的性能总会产生一定的影响。首先，溶质原子造成固溶体的晶格变形(或歪扭)，称为晶格畸变，如图 7.2 所示。显然，溶解的溶质原子越多，两种元素的原子半径和化学性质相差越大，晶格畸变程度越大。

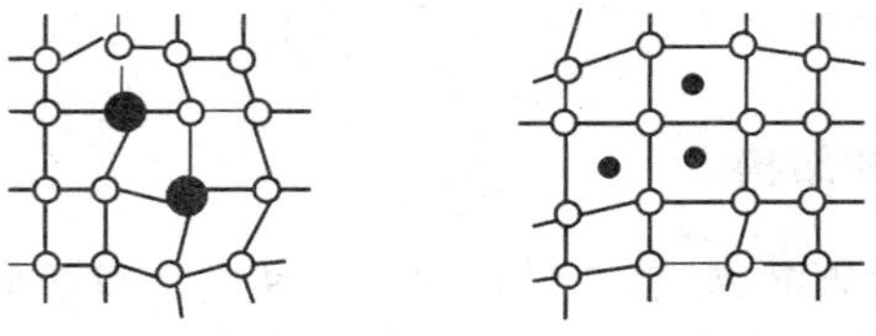

图 7.2　晶格畸变示意图

晶格畸变反映在固溶体的性质上，就是晶体在塑性变形时界面之间相对滑动的阻力增大，即产生变形抗力，导致固溶体的强度、硬度高于纯金属。如黄铜(Cu-Zn 合金)比纯铜硬，钢的强度高于纯铁。像这种由于形成固溶体而引起合金强度、硬度升高的现象，称为固溶强化，这是提高金属材料机械性能的一种重要途径。

3. 金属化合物合金

当形成合金的两种金属元素原子的电子层结构、电负性、原子半径相差较大时，则易形成金属化合物，又称金属互化物。金属化合物的晶格往往不同于原来金属的晶格。有时也可将金属化合物看作固溶体合金中溶质含量超过溶解度后形成的一种新相。

金属化合物合金又可分为正常价化合物和电子化合物两类。如 Mg_2Pb、Na_3Sb、InSb 等属正常价金属化合物，其中组分金属之间靠化学作用而结合，成分固定。这类合金内的化学键，就其性质来讲介于离子键和金属键之间，其组成中往往含有Ⅳ～ⅥA 族金属元素。

多数金属化合物是电子化合物。这类化合物是以金属键结合的，其成分在一定范围内变动，且不符合正常化合价规则。一般来说，组成电子化合物的两种金属中有一种是+1价金属(如 Cu、Ag、Au、Li)或Ⅷ族元素(Fe、Co、Ni、Pt、Pd)，另一种是 2～5 价的金属(Be、Mg、Zn、Al、Ga、Ge、Sn、Sb)。这类化合物看起来似乎无规律，但按其价电子总数与原子总数之间的比值，大致可分为 3∶2、21∶13、7∶4 几类，每一类都有相应的晶格结构，参见表7.1。我们将电子化合物中价电子数与原子数的比值称为电子浓度。由于这类化合物的结构取决于电子浓度,故称之为电子化合物。

表7.1　电子化合物的结构与电子浓度

类　型	化合物	价电子数	化合物中的原子数	电子浓度
β相（体心立方晶格）	CuZn Cu_3Al Cu_5Sn Ag_3Al	3 6 9 6	2 4 6 4	3∶2
γ相（复杂立方晶格）	Cu_5Zn_8 Cu_5Cd_8 Cu_9Al_4 $Cu_{31}Sn_8$	21 21 21 63	13 13 13 39	21∶13
ε相（密集六方晶格）	$CuZn_3$ Cu_3Sn Au_5Al_3	7 7 14	4 4 8	7∶4

三、合金材料

1. 钢

将生铁中的S、P、Si等杂质除去,调整其含碳量至一定范围,就得到钢。按化学成分可把钢分为碳素钢和合金钢两大类。

(1)碳素钢

碳素钢基本上是铁碳合金。根据含碳量不同可分为低碳钢、中碳钢和高碳钢,它们的组成和主要性质比较如表7.2所示。

表7.2　碳素钢的简单比较

	低碳钢	中碳钢	高碳钢
含碳量(%)	＜0.25	0.25～0.6	0.6～1.7
主要性能	韧性好,强度低,焊接性能好	强度较高,韧性及加工性能好	硬度高,脆,经热处理后有较好弹性

(2)合金钢

在钢中添加不同的合金元素可以得到各种性能的合金钢。应用最广的合金元素有铬、锰、钛、钼、钨、钴、镍、硅和铝等。这些元素的原子半径和电子层结构与铁相似,除能显著提高并改善钢的机械性能外,还赋予了钢许多新的特征。例如,钛在炼钢中常用作脱氧剂；钛与硫化合生成 TiS_2，使硫在钢中分布均匀，改善了钢的机械性能；钛与溶在钢水中的氮化合，生成稳定的 TiN，它能吸收氢气，因此钛是炼钢生产中的除气剂。铬是不锈钢的重要成分，不锈钢中铬的含量一般大于 12%。不锈钢之所以抗高温氧化和耐腐蚀，就是因为其中的铬在氧化性介质（如大气、硝酸）中能生成一层致密的氧化膜，使钢表面处于钝化状态。不锈钢中加入钼和镍，可以提高钢的机械性能、耐热性，增强在非氧化性介质（HCl、H_2SO_4、H_3PO_4）中的耐蚀性。Ni 还可以无限固溶于 Fe 中，起细化晶粒的作用，减小了产生"晶间腐蚀"的可能性，因此 Ni 也是一种耐蚀元素。

另外，钢中有时还加入稀土元素。因为稀土元素极易与氢、氧、氮、硫作用生成稳定的化合物，因此冶金时常用稀土金属或其合金作脱氢、脱硫、脱氧、脱氮剂，起净化合金和变质作用。在铸铁中加入适当稀土元素，可使其中的石墨由片状变为球状，强度、韧性和切削性能大大提高。

2. 轻质合金

轻质合金是以轻金属 Mg、Al、Ti、Li、Be 为主要成分的合金材料。

(1)铝合金

纯铝导电性好，但机械性能差。在铝中加入少量合金元素，如 Cu 和 Mg 后，机械性能大大改善。铝合金具有密度小、强度高的特点，经热处理的铝合金称为硬铝合金，其强度更高。硬铝制品的强度和钢相近，而质量仅为钢的 1/4，因此在飞机、汽车制造业中应用广泛。但是硬铝的耐蚀性差，在海水中尤其容易腐蚀。

(2)钛合金

钛合金比铝合金密度大，但强度几乎是铝合金的 5 倍，经热处理后其强度可与高强度钢媲美，但密度仅为钢的 57%，因此钛合金是优良的飞机结构材料，有"航空金属"之称。

钛和钛合金的抗蚀性很好。如高级合金钢在 HNO_3/HCl 中一年剥蚀 10mm，而钛合金仅剥蚀 0.5mm。钛的工作温度范围宽达 −200℃～500℃，钛合金在 −250℃ 时仍保持着较高的冲击韧性。总之，被称为第三金属的钛及其合金由于质轻、高强度、抗蚀、耐候而成为极有发展前途的新型轻金属材料。

3. 硬质合金

第Ⅳ、Ⅴ、Ⅵ副族的金属与氮、碳、硼等形成的化合物，硬度和熔点特别高，通称为硬质化合物。硬质合金可以看作以硬质化合物（金属的碳化物、硼化物、氮化物）为硬质相、以金属或合金作黏结相的复合材料。

以金属碳化物为例。半径很小的碳原子"溶"于 d 区金属如 Fe 的晶格内时，不仅形成间充固溶体，而且当碳的含量超过溶解度极限时，会产生质变，形成间充化合物，使原金属晶格发生晶型转变，生成渗碳体 Fe_3C 的新晶格。在金属碳化物中，不仅有金属键，碳的价电子也进入金属原子中未布满电子的 d 亚层形成化学键，更增加了键的强度，因此导致金属碳化物的硬度、熔点很高（如 TiC 熔点高达 3150℃、ZrC 为 3530℃），稳定性也高。d 区金属的氮化物、硼化物也有同样的性质。

金属型碳化物是许多合金钢的重要组成部分，对合金钢的性能有较大影响。如一般碳素工具钢当温度达 300℃时硬度就显著降低，使刀具卷刃。但含 W 18%、Cr 4%、V 1% 的高速钢，因其中含大量碳化物，600℃时仍保持足够的硬度和耐磨性，可进行高速切削且提高了刀具寿命，这种性质称为红硬性。

工程材料中常用的硬质合金分两大类：一类是钨钴类，如 YG6，是含 WC 94%、Co 6%的硬质合金；第二类是钨钴钛类，如 YT14，是含 WC 78%、TiC 14%、Co 8%的硬质合金，其中 Ti 能提高合金的红硬性。

4. 新型合金材料

(1)形状记忆合金

形状记忆合金是近 20 年发展起来的一种新的功能金属材料。若某种合金做成的器件在一定外力作用下其形状和体积发生改变，而当加热到某一温度时它又可完全恢复到变形前的几何形态，即发生形状记忆效应，这种合金称为形状记忆合金(简称记忆合金)。这种合金能发生形状记忆效应的原因是合金内存在着一对可逆转变的晶格结构。如含 Ni、Ti 各 50%的记忆合金，有菱形和立方体两种晶格，彼此间有一定的转化温度，随着温度的改变，晶格结构随之发生转变，导致了材料形状的改变。形状记忆合金的这种性能有许多应用，如用形状记忆合金制造的随温度变化而改变其长度的弹簧，可用于暖房、玻璃房顶窗户的开关，当气温高时弹簧变形，顶窗可自动打开通风。记忆合金在冷热交替时电阻率显著增大，是很好的阻尼材料，将其放在机器、汽车底部，可起减振和消除噪声的作用。在自动化、能源、卫星、航空、医疗、生物工程等领域，形状记忆合金都有着广泛的应用。

目前已知的形状记忆合金有 Cu-Zn-X(X＝Si、Sn、Al、Ga)、Cu-Al-Ni、Cu-Au-Zn、Ag-Cd、Fe-Pt(Pd)、Fe-Ni-Ti-Co、Ni-Al、Ni-Ti 等。

(2)高温合金

飞机和航天飞机涡轮喷气发动机的关键部件是涡轮叶片，它在非常严酷的环境下以每分钟上万转的速度运转，工作温度高、受力复杂，特别容易损坏。因此必须用新型高温合金材料来制造。一般使用镍基和钴基高温合金作叶片材料，而且应选择先进的铸造工艺。传统的多晶铸造工艺是让熔融的合金在铸型中逐渐冷却凝固，由无数晶粒不断长大而充满整个叶片，这样得到的是近于球形的等轴晶，参见图 7.3(a)。晶粒之间界面(晶界)多，易出现杂质和缺陷，是叶片中最易损坏的薄弱区。为改进这一缺点，现在多采用定向尼昂古工艺。通过控制散热方向，使合金在铸型内冷却时晶粒能够按预定方向生长，得

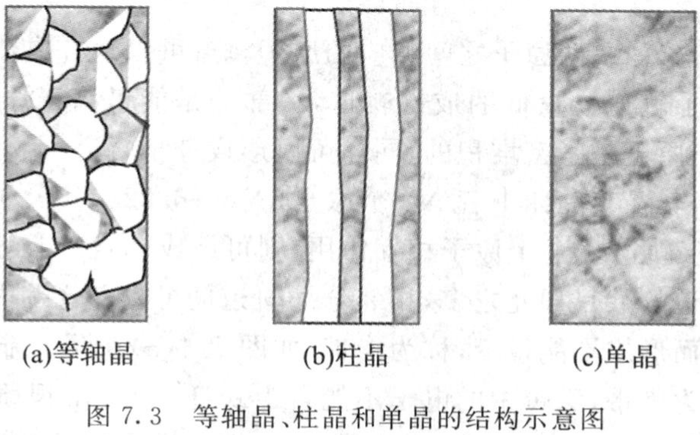

(a)等轴晶 (b)柱晶 (c)单晶

图 7.3 等轴晶、柱晶和单晶的结构示意图

到长条形的柱晶，参见图 7.3(b)。柱晶涡轮叶片不存在横向晶界，当它高速旋转时，最大

离心应力与柱晶中的晶界平行，减少了晶界断裂的可能，从而提高了强度和叶片工作温度。最新的工艺是种晶法。此法是在铸型底部置入一粒籽晶，控制散热方向，只让籽晶缓慢长大并充满铸型空间，这样可得到单晶，参见图 7.3(c)。该工艺要求合金有很高的纯度，铸型内非常清洁，不得引入杂质。单晶涡轮叶片不仅工作温度提高了许多，也延长了喷气发动机的寿命。

(3)储氢合金

氢是 21 世纪将要开发的新能源之一，它具有热值高、资源丰富、没有污染的优点。氢作为能源必须解决储存和运输的问题。传统方法是采用气态或液态氢储存于钢瓶中，既笨重又不安全。储氢合金是利用氢与金属或合金形成氢化物而将氢储存起来。氢原子半径很小，容易进入金属紧密堆积晶格的孔隙。在储氢合金中，一个金属原子可与 2 个、3 个或更多个氢原子结合而生成金属氢化物，使氢有相当的储量。

具有使用价值的储氢合金要求储氢量大，金属氢化物容易形成，而且稍稍加热又容易将氢释放出来，室温下吸放氢的速度快，使用寿命长且成本低。目前研究和开发的储氢合金有镁系列合金如 MgH_2；稀土系列合金如 $LaNi_5H_6$；钛系列合金如 TiH_2、$TiFeH_{1.8}$等。

储氢合金用于氢动力汽车的实验已经成功，若能较大范围地使用这一新能源技术，必将节省大量化石燃料，减轻大气污染，保护人类环境。

第二节　半导体材料

元素周期表中部的ⅢA、ⅣA、ⅤA 族元素的单质大部分具有半导体性质。半导体的电阻率为 $10^{-4}\sim10^{9}\,\Omega\cdot cm^{-1}$，介于绝缘体(电阻率一般大于 $10^{9}\,\Omega\cdot cm^{-1}$)和导体(电阻率小于 $10^{-4}\,\Omega\cdot cm^{-1}$)之间。

半导体技术是当前重要的科技之一，空间技术、能源开发、电子计算机、红外探测技术均离不开半导体技术的应用。

为解释半导体的导电机理，了解导体、绝缘体、半导体的不同电性能，先介绍固体能带理论。

一、固体能带理论

由分子轨道理论可知，两原子之间相应的原子轨道可以组合成数目相同的分子轨道，其中一部分是比原子轨道能量低的成键轨道，一部分是能量高于原子轨道的反键轨道。在金属晶体中，由于原子是紧密堆积的，同样可以形成分子轨道。

以金属锂为例，若在其晶体中有 N_A 个原子($N_A=6.023\times10^{23}$)，因每个锂原子有一个 1s 轨道和一个 2s 轨道，N_A 个原子相互作用，则可组成 N_A 个 1s 分子轨道和 N_A 个 2s 分子轨道。分子轨道的数目如此之多，相邻分子轨道间的能量差别极其微小，实际上，这些能级是连成一片而形成了能量带，称为能带，如图 7.4(a)所示。能带有一定的宽度，已填满电子的能带称为满带，满带中的电子不能自由跃迁。N_A 个锂原子的 2s 电子全部进入成键分子轨道，对应的能带是满带；而锂的 2s 反键轨道是空的，没有填充电子，对应的那部分能带称为空带。满带和空带之间有一段电子不能停留的区域，称为禁带。由于金属锂是紧密堆积晶格，原子间相互干扰的结果使禁带消失了，因禁带消失而使整个 2s 能带成为半充满状态，这种能带称为未满导带，如图 7.4(b)所示。

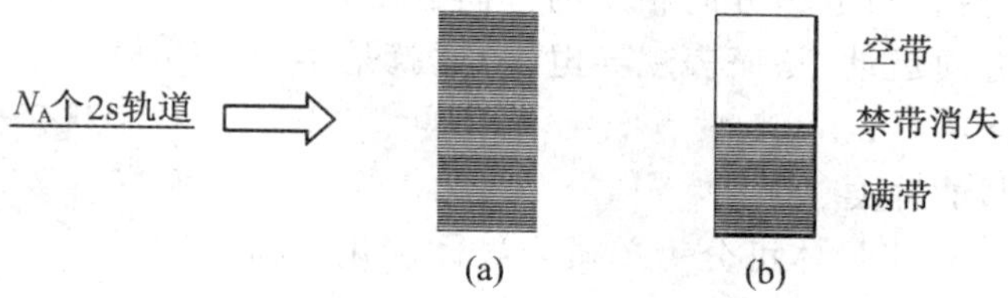

图 7.4 锂的 2s 能带示意图

同样的，金属 Na、K(Cu)、Rb(Ag)、Cs(Au)应分别有 3s、4s、5s、6s 未满导带。处于导带的电子只要获得微小的能量(例如在外电场的作用下)就可以跃迁而进入空带，发生定向移动而产生电流，表现出良好的导电性。

对金属 Mg，因 3s 能带全充满，是满带，似乎不应导电。但由于 Mg 是紧密堆积晶格，原子核间距极小，相邻能带间因能量差极小可以发生部分重叠。Mg 的 3s 与 3p(空带)由于部分重叠而不存在禁带，如图 7.5 所示。这样，3s 能带上的电子很容易激发到 3p 的空带上而导电。过渡金属，由于 ns、np 与($n-1$)d 轨道能级相近，均易发生能带部分重叠，故都是电的良导体。

绝缘体禁带宽度超过 480kJ・mol^{-1}，电子难以越过，因而不导电；半导体禁带宽度为 9.6～290kJ・mol^{-1}，导带上有少量电子，但导电性在通常情况下较差。当升温时，满带的电子获得能量能够越过禁带而导电。半导体、绝缘体的差别可参考图 7.6 所示的简单示意图来理解。

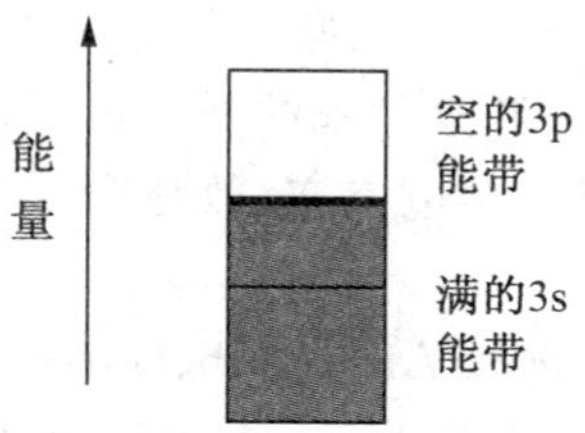

图 7.5 能带重叠示意图

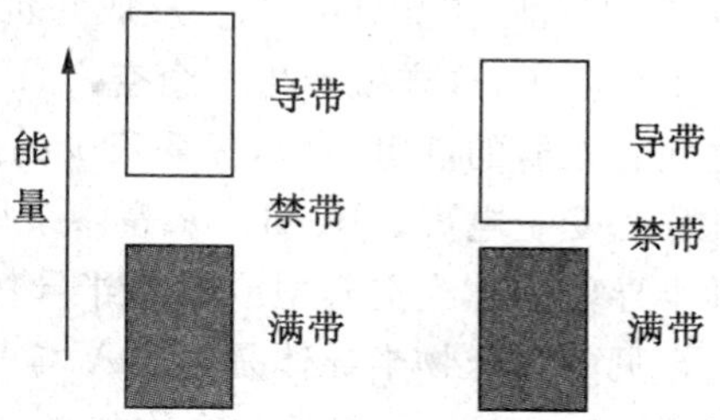

图 7.6 绝缘体、半导体能带示意图

二、半导体材料

1. 半导体的导电机理

半导体的导电机理与金属有所不同，它有两种传导电流的粒子，即自由电子和空穴，统称为载流子。其导电机理如图 7.7 所示。

半导体的禁带较窄，如硅晶体中的禁带宽度对于价电子来说，只需获得 1.1eV 能量就可以跃迁，锗的禁带宽度更小，仅 0.72eV(不导电的金刚石则为 7eV)。当一个电子由满带获得能量激发到空带(或导带)时，在满带即留下一个空穴。空穴不是固定不变的，其附近的价电子随着热运动可跳进这一空穴，这个空穴被填满后即消失，同时又出现另一个新的空穴，因此空穴是在不断地转移，就像是带正电的粒子沿着与电子移动相反的方向在流动。所以，在外电场作用下，自由电子将沿着与电场方向相反的方向运动，空穴则是顺着电场的方向运动，从而表现导电性，这就是半导体导电的机理。

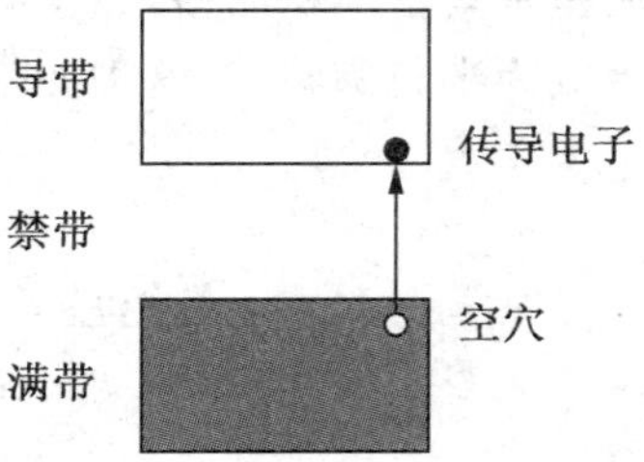

图 7.7　半导体导电机理

2. 半导体材料的种类

按化学组成区分，半导体可分为单质半导体和化合物半导体；按其中是否含有杂质区分，可分为本征半导体和杂质半导体。

ⅣA 族元素中的硅和锗是应用最广的半导体单质，不含杂质的纯净半导体称为本征半导体。在本征半导体中，当一些电子被激发时，产生相等数目的自由电子和空穴，它的导电机理是电子和空穴的混合导电机理。

在电子工业中使用的大多数是杂质半导体。因为我们期望半导体材料最重要的性能、用途并不是传导电流，而是对电流方向和电量进行调控，为此，人们有选择地掺入某些杂质来改变半导体的导电性能以制成杂质半导体。根据对导电性能的影响不同，将杂质分为两类。

若将ⅤA 族的 As、P 原子掺入 Si、Ge 晶体中，由于 As、P 有 5 个价电子，其中 4 个可以与 Si、Ge 原子组成共价键，多余的 1 个价电子与原子的键合较松散，很容易成为自由电子而使 As、P 电离成正离子，此过程亦称为施主电离，此类杂质称为施主杂质。加入施主杂质后半导体的导电机理主要是电子导电，即载流子是电子，所以这类半导体叫作电子型或 N 型半导体。若将ⅢA 族的 B、Ga 等原子掺入 Si、Ge 晶体中，由于 B、Ga 原子有 3 个价电子，当它们与 Si(Ge)原子形成共价键时，还缺少 1 个电子，必须从别的 Si(Ge)原子中夺取 1 个电子，这样就产生一个空穴，B、Ga 原子接受 1 个电子则成为负离子，负离子与空穴之间有较弱的静电引力，只需很少的能量，空穴就可以摆脱这种束缚而自由运动，这一过程称为受主电离。B、Al、Ga 等掺杂原子能接受电子产生导电空穴，故称为受主杂质，这种半导体则称为空穴型或 P 型半导体。

常见的化合物半导体是第ⅢA 与ⅤA 族元素的化合物如 AlP、AlSb、GaAs、InAs 以及第ⅡB 与ⅥA 族元素的化合物如 ZnS、CdS、CdTe、HgS 等，其中 GaAs 被认为是最优秀的半导体。

3. 半导体材料的应用

半导体材料的应用很广泛，已形成了门类众多的半导体技术。

在一块半导体单晶上，用适当的工艺从两边分别掺入微量的受主杂质和施主杂质，使单晶的不同区域分别具有 P 型和 N 型的导电类型，通常把 P 型区域和 N 型区域的交界处叫作 PN 结。

利用 PN 结形成的接触电势差可对交变电源起整流作用和对信号起放大作用。整个晶体管技术就是在 PN 结基础上发展起来的。

由于半导体中载流子的密度随温度的升高而迅速增大，故半导体的电阻随温度升高而明显减小。利用这一特性可将半导体制成热敏电阻，应用于工程技术中的温度测量，不仅精度高而且温度计体积可以做得很小。利用光照能使半导体电导率大大增加的性质，可以制造出光敏电阻，用于自动控制、遥感、静电复印技术。利用温差能使不同半导体材料间产生温差电动势的原理，可以制成热电偶（如 ZnSb、PbTe 等）和半导体制冷装置。

半导体材料又是制作太阳能电池必需的材料。若在 P 型半导体表面沉积极薄的一层 N 型杂质组成 PN 结，在光照下，光线完全透过这一薄层，满带的电子吸收光子能量后跃迁到导带，在半导体中同时产生电子和空穴，电子移到 N 区，空穴移到 P 区，使 N 区带负电荷，P 区带正电荷，从而形成电势差，此现象称为光生伏特效应，参见图 7.8。利用该效应可制成光电池，以充分利用太阳能这一清洁、廉价能源。

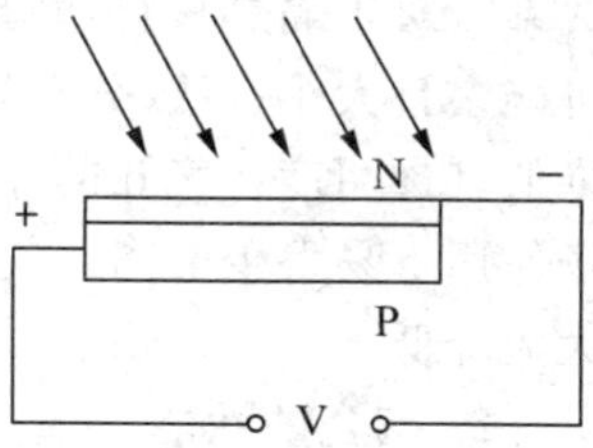

图 7.8　光生伏特效应

随着超精细加工和小型化技术的发展，将半导体制成各种集成电路，可广泛应用于电子计算机、通信、雷达、宇航、电视等高新技术领域。

第三节　硅酸盐材料

工程中常用的硅酸盐材料包括天然硅酸盐、玻璃、水泥、耐火材料和陶瓷，还有人工制取的硅酸盐（水玻璃和分子筛），它们都是重要的无机非金属材料。本节主要介绍陶瓷、水玻璃、水泥、耐火材料的化学组成、性能及用途。

一、陶瓷材料

陶瓷最早是陶器和瓷器的总称，后来发展到泛指整个硅酸盐材料（包括玻璃、水泥、耐火材料和传统上的“陶瓷”）和氧化物类陶瓷材料。现在，陶瓷已被用于经过高温烧结而成的所有无机非金属材料的简称。

1. 陶瓷的基本组成

陶瓷一般由晶相、玻璃相和气相组成。

(1)晶相

晶相是陶瓷的主要组成相，它决定陶瓷的主要性质，在陶瓷中起骨架作用。组成晶相的物质有两类：一类是以离子键为主的离子晶体如 MgO、Al_2O_3；一类是以共价键为主的原子晶体如 SiC、BN、Si_3N_4 等。因为纯粹的某种键型的化合物并不多见，所以陶瓷中晶相多为混合晶体，其晶相结构比金属更为复杂，存在的缺陷也更多。由于陶瓷的晶相中存在着点缺陷（空位、间隙等）、线缺陷（如各种位错）和面缺陷，陶瓷的性能发生了较大改变。

(2)玻璃相

玻璃相是一种非晶态的低熔点固体相，组成玻璃相的物质主要是碱金属、碱土金属的硅酸盐。玻璃相的作用是将分散的晶相黏结起来，填充晶相间的孔隙，提高陶瓷的致密度；降低烧成温度，加快烧结过程；获得一定程度的玻璃特性，如透光性。但是，玻璃相对陶瓷的机械强度、介电性能、耐热性等是不利的，因此工业陶瓷中玻璃相的体积分数一般控制在 20%～40%。

(3)气相

气相是指陶瓷孔隙中的气体,它分散在玻璃相内,形成不连续的气孔。根据存在形态不同,分为开口气孔和闭口气孔两种。陶瓷的许多性能与气孔的含量、形状、分布有密切关系。对于隔热材料,气孔越多越好。为制成既轻便,绝热性能又好的陶瓷,希望气孔尽可能多且大小一致、分布均匀。对透光材料,则希望没有气孔,因为气孔可使光线散射而降低其透明度。气孔的存在可使陶瓷的介电损耗增大,抗电击穿强度降低,因为气体在电场作用下易发生电离。气孔又往往是应力集中的地方,可能直接产生裂纹,使陶瓷的强度大大降低。

2. 陶瓷的性能

陶瓷的性能受化学键、晶体结构、相分布及各种缺陷的影响,变化很大,但还是有一些共同的特征。

(1)力学性能

陶瓷的硬度是各类材料中最高的,且具有很高的弹性模量,这是由其结构中强大的共价键和离子键决定的。陶瓷的抗拉强度很低,抗弯强度较高,抗压强度非常高,其高温强度一般比金属高,高温抗蠕变的能力强,因此适宜作为高温材料。

陶瓷晶体中因共价键的方向性、饱和性及原子和离子晶体的特性,其塑性极差。受载时陶瓷不发生塑性变形,在较低的应力下即产生裂纹,且很快扩展而导致断裂。因此,韧性低、脆性极高是陶瓷的最突出缺点。

提高陶瓷的强度,降低其脆性和减少裂纹以扩大陶瓷的应用范围是当前研究的主要课题,并已取得了进展。如近年研制的微晶、高密度和高纯度的陶瓷及晶须等,均使陶瓷的性能有了很大改善。

(2)热性能

陶瓷材料熔点一般都很高,由于晶体内的键能高,热膨胀系数比金属和高分子化合物都小得多,又因为没有自由电子的传热作用,陶瓷的导热性比金属小,因此多为绝热材料。但是陶瓷的抗热振性较差,常在受热冲击时破坏。

(3)电学性能

陶瓷的电学性能彼此相差很大,多数是绝缘体,也有的是导体或半导体。作为绝缘材料,当晶体内有缺陷、空位时,易产生贯穿电流和空穴导电现象。为提高陶瓷件的绝缘性能,须改善陶瓷的制造工艺条件,并采用纯净的原料。如 Al_2O_3 含量 90%～99.5%的高铝瓷,称为刚玉质瓷,具有很高的介电性能和机械强度。

(4)化学稳定性

陶瓷的结构很稳定,当以离子晶体为主时,因为金属离子嵌入氧离子的间隙中,很难再与介质中的氧发生反应,是很好的耐火材料。当以原子晶体为主时,由于共价键的键能高,较难被破坏,所以陶瓷在常温下能抵抗各种化学试剂(氢氟酸除外)的侵蚀,可作为各种耐蚀器件。

3. 陶瓷材料

除玻璃、水泥、砖瓦及耐火材料以外的陶瓷材料,大体可分为两大类:一类是传统陶瓷(普通陶瓷);另一类是特种陶瓷。按性能特点也可分为结构陶瓷和功能陶瓷两大类。按陶瓷的主要化学成分区分，可分为氧化物陶瓷（如 Al_2O_3、MgO、CaO、BeO、ThO_2 等）、非氧化物陶瓷（如金属碳化物、硼化物、氮化物、硅化物等）和金属陶瓷。下面简单介绍普通陶瓷和结构陶瓷，在本章阅读材料中介绍功能陶瓷。

（1）普通陶瓷

普通陶瓷可分为日用陶瓷和普通工业陶瓷。日用陶瓷一般要求有良好的白度、光泽度、透明度、热稳定性和机械强度。它是以黏土、长石、石英为主要原料烧结而成的。主要用作餐具、茶具、工艺美术制品、装饰品和一般电工陶瓷。

普通工业陶瓷主要分为半瓷和精陶两类，按用途分为建筑陶瓷、卫生陶瓷、电气绝缘陶瓷和化工陶瓷等。其中，电气绝缘陶瓷按工作电压分为低压电瓷（$<$1kV）、高压电瓷（1～110kV）、超高压电瓷（$>$110kV）；按用途分为线路类电瓷、电器类电瓷和电站类电瓷。化工陶瓷用于制作实验器皿、耐蚀管道和容器、设备。性能上要求耐酸、耐高温，具有一定强度和热稳定性。

（2）结构陶瓷

目前使用的结构陶瓷材料有氧化铝、氮化硅、氧化锆、碳化硅四种。

氧化铝（俗称刚玉）最稳定的晶型是 α-Al_2O_3，经烧结而得的氧化铝陶瓷硬度高、致密、耐高温、耐骤冷急热、耐氧化，使用温度达 1800℃并具有优良的绝缘性，故用作机械零部件、刃具、工具、化工泵用密封环等。若加入少量 MgO、Y_2O_3 制成微晶氧化铝陶瓷，因其具有透光性能，可制作高压钠灯管等透明部件。

碳化硅陶瓷因其硬度高，具有优良的热稳定性和化学稳定性，高温强度最优，故除了作工业磨料外，还可制作耐高温、耐磨、耐蚀的各种部件，如火箭喷嘴、燃气轮机叶片、轴承、热电偶保护管等。

氮化硅陶瓷的主要成分是 Si_3N_4，硬度为 9，是最坚硬的材料之一，它的导热性好而且膨胀系数小，在急冷急热反复多次使用时不开裂，因此可制作切削刀具和高温结构件。

氧化锆陶瓷是以 ZrO_2 为主要成分的增韧陶瓷，它具有很高的强度和韧性，其强度能达到合金钢的水平，有人称之为陶瓷钢。它具有良好的化学稳定性、抗腐蚀，因此又可作特种耐火材料和浇注口，用作熔炼铂、钯等金属的坩埚。

二、硅酸盐水泥

水泥是水硬性胶凝材料，凝结硬化后有很高的机械强度，是不可缺少的建筑材料。

硅酸盐水泥的主要化学成分是钙、铝、硅、铁的氧化物，其中 CaO 占 60%以上，SiO_2 占 20%以上，其余是 Al_2O_3、Fe_2O_3 等。

水泥的生产过程是将黏土、石灰石和氧化铁粉以一定的比例磨细、混合成生料，然后在窑中煅烧。原料中各成分主要发生下列反应（箭头上的数字为反应温度）：

$$CaCO_3 \xrightarrow{750℃\sim1000℃} CaO + CO_2$$

$$2CaO + SiO_2 \xrightarrow{1000℃\sim1300℃} 2CaO \cdot SiO_2 \text{（硅酸二钙）}$$

$$3CaO + Al_2O_3 \xrightarrow{1000℃\sim1300℃} 3CaO \cdot Al_2O_3 \text{（铝酸三钙）}$$

$$2CaO \cdot SiO_2 + CaO \xrightarrow{1300℃\sim1400℃} 3CaO \cdot SiO_2 \text{（硅酸三钙）}$$

$$4CaO + Al_2O_3 + Fe_2O_3 \xrightarrow{1000℃\sim1300℃} 4CaO \cdot Al_2O_3 \cdot Fe_2O_3$$
（铁铝酸四钙）

经过以上反应，生料成为块状熟料，然后磨细，并加入少量石膏（其作用是调节水泥在施工过程中的硬化时间），即成为硅酸盐水泥。

水泥在凝结和硬化过程中主要发生水化和水解作用，其反应如下：

$$3CaO \cdot SiO_2 + nH_2O \xlongequal{} 2CaO \cdot SiO_2 \cdot (n-1)H_2O + Ca(OH)_2$$

$$2CaO \cdot SiO_2 + mH_2O \xlongequal{} 2CaO \cdot SiO_2 \cdot mH_2O$$

$$3CaO \cdot Al_2O_3 + 6H_2O \xlongequal{} 3CaO \cdot Al_2O_3 \cdot 6H_2O$$

$$4CaO \cdot Al_2O_3 \cdot Fe_2O_3 + 7H_2O \xlongequal{} 3CaO \cdot Al_2O_3 \cdot 6H_2O + CaO \cdot Fe_2O_3 \cdot H_2O$$

水泥的凝结硬化过程分三个阶段：

(1)溶解期：水泥遇水后颗粒表层与水发生反应，生成可溶性的 $Ca(OH)_2$ 和 $3CaO \cdot Al_2O_3 \cdot 6H_2O$，暴露出新的表面，再继续与水反应，形成它们的饱和溶液。

(2)胶化期：从水泥浆状物所含的 $Ca(OH)_2$ 饱和溶液中析出非晶体物质，它包围着水泥颗粒，使水泥凝结而失去塑性，并且变稠。

(3)结晶期：水泥浆凝结后，凝胶体中水泥颗粒的未水化部分继续吸收水分进行水化和水解，凝胶体逐渐脱水而紧密，$Ca(OH)_2$ 和 $3CaO \cdot Al_2O_3 \cdot 6H_2O$ 由胶体状态转变为结晶状态。析出的晶体嵌入凝胶体，并互相交错结合，使水泥强度提高。

在水泥硬化后，生成的 $Ca(OH)_2$ 因吸收空气中的 CO_2 生成 $CaCO_3$ 硬壳，从而防止了 $Ca(OH)_2$ 的溶解。

除硅酸盐水泥外，还有适用于不同用途的特种水泥。如高铝水泥，是用磨细的铝矾土与石灰石混合熔融，经反应而得到的。它是一种快速硬化的水硬性胶凝材料，具有抗海水性能，并可耐高温（1800℃），广泛用于军事工程和紧急抢修工程。又如耐酸水泥，是用磨细的石英砂与高分散的活性硅藻土的混合物，加入硅酸钠溶液后所得的塑性浆状物，它能转变为坚固的物质，可耐 HF 以外所有酸的腐蚀，因此用作耐酸瓷砖的黏结材料或构筑耐酸水槽、管道。

除以上几种水泥外，还有白水泥，是用含 Fe_2O_3、MnO（着色杂质）很少的石灰和黏土等作为原料，用无灰燃料（如重油、煤气）煅烧而成，在制造过程中应避免着色杂质混入。若拌入耐碱的矿物颜料，就得到彩色水泥。白水泥和彩色水泥在建筑、装饰行业中用途很广。

三、耐火材料

耐火材料是指能耐 1580℃以上高温，并在高温下能耐气体、熔融金属、熔融炉渣等物质的侵蚀，具有一定机械强度的无机非金属材料。

耐火材料的耐火度是其重要的性能指标，是指材料受热软化时的温度。常用的耐火材料是一些高熔点的氧化物、碳化物、氮化物。

按耐火度高低区分，可将耐火材料分为普通耐火材料（耐火度为 1580℃～1770℃）、高级耐火材料（耐火度为 1770℃～2000℃）。按主要化学性质区分，分为酸性、中性和碱性耐火材料。表 7.3 列举了目前常用的耐火材料的主要成分、性能及用途。

表 7.3 常用耐火材料的主要成分、性能及用途

名称	主要成分	酸碱性	耐火度(℃)	主要性能及用途
硅砖	SiO_2>93%	酸性	1690～1710	抗酸性氧化物性能好。用于酸性平炉、炼焦炉、盐浴炉等
半硅砖	SiO_2 50%～60% Al_2O_3 20%～30%	酸性	1650～1710	由含砂耐火黏土烧成。抗酸性氧化物性能好。用于炉子衬里、烟道及盛钢桶衬里等
黏土砖	SiO_2 50%～60% Al_2O_3 30%～48%	弱酸性	1610～1730	以耐火黏土加熟料烧结而成。热稳定性好。在氧化气氛中不易损坏。广泛用于高炉、平炉及各种热处理加热炉
高铝砖	Al_2O_3>48%	中性	1750～1790	由铝矾土加工烧成。抗酸碱性较好。用于炼钢电炉、高温热处理等
刚玉砖	Al_2O_3>72%	中性	1840～1850	以刚玉砂加热制成。抗酸碱性比高铝砖好，但价格较贵
镁砖	MgO>87%	碱性	2000	由镁砂(MgO)加工制成。抗碱性能良好，但抗温度急变性差。用于碱性冶金炉
铬镁砖	MgO 30%～70% Cr_2O_3 10%～30%	碱性	1850	用铬铁矿和镁砂加工制成。抗碱性能良好，抗温度急变性比镁砖好
碳化硅砖	SiC	中性	>2000	抗酸碱性较好。用作小电炉的盖子
石墨砖	C	中性	3500	耐高温，导电性好，抗酸碱性较好，但在高温下抗氧化性能较差。常作电极或与部分黏土混合制石墨坩埚

在生产中选用耐火材料时，应考虑其酸碱性和氧化还原性。酸性耐火材料如硅砖中的 SiO_2 在高温下与碱性物质如 CaO 发生反应而受到侵蚀，碱性耐火材料中的 MgO、CaO 高温下易受酸性物质的侵蚀。中性耐火材料由于主要成分是两性氧化物 Al_2O_3、Cr_2O_3，它们在高温下不易与酸性、碱性氧化物起反应，抗蚀性能较好。

阅读材料Ⅶ-1 功能陶瓷

功能陶瓷又称“特种陶瓷”，是以特定的性能或通过各种物理因素(如声、光、电、磁)作用而显示其独特功能的陶瓷材料。它突破了传统陶瓷以黏土为主要原料的界限，一般以

氧化物、氮化物、硅化物、硼化物、碳化物等为主要原料，因而具有特殊的性质和功能。下面简单介绍几种有代表性的功能陶瓷。

一、高温结构陶瓷

以氮化硅、碳化硅、二氧化锆、氧化铝为主要原料制成的耐高温陶瓷，可应用于高温结构件的制造。如汽车发动机一般是铸铁件，其耐热性能不高，而且需用冷却水对发动机进行冷却，导致热效率很低。用氮化硅制造的陶瓷发动机具有机械强度高、硬度大、热膨胀系数低、导热性好、化学稳定性高的优点，发动机可在1300℃高温下工作。由于燃料燃烧充分，又不需水冷却系统，大大提高了热效率。不仅如此，用这种陶瓷制作的发动机，可减轻汽车的重量。目前已有几个国家试制成功了无冷却式陶瓷发动机汽车。用高温结构陶瓷取代高温合金，在航天航空事业中也将有美好的前景。

二、磁性陶瓷——铁氧体

铁氧体是一种新型的非金属磁性材料，是将铁的氧化物与其他某些金属氧化物经烧结而制成，故又叫磁性瓷。以尖晶石型铁氧体为例，其分子式可写为$MeFe_2O_4$或$MeOFe_2O_3$，其中Me是指离子半径与Fe^{2+}相近的二价金属离子，如Mn^{2+}、Zn^{2+}、Cu^{2+}、Ni^{2+}、Mg^{2+}、Pb^{2+}等。

铁氧体是一种半导体材料，其电阻率为$10 \sim 10^7 \Omega \cdot m^{-1}$，而一般金属磁性材料的电阻率为$10^{-4} \sim 10^{-2} \Omega \cdot m^{-1}$。因此，用铁氧体做铁芯时电流损失小，适合于高频下的工作条件。铁氧体在高频技术、无线电、电视、电子计算机、自动控制、超声波、微波等现代工程技术中均得到了广泛的应用。

三、超导陶瓷

金属的导电性随温度降低而增加，当温度降至接近热力学温度0K的极低温度时，某些金属及合金的电阻急剧降为零，这种现象称为超导现象，具有这种性质的物质则称为超导材料。超导材料电阻突然变化、消失的温度称为超导转变温度或临界温度。最早发现金属汞是超导体，进一步研究发现元素周期表中有近30种元素的单质有超导性。但是金属单质的超导临界温度都很低，没有实用价值，因此人们逐渐转向研究金属氧化物和合金的超导性，开发常温超导体。1986年以来，超导材料的研究有了较大突破，继La-Ba-Cu混合金属氧化物(临界温度35K)、Y-Ba-CuO混合金属氧化物(临界温度90K)研制成功后，新的超导氧化物陶瓷系列不断被发现，如Bi-Sr-CuO、Tl-Ba-Ca-CuO等，其临界温度超过了120K。

超导陶瓷有许多独特的用途，用它制作的超导电缆，在输电时电损耗可几乎降为零；用超导陶瓷制造的超导发电机，由于线圈无电阻不发热，功率损失可减少50%；磁性超导陶瓷用于磁力悬浮列车，可使车速高达$500km \cdot h^{-1}$。

四、生物陶瓷

医学上，对人体器官进行修复或再造时，选用的材料要求有很好的生物相容性，对机体组织没有免疫排异反应，对人体无毒无害而且血液相容性好，不导致代谢作用的异常现象。实践证明，某些生物合金(不锈钢)、生物高分子和生物陶瓷是能够较好地满足以上条件的。但是，不锈钢在人体内时间长了会生锈，且有微弱的溶解，有机高分子材料易老化，只有生物陶瓷是惰性、耐蚀材料，更适宜植入人体。

常用的生物陶瓷有 Al_2O_3、ZrO_2、羟基磷灰石 $Ca_{10}(PO_4)(OH)_2$ 等，可用于牙齿、关节、骨骼的修复；还有生物玻璃如 CaO-Na_2O-SiO_2-P_2O_5，它与骨骼有较强的键合能力，能在修复部位表面形成有机和无机的复合层，因而结合强度很高。

五、光导纤维

将高纯度的 SiO_2(也称石英玻璃)熔融后，通过拉制工艺可得到直径约为 100μm 的细丝，即石英玻璃纤维。它能够透光而且在传输过程中光损失很小，故称为光导纤维。利用光导纤维能进行光纤通信，与电波通信相比，具有频带宽、通信容量大、工作效率高、能量损耗小、抗雷电干扰能力强且保密性好等优点。

光纤一般由三部分组成，即内芯玻璃、涂层玻璃(包层)和它们之间的吸收料，内芯折射率较高，包层折射率较低。由于光在内芯和包层的界面上发生全反射，因此入射光几乎全部封闭在内芯，经过无数次全反射，光波呈锯齿状向前传播，使光由光纤的一端传到另一端。显然，光损耗越小，传播的距离就越远。光通信就是将声音或图像由发光元件转换为光信号，经光纤传向另一端，再由接收元件恢复为电信号，传给受话机或接收机。

实际应用中，是将千百根光导纤维组合成光缆使用，既提高了光导纤维的强度，又可大大增加通信容量。

目前常用的光导纤维材料有多组分玻璃光纤、复合材料光纤、石英光纤。制造光纤的多组分玻璃有铅硅酸盐系、硼硅酸盐系、钠钙硅酸盐系和铝硅酸盐系等。

六、纳米陶瓷

固体材料中颗粒的大小一般在微米级。若用特殊的方法将颗粒加工到纳米级(10^{-9}m)，则颗粒中所含的分子数将大为减少，由这种颗粒做成的材料就是纳米材料。将陶瓷粉体颗粒加工到纳米级，就得到了纳米陶瓷。

纳米材料因其粒子是超细微的，所含粒子数多，表面积大，处于粒子界面的原子比例大，故具有突出的表面效应、界面效应和量子效应，呈现一系列独特的性质。如金的熔点是1063℃，而纳米金只有330℃，纳米铁的抗断裂应力比普通铁高12倍等。陶瓷材料突出的缺点是脆性大，而纳米陶瓷则具有延性，甚至有超塑性。如室温下合成的 TiO_2 陶瓷可以弯曲，其塑性变形高达100%，具有很好的韧性。因此人类有望借纳米技术解决陶瓷的脆性问题，使陶瓷在更多的领域得到广泛应用。纳米陶瓷被人们称为“21世纪的陶瓷”。

阅读材料Ⅶ-2　水玻璃

水玻璃(俗称“泡花碱”),有钠水玻璃和钾水玻璃两种,平常所说的水玻璃是钠水玻璃,即硅酸钠的水溶液,它通常采用干法(纯碱和石英砂在高温下熔融反应)或湿法(石英粉和烧碱溶液混合加热反应)而制得。

水玻璃实际上是一种多硅酸盐,其化学式为 $Na_2O \cdot mSiO_2$,常简写为 Na_2SiO_3。水玻璃的很多性质与其化学组成有关,其中“模数”(M)是很重要的指标。

$$M=\frac{SiO_2\text{ 物质的量}}{Na_2O\text{ 物质的量}}=\frac{SiO_2\%/SiO_2\text{ 摩尔质量}}{Na_2O\%/Na_2O\text{ 摩尔质量}}=\frac{SiO_2\%}{Na_2O\%}\times 1.033$$

在一定浓度范围内,水玻璃的模数越大,其黏结性越高,硬化速度越快,但硬化后干强度较差。我们可以根据使用的要求,用试剂调节水玻璃的模数。一般铸造工艺中所用的水玻璃模数为2.2～2.8。由于模数大小只能表示水玻璃中 SiO_2 和 Na_2O 的相对含量,而不能反映其中 Na_2SiO_3 的浓度,所以还应该用密度作为衡量水玻璃性能的一个重要指标。一般铸造工艺用的水玻璃密度为 $1.45 \sim 1.55 g \cdot cm^{-3}$。

水玻璃具有黏结性,是由于在一定条件下可以由黏稠的液态变成坚硬的固体,这一过程称为水玻璃的硬化。水玻璃的硬化分三个阶段进行:硅酸钠水解、形成硅酸溶胶、硅酸溶胶的凝胶化。其中 Na_2SiO_3 的水解反应为

$$SiO_3^{2-}+2H_2O \rightleftharpoons H_2SiO_3+2OH^-$$

根据平衡移动原理,从该体系中除去 OH^- 则可促进水解,加速硬化过程。能促进水玻璃硬化的物质如 CO_2、NH_4Cl 称为硬化剂。

水玻璃是重要的无机黏结剂,除用于铸造型砂工艺外,在建筑、纸浆上胶、蛋类保护、木材和织物防火处理、废水处理等方面也有广泛用途。

习　题

1. 何谓轻金属、重金属、贵金属、稀有金属?它们在元素周期表中是如何分布的?
2. 为什么Ⅳ～Ⅶ副族的金属多具有高熔点?
3. 合金有哪些基本类型?各类型的结构有何特点?
4. 何谓合金的固溶强化现象?产生的原因是什么?
5. 试述 Ti、Cr、Ni 等合金元素在钢中的主要作用。
6. 导体、半导体、绝缘体的电性能为何不同?为什么半导体的导电性能随温度升高而增加?
7. 填空题

(1)熔点最高的金属是__________,最低的是__________。硬度最大的金属是

__________，导电性最好的金属是__________。铸铁中使石墨球化的元素是__________。

(2)P型半导体靠__________导电，N型半导体靠__________导电。

(3)半导体的施主杂质元素有__________，受主杂质元素有__________。

(4)硬质合金中，__________是硬质相，__________是黏结相。

8. 陶瓷的各组成相各起什么作用？

9. 陶瓷的机械性能和热性能、电性能如何？陶瓷的突出弱点是什么？如何克服？

10. 什么是水玻璃的模数？为什么将模数和密度同时作为水玻璃的工艺指标？

11. CO_2和NH_4Cl用作水玻璃硬化剂的原理是什么？

12. 硅酸盐水泥的主要成分是什么？建筑中施用水泥的初期为何要经常泼水？

13. 耐火材料按化学性质如何分类？选用耐火材料时应注意哪些方面？

14. 形状记忆合金为什么能产生“记忆效应”？

15. 什么是储氢合金？对其有什么要求？

第八章　有机及高分子材料

有机材料和高分子材料与日常生活、工农业生产、医疗卫生、国防建设和尖端科学都有密切的关系，它涉及的种类很多、范围很广。本章针对工程技术的实际需要，仅介绍低分子有机材料中的润滑剂和合成有机高分子化合物及高分子材料的化学组成、结构、性能等基础知识。在阅读材料部分介绍复合材料和绝缘材料的有关知识。

第一节　润滑剂

各类机器在工作时，相对运动的部件不可避免地要产生摩擦，并伴随着机器的发热、磨损、烧结等现象。为克服这些不利的现象，最有效的手段就是润滑。用于润滑的材料叫作润滑剂。润滑剂有气态、液态、固态及介于固态和液态之间的膏状之分。现代工业中使用最多的是液态的润滑油和半膏状的润滑脂，本节主要介绍这两类润滑剂的化学组成和理化性能。

一、润滑油

润滑油又称“机油”。在高速运转的机器中，润滑油除了起润滑作用外，还有冷却、洗涤、密封和防锈等作用。按性能和用途分类，润滑油主要包括内燃机润滑油、机器润滑油、仪表油、齿轮油等，还有具有其他功能的润滑油，如液压油、工艺油等。

1. 润滑油的化学组成

润滑油是由基础油和添加剂组成的。基础油又分天然矿物油和合成油两类，以前者为主。

（1）基础油

矿物润滑油按其获得的方法不同，主要分为馏分润滑油、残渣润滑油、调合润滑油三种。矿物润滑油的主要化学组成是烷烃（$C_{16}\sim C_{20}$）和环烷烃，烷烃分正构和异构两类，环烷烃主要是 $C_5\sim C_6$ 的单环和双环、三环结构，并带有烷基侧链，另有少量的芳香烃。除烃类外，润滑油中还有含 O、S、N 元素的烃类衍生物以及由这些衍生物缩合而成的胶质、沥青质等，这些物质结构复杂，多是一些稠环化合物。胶质、沥青质是不利于润滑油性能的有害成分。

合成润滑油是用有机合成方法制得的，按其化学成分分类，主要有脂肪酸酯、合成烃、磷酸酯、硅酸酯、聚苯醚、氟氯碳化合物等类别。合成润滑油性能比矿物润滑油好，但因成本高，使用量较小。

(2)润滑油的添加剂

润滑油中加入的具有改善其使用性能的化学物质叫添加剂。尽管添加剂的加入量只占润滑油重量的0.01%～5%，但其作用是不可轻视的。常用的添加剂有以下几种。

①黏度添加剂：又称为“增黏剂”。将其加入到润滑油中，可以增加黏度和改善黏温特性。增黏剂一般是线型高分子化合物，低温时它在基础油中溶解少，高分子链呈卷曲状，对黏度影响较小。随着温度升高，由于溶胀和溶解度增大，流体的体积与表面积增大，内摩擦显著增大，因而使油的高温黏度增大。常用的增黏剂有聚异丁烯、聚正丁基乙烯醚、聚甲基丙烯酸酯等。

②降凝剂：在润滑油中加入降凝剂是提高润滑油低温流动性的措施。低温下，油中的蜡质(C_{20}～C_{30}的烷烃)会析出结晶而形成网络骨架结构，将油吸附住，使油的流动性降低。加入降凝剂则可避免网状骨架结构的形成，从而降低油的凝点。目前我国常用的降凝剂是烷基萘(巴拉弗洛)，用量占0.5%～0.8%，一般可使凝点降低10℃～20℃。

③清净分散剂：清净分散剂是润滑油添加剂中最重要的一种，其用量占添加剂总量的50%，主要用于内燃机润滑油中。因为内燃机中使用的润滑油经常处于高温下并易在金属表面形成薄油层，经空气氧化而生成胶膜和沉积物，若不清除，就会影响润滑效果。清净分散剂是典型的表面活性物质，在清洁的油中其极性基向内，聚集成为细微的胶团，非极性一端伸向油中。当油中生成或混入不溶性固体颗粒时，清净分散剂的极性基通过物理或化学吸附作用紧紧包围着这些固体颗粒，降低了油—固体颗粒的界面张力，使油对固体颗粒的润湿作用增强，固体颗粒被油润湿后以胶粒状态分散于油中，就不易沉积在机件的表面。而且微小的固体颗粒也容易被流动的润滑油带走，保证了被润滑机件的清洁和润滑作用。常用的清净分散剂有灰型清净分散剂，如磺酸盐、烷基酚盐、烷基水杨酸盐；无灰型清净分散剂，如甲基丙烯酸的高级醇酯和丁二酰亚胺等。

④油性添加剂：润滑油被金属表面吸附并形成油膜的性能叫作油性。油性不好的润滑油在金属表面形成的油膜不牢固，在较高的负荷下容易破裂，不仅增加了机件的摩擦，而且严重时还会使机件局部过热、磨损以致破坏。为了提高润滑油的油性，常加入油性添加剂。此类添加剂是有机极性化合物，其极性端牢固地吸附在金属表面，非极性端紧紧地“拉住”油中的烃分子，从而形成高韧性的油膜，保证了良好的润滑作用。常用的油品添加剂有硫化鲸油、硫化棉籽油、三甲酚磷酸酯、氯化石蜡等。

⑤抗氧化添加剂：为了延缓润滑剂的老化，延长其使用寿命而加入的物质叫作抗氧化添加剂。因为润滑油的氧化机理主要是由自由基引起的链式反应，所以抗氧化剂的作用原理之一是与自由基反应，生成稳定的化合物，阻止链反应的引发和传递，这类抗氧化剂属于自由基终止剂；二是终止自由基，促使烃类氧化的中间产物——烃基过氧化物分解，这类抗氧化剂属于自由基的链式反应终止剂。常用的抗氧化添加剂有2,6-二叔丁基对甲酚等。

⑥防锈添加剂：防锈剂是一些表面活性物质，是极性分子。将防锈剂加入到润滑油中，其极性基团能牢固地吸附在金属表面，非极性基团则把油类分子紧紧地拉住，从而在金属表面形成多分子层的油膜，油膜厚而致密，能阻止腐蚀性物质的侵蚀。常用的防锈剂

有石油磺酸钡盐(或钠盐)、环烷酸锌、十二烯基丁二酸等。

⑦极压抗磨剂:机器在比较苛刻的摩擦条件下(如高负荷、高速、高温)工作时,润滑油处于一种边界润滑(又称“极压润滑”)状态,为了减少摩擦、磨损,防止卡住、烧结、擦伤等现象产生,需加入极压与抗磨添加剂。

极压抗磨剂主要是含硫、磷、氮的极性有机化合物,其作用实际是一种控制性腐蚀现象。在温度、压力很高时,它与金属的摩擦表面发生反应,生成低熔点和剪切强度小、塑性高的反应膜,使金属表面凸起部分变软,减少了碰撞阻力,同时由于塑性变形和磨屑填平了金属表面的凹处,增大了摩擦面,减小了接触面的单位负荷,从而减少了摩擦和磨损,并能防止烧结和胶合。常用的极压抗磨剂有有机氯化物、磷化物、硫化物、有机金属盐、环烷酸铅与硫化物的复合物、硼酸酯润滑剂等。

2. 润滑油的主要理化性能及指标

(1)黏度

若将液体内部看作是由许多液层排列而成的,则当液层在外力作用下相对运动时,将产生内摩擦力,液体的这种性质称为黏滞性,用黏度来量度。我国对润滑油黏度采用运动黏度 υ 表示,单位为 $kg \cdot m^{-1} \cdot s^{-1}$。

黏度是润滑油的重要指标,它决定着润滑油的减磨、冷却、密封效果,也是选择润滑油和对其分类的主要依据。

润滑油的黏度与其化学组成有关。在所有的烃类中,烷烃的黏度最小,一般支链烷烃的黏度比直链烷烃的大,支链越多黏度越大,环烷烃黏度最大。黏度还与温度、压力等外界条件有关。润滑油的黏度随着温度而改变的性质称为黏温特性。润滑油的黏度随温度变化越小,其黏温特性越好,该润滑油的品质就越好。

压力增大时,润滑油的黏度也增大,但是当压力较小时,黏度的变化不大,只有压力达到 $50kg \cdot cm^{-2}$时,压力对黏度的影响才会明显。

(2)凝固点

润滑油的凝固点是其完全失去流动性时的最高温度。凝固点并不是润滑油最低使用温度的指标,因为在未达到凝固点时,润滑油就由于黏度的剧烈增大而失去了润滑作用。一般情况下,润滑油的最低工作温度应高于其凝固点 5℃～10℃。凝固点的高低与润滑油中的石蜡含量有关,含石蜡的润滑油凝固点一般较高,温度降低时,润滑油也会因黏度过大而失去流动性。所以在制取润滑油时应充分脱蜡,并除去黏温特性较差的烃类。

(3)油性

润滑油的油性(在前面已提及)又称“浮游性”。随着机械负荷增大,有的润滑油变得稀薄而失去润滑作用,只有油性好的润滑油才能维持足够的油膜而不导致机械磨损。油性好坏一般用油膜破坏时的临界负荷来评定。油性好坏不取决于油中各类烃的含量,而取决于其中极性化合物的含量。

(4)闪点

在规定条件下,润滑油表面上的蒸汽和空气混合物遇火时,发生初次蓝色闪火的最低温度叫闪点。在一定黏度下,润滑油的闪点越高越好。闪点高的润滑油在高温下能较长时间保持原有性能,不易生成沉淀,不易挥发,油的燃烧损耗少,防火性好。所以闪点既是润滑油的质量指标，也是安全性指标。闪点与油的化学组成有关，一般来说，烯烃的闪点低于烷烃、环烷烃和芳烃。

润滑油的闪点用开口闪点测定器来测定，故称为开口闪点。

(5)酸值

润滑油中常含有环烷酸，对金属器件易产生腐蚀，而且腐蚀产物环烷酸盐能显著降低润滑油的抗氧化能力，遇水还能使润滑油乳化，因此酸含量高是十分不利的。润滑油中所含游离酸的多少用酸值来表示。中和 1g 油中的游离酸所消耗的 KOH 的毫克数称为油的酸值。润滑油在使用过程中，由于氧化作用可使其酸值升高，所以根据酸值的变化可以判断其变质程度。

(6)抗氧化安定性

润滑油在加热和有金属催化剂的存在时，抵抗空气氧化作用的能力称为抗氧化安定性。润滑油氧化后发生变质，表现为颜色加深变黑、增稠、产生刺激性酸味、析出沉淀或悬浮物。生成的酸性物质能腐蚀金属机件，胶质沉淀物则易堵塞内燃机的油路、管道、滤清器，增加机械磨损，使活塞环黏结等。因此，润滑油必须具备良好的抗氧化安定性。

润滑油的抗氧化安定性与其化学组成有关。一般来说，芳香烃的抗氧化安定性最好，环烷烃次之，烷烃在高温下的抗氧化能力很差。含不饱和烃的润滑油，由于不饱和双键较活泼，特别容易氧化。润滑油的氧化产物很复杂，如烷烃氧化时，一般生成羧酸、醛、酮和羟基酸、树脂等。

3. 废旧润滑油的再生

润滑油在使用过程中会发生各种物理和化学变化，生成胶质和沥青类物质，颜色变黑，黏度改变并有沉淀物，其理化性能和指标不断下降，直至不再符合使用要求，这种现象称为润滑油的废旧化。废润滑油所含的有害杂质总量通常在 1%～25%范围内，若完全废弃，不仅浪费资源，也会产生环境污染。此时可用物理或化学方法除去杂质，使润滑油恢复原有的品质，这就是润滑油的再生。用物理方法(沉降、离心分离、过滤、水洗、蒸馏等)可除去机械杂质。用化学方法可除去润滑油氧化时生成的各种酸和树脂。常用的化学处理方法有以下几种。

(1)硫酸清洗

在不断搅拌下加入 98%浓硫酸，油中未老化变质的主要部分与硫酸无显著反应，但一部分树脂杂质溶于酸中，另一部分树脂杂质缩合成沥青质，其余部分被氧化成磺酸，这三种产物均进入酸渣中被除去。

(2)碱洗

用 3%～5%的氢氧化钠溶液，在 70℃左右清洗废润滑油，油中的有机酸、磺酸和残余硫酸被中和后生成盐，这些盐留在碱中而被除去。

(3)吸附

硫酸清洗法不能除去润滑油氧化生成的酸和酚类(它们溶解于润滑油)，可进一步用白土吸附精制。白土的主要成分是硅酸、铝矾土和水，含硅酸多的酸性白土经硫酸处理后，成为吸附性更高的活性白土。它可以吸附润滑油中的胶质、沥青质以及各种酸、碱性物质和酯类，使润滑油再生后有较好的性能。

二、润滑脂

润滑脂又名“黄油”或“干油”，是由润滑油加入一定的稠化剂等物质在高温下制成的半膏状润滑剂。与润滑油相比，它具有黏附性好、不流失、不滴落、抗压性好、抗腐蚀与密封防尘的优点，因此适用于转速高、离心力大和摩擦部位要求高度密封的机械。它能在较高的工作温度下保持一定厚度的油层，且维持较长时间不必更换。润滑脂除用作润滑剂外，还是常用的防锈油。

1. 润滑脂的组成

润滑脂由基础油、稠化剂和添加剂组成。其性质主要取决于基础油和稠化剂。

(1)基础油

基础油在润滑脂中的含量占总重量的70%～90%，是起润滑作用的主要成分。绝大部分润滑脂以石油基润滑油作为基础油。用于低温、轻负荷、高转速轴承的润滑脂应选黏度低、黏温性能好的变压器油；用于中温、中等负荷和中等转速机械的润滑脂可选用内燃机油；用于高温、中负荷、低转速机械的润滑脂，则应选黏度高、闪点高、安定性好的汽缸油、航空润滑油。对于使用温度范围较宽的润滑脂，应选高(低)温性能好、凝点高、高温蒸发性小且又不易氧化变质的合成油作为基础油。

(2)稠化剂

稠化剂是润滑脂的重要组成部分。在润滑脂中它形成海绵状或蜂窝状结构，将润滑油包起来，使其失去流动性而成为膏状物质。稠化剂的性质和含量决定了润滑脂的黏稠程度以及耐水、耐热等性能。稠化剂的含量越多，润滑脂越稠。稠化剂的耐热、耐水性能越好，润滑脂的耐水、耐热性能就越好。

稠化剂分为皂基和非皂基两类。皂基稠化剂由油脂(动、植物油)或合成脂肪酸与金属氢氧化物(碱)经皂化作用而成。能制成润滑脂的金属皂有脂肪酸锂、钠、钾、钡、钙和三硬脂酸铝、一羟基二硬脂酸铝等。所制得的润滑脂分别叫锂基、钠基、钾基、钡基、钙基、铝基润滑脂。非皂基稠化剂包括石蜡、地蜡、无机稠化剂(如膨润土、硅胶)、有机稠化剂(如阴丹士林、酞青铜)和填料(如石墨、硫化钼、炭黑)等。

(3)添加剂

用于润滑油的添加剂有抗氧化剂、防锈剂、极压添加剂等，同样适用于润滑脂。除此之外，在润滑脂中还有少量甘油和水可作为结构改进剂。甘油是制造润滑油时由基本原料带来的，它的存在可以改善皂油的结构，使胶体更稳定。对于钙基皂，吸收少量水形成水合钙基皂后，具有良好的亲油性和吸油后的膨胀能力，从而形成稳定的润滑脂。

2. 润滑脂的分类

润滑脂的品种、牌号很多，分类方法也很多。按基础油种类分为矿物油脂和合成油脂；按用途分为减摩润滑脂、密封润滑脂、防护润滑脂等；按其具有的某一特性分为高温润滑脂、耐寒润滑脂、极压润滑脂等。使用最多的是按其中稠化剂的类别来分类，如皂基润滑脂、羟基润滑脂、无机润滑脂、油基润滑脂。

我国机械行业中使用最多的润滑脂是钙基润滑脂，其主要特点是耐水性好、遇水不易乳化变质，它广泛用于电机、水泵、汽车、拖拉机的滚动和滑动轴承中，但缺点是耐热性较差，滴点[①]较低（75℃～100℃）。还有钠基润滑脂，因其滴点（140℃～160℃）较钙基润滑脂的高，故可用于工作温度较高、重负荷、低转速的机械。

第二节　有机高分子化合物

第七章介绍的硅酸盐陶瓷可称为无机高分子化合物，本节将讨论有机高分子化合物的有关概念、结构和性能。

一、高分子化合物的基本概念

高分子化合物（又称"高聚物"）是指分子量高于5000的化合物。以聚氯乙烯为例，它是由氯乙烯聚合而成的：

$$nCH_2{=}CHCl \longrightarrow {+}CH_2{-}CHCl{+}_n$$

我们将制成高分子聚氯乙烯的低分子化合物（氯乙烯）称为单体，所得高分子化合物是由许多相同的、简单的结构单元通过共价键经多次重复连接而成的，这些重复的结构单元称为高聚物的链节。高聚物分子中所含链节重复的数目 n，称为聚合度。由于在高聚物的合成中有诸多因素的影响，产物总是由分子量不相等的许多分子所组成，因此一种高聚物没有确定的分子量。通常所说的分子量、聚合度，都是指的平均值，其分子量 M、链节分子量 M_0 与聚合度 n 之间的关系是：

$$n = M/M_0 \tag{8-1}$$

高分子化合物按其分子形状可分为线型和体型两种结构。线型结构的高聚物由许多链节相互连成一个长分子链，其长度往往是直径的几万倍，通常卷曲为不规则的线圈状态；有些在主链上有支链。体型结构的高聚物是线型或支链型高分子之间以化学键交联而成的，它具有空间网状结构（见图8.1）。

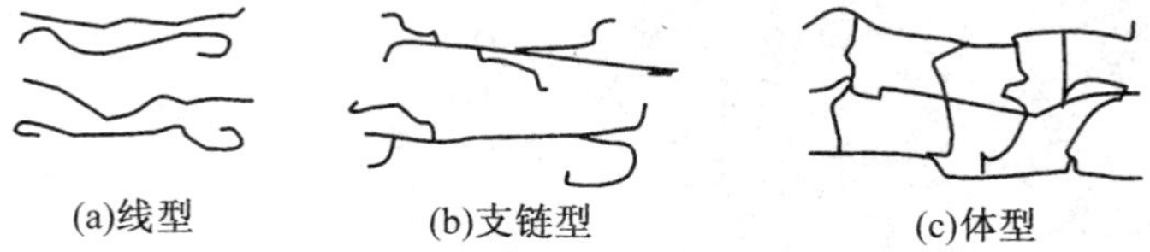

图8.1　高分子化合物分子链的几何形状

线型高分子化合物的主要性能特点是比较柔顺，具有弹性和塑性，在适当的溶剂中能溶胀并溶解，加热时软化并能流动。体型高分子化合物一般脆性较大，不溶于任何溶剂，仅能溶胀而不能熔融。

高分子化合物种类繁多，有很多不同的分类方法。如按性能和用途将其分为塑料、橡胶、纤维三大类。按主链结构分类，可将高分子化合物分为碳链高分子、杂链高分子、元素有机高分子三大类。

---

① 润滑油的滴点：在规定的加热条件下，润滑脂试样从滴点计的脂杯中滴出第一滴油或流出的油柱滴落到仪器中试管底部时的温度。

碳链高分子：主链全是由碳原子构成的，如聚氯乙烯：

$$\left[\!\!-CH_2-CHCl-\!\!\right]_n$$

杂链高分子：主链除碳原子外还含有氧、氮、磷、硫等原子，如聚醚：

$$\left[\!\!-R-O-\!\!\right]_n$$

元素有机高分子：主链不一定含有碳原子，而是由钛、硅、铝、硼等元素的原子和氧原子组成。如聚有机硅烷：

$$\left[\!\!-SiR_2-O-\!\!\right]_n$$

二、高分子化合物的合成

高分子化合物的合成，是低分子化合物(单体)变成高分子化合物的过程，这个过程叫聚合反应。聚合反应分为加成聚合(简称“加聚”)和缩合聚合(简称“缩聚”)两类。

1. 加聚反应

由一种或多种单体通过加成反应聚合成高分子化合物的反应称为加聚反应。参与加聚反应的单体分子内有不饱和键，因此反应的特征是没有 H_2O、NH_3 等小分子产生。如

$$nCH_2{=}CHX \Longrightarrow \left[\!\!-CH_2-CHX-\!\!\right]_n$$

由一种单体加聚而成的高聚物，其分子中的链节结构是相同的，这类聚合反应叫作均聚反应，生成的高聚物叫作均聚物。若由两种或两种以上的单体同时进行加聚，生成的高聚物分子中含多种结构单元，此类聚合反应叫作共聚反应，生成的高聚物叫作共聚物。共聚物按结构单元的键合方式不同，可分为四种类型：

(1)交替共聚物：～～A—B—A—B—～～。

(2)无规共聚物：～～A—B—A—A—B—A—～～。

(3)嵌段共聚物：～～A—A—A—～～—B—B—B—～～。

(4)接枝共聚物：

$$\begin{array}{ccccccccc} \sim\sim- & A- & A- & A- & \sim\sim- & A- & A- & A- & \sim\sim \\ & & | & & & & | & & \\ & & B & & & & B & & \\ & & | & & & & | & & \\ & & B & & & & B & & \\ & & | & & & & | & & \end{array}$$

2. 缩聚反应

由一种或多种单体互相缩合而成为高聚物的反应，称为缩聚反应，其特征是有 H_2O、NH_3 等低分子副产物产生，如

$$nHOOC(CH_2)_4COOH + nH_2N(CH_2)_6NH_2 \longrightarrow$$

$$HO\left[\!\!-OC(CH_2)_4CONH(CH_2)_6NH-\!\!\right]_n + (n-1)H_2O$$

一般含有两个官能团的分子缩聚时，形成线型结构高聚物，含有两个以上官能团的分子缩聚时，可交联为体型高聚物。

三、高分子化合物的命名

对于高分子化合物，采用系统命名比较困难，通常按合成方法、所用原料或用途来命名。习惯上，加聚物的命名是在单体名称之前加一个“聚”字，如聚氯乙烯、聚苯乙烯。缩

聚物的命名是在原料名称后加“树脂”二字，如(苯)酚(甲)醛树脂；若原料或单体名称较复杂，则可按其结构的某一特征来命名，如环氧树脂(由环氧氯丙烷和二酚基丙烷缩聚而成)。但是，部分非成品加聚物往往亦称“树脂”，如聚丙烯树脂、聚四氟乙烯树脂等。

缩聚物有时也按其结构特征来命名，如聚酰胺类高聚物就是因为其结构中含有酰胺键(—CONH—)而得名。

高聚物也多用商品名。如聚酰胺类叫尼龙或锦纶；聚对苯二甲酸乙二酯纤维叫涤纶或特丽纶；聚丙烯腈纤维叫腈纶或奥伦等。聚酰胺类高聚物又有尼龙 6、尼龙 66、尼龙 610、尼龙 1010 等品种。凡尼龙后只有一个数字的，表示这种聚酰胺是由内酰胺聚合而成的，如尼龙 6；凡尼龙后有两个及两个以上数字的则为缩聚产物，前面的数字为二元胺的碳原子数，后面的数字为二元酸的碳原子数，如尼龙 610 就是由己二胺和癸二酸缩聚而成的。

高聚物还常用其单体英文名称的第一个字母(大写)来表示，如 PE(聚乙烯)、PP(聚丙烯)、PVC(聚氯乙烯)、PS(聚苯乙烯)，而 ABS 则是丙烯腈、丁二烯和苯乙烯的共聚物。

四、高分子化合物的结构和性能

1. 高分子化合物的结构特点

在高聚物中，分子链内的原子靠化学键结合，这是高聚物的主价力。非键合原子、基团间和分子间的结合力(包括范德华力和氢键)则称为次价力。主价力决定高聚物的化学性质，次价力决定高聚物的强度，并对高聚物的耐热性、溶解性、电绝缘性、机械强度等性质有很大影响。高聚物中常见化学键的主价力与常见基团间的次价力列于表 8.1 中。

表 8.1　　高聚物中常见的主价力与次价力

主价力			次价力		
键	核间距(nm)	能量(kJ)	基团	基团间距(nm)	每个基团对内聚能的增量(kJ)
C—C	0.154	339	$—CH_3$	0.3～0.4	7.44
C═C	0.133	606	$>CH_2$	0.3～0.4	4.14
C≡C	0.120	836	≡CH	0.3～0.4	4.14
C—O	0.142	358	—OH	0.3～0.4	30.31
C═O	0.121	728	>C═O	0.3～0.4	17.78
C—H	0.108	418	—CHO	0.3～0.4	19.66
C—Cl	0.176	326	—COOH	0.3～0.4	37.51
C═S	0.160	539			

高分子链间的相互作用不能简单地用某些基团间的作用力之和来表示，而应综合考虑，为此引入了内聚能概念。内聚能是将液态或固态中的分子转移到远离其邻近分子(汽化或溶解)的状态时所需的能量。显然，内聚能是次价力整体作用的结果。单位体积高聚物的内聚能又称为内聚能密度。内聚能密度越大，次价力越强。

2. 高分子化合物的力学状态

高分子化合物按其结构形态可分为晶体和非晶体(无定形)两种。同一高分子化合物可以兼具晶型和无定形两种结构。如合成纤维分子的排列,就是部分属于结晶区,部分属于非结晶区。大多数合成树脂及合成橡胶则多为非晶型结构。

线型高分子化合物在不同温度范围内产生三种不同的力学状态:玻璃态、高弹态和黏流态。它们随着温度的变化可以相互转化。以形态对温度作图,可以得到温度—形变曲线,如图 8.2 所示。

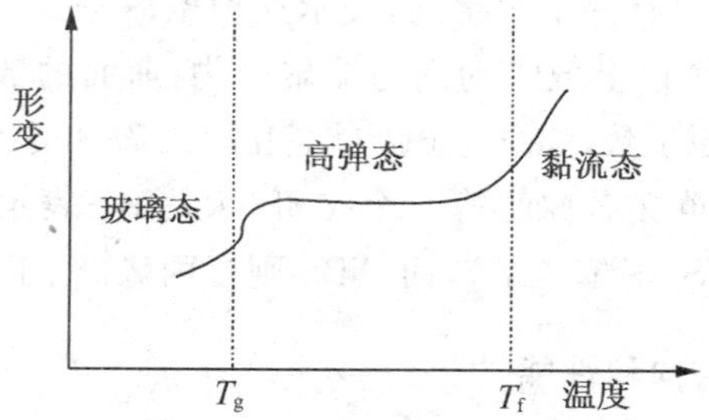

图 8.2 线型高聚物的温度—形变曲线

当温度很低时,高分子化合物的分子热运动能量很低,整个分子链不运动,仅有较小的侧基、支链和较小的链节运动,这时高分子化合物表现出的力学性质与小分子的玻璃类似,因此称作玻璃态。

当温度升高到一定数值时,整个高分子链仍不能移动,但链段(几个或几十个链节)则可以运动,这时高聚物若受到外力拉伸可以发生变形,外力除去后又会恢复到原来的状态,这种形变称为高弹形变,此时的高聚物处于高弹态。常温下的橡胶即处于这种状态。

当温度继续升高时,不仅链段能运动,整个分子链都能运动,这时的高聚物受到外力作用时呈现黏性流动,整个分子和分子之间发生相对位移,与小分子的液体类似。这种流动变形是不可逆的,外力消除后形状不能恢复。无定形高聚物的这种黏性流动状态称为黏流态。常温下,部分流动性树脂如环氧树脂和某些涂料就处于黏流态。

高聚物的上述三种力学状态在适当的温度下可以相互转变。由玻璃态向高弹态转变的温度叫玻璃化温度,用 T_g表示;由高弹态向黏流态转变的温度叫黏流化温度,用 T_f表示。表 8.2 列出了几种高聚物的 T_g和 T_f数值。

表 8.2　几种高聚物的玻璃化温度和黏流化温度

高聚物	T_g(℃)	T_f(℃)	高聚物	T_g(℃)	T_f(℃)
聚苯乙烯	80～100	112～146	尼龙 66	48	—
有机玻璃	57～68	—	天然橡胶	−73	122
聚氯乙烯	75	175	氯丁橡胶	−40～−50	—
聚乙烯醇	85	—	丁苯橡胶	−63～−75	—
聚丙烯腈	>100	—	硅橡胶	−100	250

高聚物的上述三种状态及 T_g 和 T_f 数值对其加工、应用有重要意义。对橡胶来说，使用温度应不低于 T_g，否则它将进入玻璃态，变硬、发脆并且失去弹性；当用塑料作结构材料时，要求其承担一定的负荷并保持一定的形状和尺寸，使用温度则不应高于 T_g，否则进入高弹态而失去刚性。T_g、T_f 的差值还决定着橡胶类物质的耐寒、耐热性，差值越大，其耐寒、耐热性能越好。高聚物的成型加工通常在其处于黏流状态下进行，因此成型温度应选择在 T_f 以上。

3. 高分子化合物的柔顺性

线型高分子除分子链可以运动外，分子链内相邻两个链节中的单键（σ 键，如 C—C）因其呈圆柱状轴对称分布，因而可以自由旋转，如图 8.3 所示。图中实线表示化学键，小黑点表示碳原子，虚线表示可能出现的立体构象，构象越多表明高分子链越柔顺。分子链在外力的作用下可发生构象的改变，卷曲的分子链也可以伸直，导致物体的外形改变，这就是高分子化合物的柔顺性。

影响高分子链柔顺性的因素很多，有键型、链节结构、取代基以及链间的交联程度等。不饱和键不能自由旋转，但与其相邻的单键却更易旋转。因此，聚丁二烯、聚异戊二烯、聚氯丁二烯等比聚乙烯、聚丙烯、聚氯乙烯等的柔顺性要好。前者是典型的橡胶，而后者则是具有刚性的塑料。主链链节中有芳环、杂环等环状结构时，易形成大共轭体系，不能发生内旋转，高聚物的刚性较大，如聚碳酸酯、聚苯、纤维素等就属于此类。另外，取代基的大小和极性也影响高聚物的柔顺性。取代基越大，位阻越大，分子的刚性越强；取代基的极性越强，分子越难旋转，链的柔顺性越差。如聚氯乙烯、聚丙烯腈、聚苯乙烯等刚性都较大。

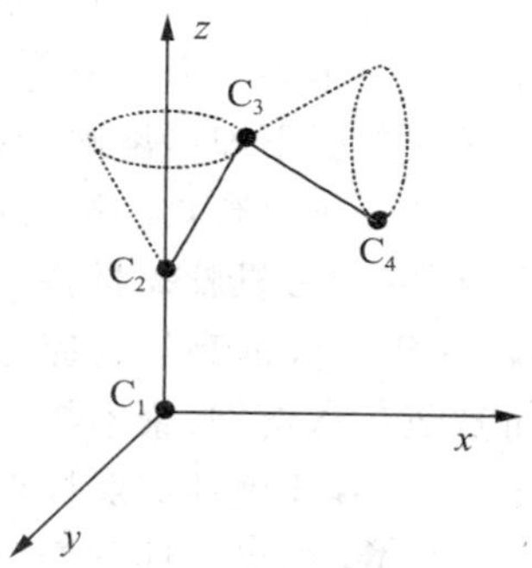

图 8.3　C—C 键的内旋转

4. 高分子化合物的主要性能

（1）机械性能

高分子化合物的机械性能如抗压、抗拉、抗冲击、抗弯曲等，主要取决于它的平均聚合度、分子量、结晶度以及分子间力等因素。一般来说，聚合度越大，结晶度和晶体定向程度越大，分子间力也越大，其机械性能就越强。但聚合度增加到 400 以上时，这种影响就不明显了。

高分子化合物的极性基团往往能增加分子间作用力。如聚酰胺含有酰胺键，分子间易形成氢键，大大增强了分子间作用力，从而提高了聚酰胺的机械性能。当高分子化合物分子间有交联作用时，也可提高其机械性能。

（2）电学性能

高聚物按其结构是否对称可分为极性和非极性两类。链节结构对称的高聚物是非极性的，如聚乙烯、聚四氟乙烯等。链节结构不对称的则称为极性高聚物。

对于直流电来说，由于高聚物内部一般没有可以自由移动的离子和电子，因而绝大多数高聚物具有良好的绝缘性能。但是对于交流电，由于极性高聚物中的极性基团或链节会随电场方向发生周期性的取向，形成“位移电流”而表现出导电性。所以，在选择电绝缘材料时要考虑高聚物的极性。如聚乙烯、聚丁二烯、聚四氟乙烯都是非极性分子，具有优良的电绝缘性。而聚氯乙烯为极性分子，电绝缘性较差，只能作为中频率的电绝缘材料。电绝缘性随分子的极性增强而减弱，低温时，由于分子热运动受限，极性基团不易活动，电绝缘性相应提高。另外，高聚物若不纯，含有能导电的杂质如水和盐类，则其绝缘性能降低。

(3)溶解性能

高聚物的溶解一般有两个阶段：溶剂分子渗入高聚物内部，使分子链间产生松动，并通过溶剂化而使高聚物膨胀为凝胶状，这一阶段称为溶胀；高分子从凝胶的表面进入溶剂中，形成均一的溶液，此阶段称为溶解。

一般来说，链状高聚物在适当的溶剂中是可以溶解的，但当链间由于交联作用成为体型大分子时，则只发生溶胀而难以溶解。晶态高聚物由于分子链排列紧密，链间的作用力较大，溶剂分子难以渗入，其溶解往往比非晶态高聚物要困难得多，此时可将其加热到熔点附近，使晶态转变为非晶态，再用溶剂进行溶解。如聚乙烯在熔点(135℃)左右才能溶于对二甲苯等非极性溶剂中。但极性的晶态高聚物在常温下即可溶解于极性溶剂中，如尼龙在常温下即可溶解于甲酸。

高分子化合物的溶解性能与低分子化合物类似，也符合相似相溶规律。在有机高分子材料(如有机胶黏材料、涂料)的配制、使用过程中，往往遇到溶剂的选择问题。通常情况下，极性大的高聚物应选择极性强的溶剂，如聚甲基丙烯酸甲酯(有机玻璃)是极性的，可选氯仿作溶剂；聚乙烯醇极性很强，可溶于水或乙醇中；聚苯乙烯是弱极性的，可溶于苯、乙苯等非极性或弱极性溶剂中。

(4)化学稳定性与老化

高聚物由于分子量高、结构复杂、分子间作用力大等因素，在发生化学反应时，其反应速率要比相应的低分子化合物慢，因而高聚物一般能耐酸、碱或其他化学试剂。如聚四氟乙烯不仅耐酸、碱，还可经受煮沸王水的侵蚀，它还是电的绝缘体，也不受电化学腐蚀作用的影响，因此有“塑料王”之称。

虽然高聚物有较好的化学稳定性，但由于组成和结构的差别，其化学稳定性也有差异。如含—CO—NH—、—COO—、—CN 等基团的高聚物不耐水，当这些基团在主链中时则易发生水解而断链，酸、碱可以起到催化作用。如聚酰胺的水解反应可简单表示为：

$$\sim\!\!\sim\text{—CO—(CH}_2)_m\text{—NH}\,\vdots\,\text{CO—(CH}_2)_n\text{—NH—}\sim\!\!\sim$$

$$+\,\text{H}\,\vdots\,\text{OH}$$

$$\longrightarrow\ \sim\!\!\sim\text{—CO—(CH}_2)_m\text{—NH}_2 + \text{HOOC—(CH}_2)_n\text{—NH—}\sim\!\!\sim$$

由于大分子链的断裂，分子量降低，其性能也发生很大改变。

高聚物及其材料在加工、储存和使用过程中，由于长期受到化学、物理(热、光、电、机械)和生物因素的综合影响，发生裂解或交联而导致性能变坏的现象称为老化。日常生活中我们经常遇到的塑料制品变脆、橡胶龟裂、纤维泛黄和失去柔性、油漆发黏等现象都属于老化。

高聚物老化的原因主要是链的交联和裂解。裂解又称为降解,是指大分子断裂为小分子的过程,它使高聚物聚合度降低,以致变软、发黏进而丧失机械强度。老化通常以降解反应为主,有时也伴有交联,交联使链状线型高聚物转变为体型结构,从而失去弹性而变硬发脆。

降解反应主要包括热降解、氧化降解和光化学降解三种机制。如尼龙 6 的热降解为:

$$\sim CO\!-\!NH\!-\!(CH_2)_5\!-\!CO\!-\!NH\!-\!(CH_2)_5\!-\!CO\!-\!NH\!\sim$$

$$\xrightarrow{\ \text{热}\ }$$

$$(CH_2)_5\!-\!C\!=\!O$$
$$NH$$

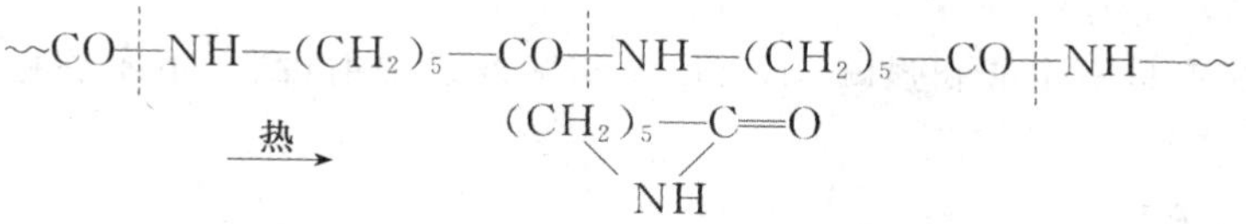

氧化降解是高聚物在 O_2、O_3、$KMnO_4$、H_2O_2 等氧化剂作用下而发生的反应。如橡胶与氧气作用:

$$\sim\!-\!CH_2\!-\!C(CH_3)\!=\!CH\!-\!CH_2\!-\!\sim\;+O_2$$

$$O\!-\!O$$
$$\longrightarrow \sim\!-\!CH_2\!-\!C(CH_3)\!-\!CH\!-\!CH_2\!-\!\sim$$

$$\longrightarrow \sim\!-\!CH_2\!-\!C(CH_3)\!=\!O \;\;+\;\; O\!=\!CH\!-\!CH_2\!-\!\sim$$

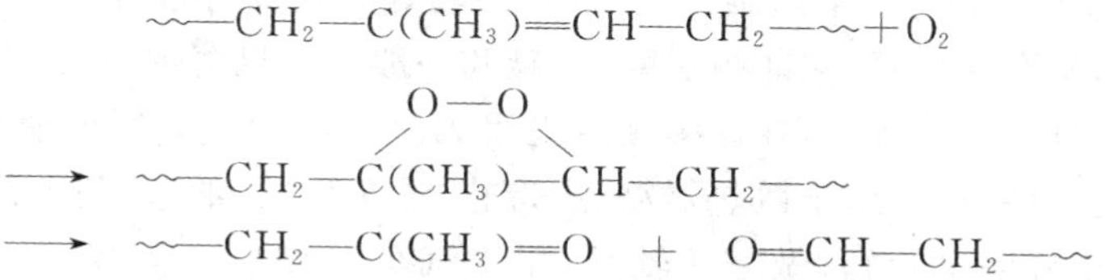

高聚物的氧化会因紫外线的辐射而加速。例如,长期在室外使用的聚乙烯薄膜因光照而使其韧性和强度急剧下降,最后变脆、破裂,以致丧失使用价值;因大气污染而形成的光化学烟雾含有臭氧等强氧化剂,可使橡胶制品开裂并失去弹性。

为延缓光、热、氧化剂对高聚物的老化作用,可在高聚物中加入抗氧剂(如芳香胺)、光稳定剂(如炭黑、钛粉等光屏蔽剂和紫外光吸收剂)等物质。

第三节 有机高分子材料

一、工程塑料

在加热、加压条件下可塑制成型,在自然条件下能保持固定形状的高聚物叫作塑料。塑料的基本组成是合成树脂,它决定着塑料的主要性能。为改善塑料的某种性能,往往加入一些填充剂、增塑剂、稳定剂,有时还加些润滑剂、着色剂、固化剂等。

塑料像树脂一样,也可分为热塑型、热固型两大类。从塑料品种的发展来看,最初是以酚醛类热固型塑料为主,20 世纪 50 年代后逐渐转向以乙烯类热塑性塑料为主,形成了以酚醛、氨基和"四烯"(聚乙烯、聚氯乙烯、聚苯乙烯、聚丙烯)六大类为主的通用塑料。60年代以后,随着科技发展对新材料的需要,出现了一系列塑料新品种,如聚酰胺、聚甲醛、聚碳酸酯、聚四氟乙烯、聚砜等。

工程塑料是指具有较高的机械强度和某些特殊性能、能代替金属作为工程技术上的结构材料的塑料。下面介绍几种主要的工程塑料。

1. 聚甲醛(POM)

聚甲醛的分子链上没有侧链,是一种高密度、高结晶性的线型高聚物,属热塑性塑料。它的力学性能、机械强度与金属铜、锌相似,可以在－40℃～100℃温度范围内长期使用,耐磨性和自润滑性很优越,又有良好的耐油、耐过氧化物的性能和尺寸稳定性,还有良好的电绝缘性。因此,聚甲醛用途很广,可代替各种金属和合金制造齿轮、凸轮、阀门、管道、叶轮、垫圈、活塞环等零部件。

聚甲醛的缺点是不耐酸和强碱,不耐日光和紫外线辐射,高温下不够稳定,且易分解出甲醛,阻燃性较差。

2. 聚酰胺(PA)

聚酰胺统称尼龙,品种很多,是线型结构的热塑性工程塑料。

聚酰胺是极性分子的高聚物,分子间力很强,且分子链间有氢键,能部分结晶。又由于链中含有很多 C—N,易发生内旋转,所以柔性较好。它具有很好的机械性能,抗拉、抗冲击,既强又韧,耐磨性也好;它能耐弱酸、弱碱和一般的有机溶剂,还具有良好的阻燃性。

聚酰胺由于具有以上优点,在许多领域里得到广泛应用。如用玻璃纤维增强的尼龙作为汽车发动机零件,还可用于散热器箱、皮带轮、油泵齿轮、油槽、刮水器等;在机床中用于油管;还可用于旋涡泵叶轮,做尼龙轴承,用于汽车、船舶、纺织、仪表器件;在电子、电器、化工、交通运输等方面也有广泛的用途。

聚酰胺的缺点是有吸水性,其制件常因吸水引起尺寸变化。作为电绝缘材料,当长期处于潮湿环境中时,由于与水分子形成氢键而导致其绝缘性下降。此外,脂肪族聚酰胺的热膨胀系数较大,一般只能在 100℃ 以下使用。

3. 聚碳酸酯(PC)

聚碳酸酯是一种新型的热塑性工程塑料,其结构式为

$$\left[\!\!\begin{array}{c} O \\ \| \\ C \end{array}\!\!-O-\!\!\bigcirc\!\!-\!\!\begin{array}{c} CH_3 \\ | \\ C \\ | \\ CH_3 \end{array}\!\!-\!\!\bigcirc\!\!-O\right]_n$$

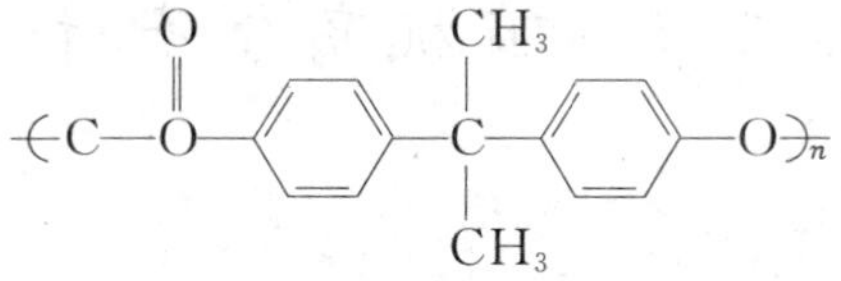

由于分子主链中引入了苯环,分子链间的作用力较大,其 T_g 高达 149℃,大大提高了耐热性能,使用温度范围较宽(－100℃～140℃)。聚碳酸酯具有强度大、刚性好、耐冲击、防破碎等优点,而且透明度高达 90%,有"透明金属"的美称。

聚碳酸酯不但可以代替某些金属,还可以代替玻璃、木材等。它可以用于电子仪器的外壳、零件、信号灯。由于透光性好,可用于挡风玻璃、座舱罩等。宇宙飞船有数百个部件就是用玻璃纤维增强聚碳酸酯制造的。另外,由于它的加工性能良好,还可以制成薄膜,作包装材料;用它发泡制造的人造木材制成家具,不仅美观、轻便耐用,而且不蛀。

作为工程塑料,聚碳酸酯具有自熄性、耐化学腐蚀性和尺寸稳定性,但其缺点是疲劳强度较低,容易产生应力腐蚀开裂,这些缺点可通过改性或添加增强剂等措施加以克服。

4. ABS

ABS是由苯乙烯、丙烯腈、丁二烯三种不同的单体共聚而成的，其结构一般可表示为

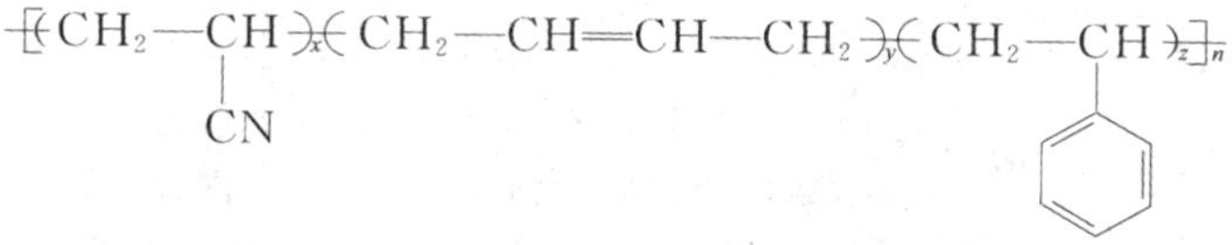

聚苯乙烯有透明、坚硬、良好的电性能和加工成型性等优点，但缺点是性脆、不耐有机溶剂和高温；与丙烯腈共聚则可提高强度，耐热、耐有机溶剂；与丁二烯共聚又可提高弹性，改善脆性，提高冲击强度。所以三者共聚的产物ABS成为综合性能优良的工程材料，具有坚韧、质硬、刚性的特征，且无毒、无味。

ABS是一种热塑性塑料，在汽车、拖拉机、纺织、仪表、机电等行业中应用极为广泛。可制成齿轮、泵叶轮、轴承、管道、电视机外壳、文教用具、家具、饮用输水管等，而且表面可以镀铜、铬等，更扩大了其应用范围。

ABS的缺点是耐热性不太高，不透明，耐候性不好，特别是耐紫外线性能不好，这主要是由于丁二烯的成分中含双键，易发生断键降解反应。为改善ABS的耐候性，可将丙烯腈、苯乙烯接枝到氯化聚乙烯主链上，得到的ACS树脂耐候性较好。

5. 聚四氟乙烯(F—4)

聚四氟乙烯的结构式是$\text{+}CF_2\text{—}CF_2\text{+}_n$，它是不含支链的、很规律的线型分子，分子链排列较紧密，结晶度达90%以上。由于结构对称，是非极性分子，又由于C—F的键能很高($485kJ\cdot mol^{-1}$)，不易破坏，所以具有卓越的耐蚀性，并具有耐热、耐寒的特征，可在－200℃～250℃的温度范围内使用。聚四氟乙烯的电绝缘性能十分优异，而且不受温度影响和交流电频率的限制，它还有优异的阻燃性和自润滑性。

基于上述优点，聚四氟乙烯在化学工业、电气工业、冷冻工业、航空工业上得到了广泛的应用。如用作高温环境中化工设备的密封件，无油润滑条件下的轴承、活塞环。其薄膜材料可用作电容器、通信电缆的绝缘材料。用聚四氟乙烯涂料制作的“不粘锅”和燃气炉灶外壳，具有耐热、耐用的特点，受到广大用户欢迎。

聚四氟乙烯的缺点是刚性不够，作为结构件时，其尺寸稳定性受到影响。

二、合成纤维

合成纤维一般是线型高分子化合物。它要求分子链有极大的极性，可形成定向排列而局部结晶，在结晶区内分子间作用力大，使纤维有一定强度。在非定向排列的无定形区内分子链可以自由运动，使纤维保持柔软又富有弹性。生产上，通常是将原料以熔体和溶液状态通过喷丝孔纺丝成形，后经拉伸、热处理等工艺再制成纤维。应说明的是，由木材、棉短绒等经化学加工而制得的黏胶纤维、醋酸纤维、铜氨纤维属于人造纤维(即通常所说的人造棉、人造丝)，而合成纤维则是真正摆脱动植物资源的纤维。表8.3列出了几种常用合成纤维的主要性能及用途。

表 8.3　　几种常用合成纤维的性能和用途

名称	原料或单体	重要性质	主要用途
锦纶 66 (尼龙 66)	己二酸 己二胺	强度大、质轻软有弹性,不会霉蛀,耐油、耐潮、耐海水,但不耐酸、不耐光,透气性差	作轮胎帘子线、传动带绳索、渔网、降落伞、潜水衣以及织物(如裤子)等
涤纶 (的确良或聚酯纤维)	对苯二甲酸 乙二醇	强度高、电绝缘性好,成型后形状稳定,不皱,耐酸、耐光,但吸水率低、染色性差	作电绝缘材料、耐酸滤布、高空降落伞等
腈纶 (人造羊毛)	丙烯腈	质轻、强度大,保暖性好,耐光、耐热、耐湿、耐化学药品,不霉蛀,但耐磨性差,染色困难,容易粘灰尘	作幕布、帐篷、军用帆布、炮衣、滤布、防酸布,与羊毛混纺作衣料、毛线、毛毯等
维纶 (维尼龙)	醋酸乙烯	吸湿性好、强度大,耐酸碱、耐光、易洗易干,不霉蛀但不如涤纶挺括	作工业滤布、工作服、轮胎帘子线、渔网,代替棉织线作衣料
氯纶 (聚氯乙烯纤维)	氯乙烯	耐化学腐蚀性好,保暖性强,难燃、耐晒、耐磨,但耐热性差,难染色	作滤布、工作服、地毯、衣料等
丙纶 (聚丙烯纤维)	丙烯	强度大,耐蚀性仅次于锦纶,但耐光性和染色性差	作缆绳、滤布、渔网、工作服等

三、合成橡胶

合成橡胶是一种在室温下能保持高弹性能,并在较大温度范围内不失去弹性的高聚物。合成橡胶主要是二烯型的高聚物,它们都是线型的,其性能与天然橡胶相似。

合成橡胶分子链柔顺而富有弹性和耐寒性,但因分子链上均含有易被氧化的双键,使橡胶容易老化,并易变硬、变脆和发软、发黏,因此,橡胶制品不宜在日光下暴晒。工业上,为了满足某些性能(如耐油、耐高温、耐低温、耐腐蚀等),还开发了各种特殊的橡胶品种,所以合成橡胶可分为通用橡胶和特种橡胶两大类。通用橡胶主要有丁苯橡胶、顺丁橡胶、异戊橡胶、氯丁橡胶、丁钠橡胶等。表 8.4 列出了几种通用橡胶的组成和性能特点及主要用途。

特种橡胶是在特殊条件下使用的橡胶,目前常用的有硅橡胶、氟硅橡胶、硫硅橡胶等。硅橡胶是一种链型结构的聚硅氧烷,其结构式可简写为$[O—Si(CH_3)_2]_n$,由于其主链上 Si—O 键能较大($368kJ \cdot mol^{-1}$),因此是一种耐热性和耐老化性很好的橡胶。硅橡胶制品柔软、光滑、物理性能稳定，对人体无毒，长期与人体组织和血液接触也不会起变化，因此在医疗方面用途最广。由于它既耐低温又耐高温，在－65℃～250℃范围内保持弹性，又耐油、防水，不易老化，绝缘性能优良，可用作高温、高压设备的衬垫、油管衬里、火箭导弹的零件和绝缘材料等。硅橡胶的缺点是机械性能较差，容易撕裂。

表 8.4　　一些合成橡胶的组成、性能和用途

名称	化学组成	性能	主要用途
顺丁橡胶	$\text{-(}CH_2CH{=}CHCH_2\text{)}_n$	性能像天然橡胶，弹性、耐磨性、耐老化性比天然橡胶好，但加工性能差、抗滑性差	制轮胎、三角胶带、耐热胶管等
丁苯橡胶	$\text{-(}CH_2CH{=}CHCH_2CHCH_2\text{)}_n$	耐酸、碱，耐磨，耐老化，介电性能和气密性好，但不耐油和有机溶剂	因价格低、产量大，用途广。作外胎、地板、鞋等
氯丁橡胶	$\text{-(}CH_2CH{=}CCH_2\text{)}_n$	耐油、耐热、耐化学腐蚀、耐磨、耐火，但耐寒性差	耐油胶管、电缆、衬垫、运输带、轮胎、防毒面具等
丁腈橡胶	$\text{-(}CH_2CH{=}CHCH_2CHCH_2\text{)}_n$	具有高耐油性，耐磨，耐热，耐酸、碱，气密性好，但耐低温性差，绝缘性及弹性较差	制各种耐油制品、密封垫圈、汽车轮胎、运输带等

四、有机胶黏剂

胶黏剂又称为黏合剂、黏结剂，是一类具有优良黏结性能的材料。有机胶黏剂通常以具有黏性和弹性的天然产物或合成高分子化合物为基料，加入固化剂、填料、增韧剂、稀释剂、防老剂等添加剂而组成。合成胶黏剂按其基料成分不同，可分为树脂型、橡胶型和树脂—橡胶混合型三类。

胶黏剂按主要用途可分为结构型和非结构型两类，前者用于受力结构件的黏结，需承受较大负荷，能经受高温、低温和化学介质等作用，如酚醛—缩醛、环氧—酚醛、环氧—有机硅胶黏剂；后者一般不承受较大负荷，只用来胶结受力较小的制件或用于定位，如聚氨酯、酚醛—氯丁胶黏剂。此外，还有密封胶黏剂、特种胶黏剂（导电、绝缘、耐温等）。

胶黏剂不仅用来黏结纸张、织物、木材、皮革、玻璃等非金属材料，还能黏结金属材料。因此，在机械、电器、电子、交通、土木建筑、医疗、宇航等各个领域都得到了广泛应用。

作为胶黏剂的基料树脂和橡胶，结构中必含有能与被粘物紧密结合的极性基团，如

—CO、—OH、—COOH、—NH₂等,这些基团与被粘物的分子和极性基团以化学键、分子间力等作用力牢固地结合,以环氧树脂胶黏剂为例:

环氧树脂是由环氧氯丙烷和双酚 A 缩聚而成的线型高聚物,结构式为:

$$CH_2-CH-CH_2-O-\!\!\bigcirc\!\!-C(CH_3)_2-\!\!\bigcirc\!\!-[O-CH_2-CH(OH)$$
$$\quad\quad\;\,O$$

$$-CH_2-O-\!\!\bigcirc\!\!-C(CH_3)_2]_n-\!\!\bigcirc\!\!-CH_2-CH-CH_2$$
$$\quad\quad\quad\quad\quad\quad\quad\quad\quad\quad\quad\quad\quad\quad\quad\quad O$$

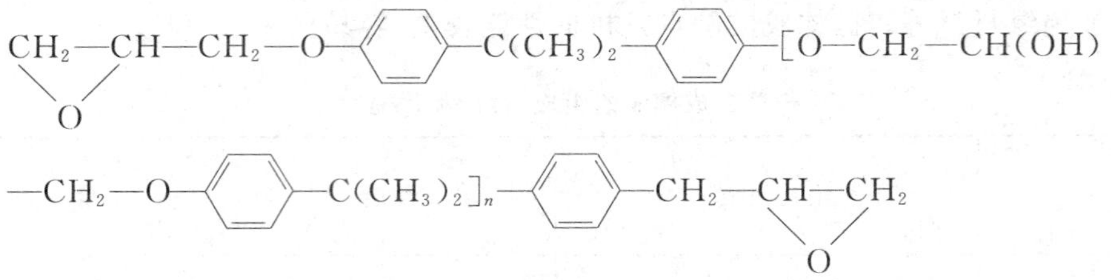

环氧树脂在使用时需加入固化剂,如乙二胺、间苯二胺,使其由线型结构变为体型结构。这种结构中有脂肪族羟基、醚键和环氧基,它们易与被粘物的极性部分(如木材纤维素中的—OH)相吸引,增强了分子间力,因此环氧树脂有很强的黏结力,能黏结金属、木材、玻璃、陶瓷、塑料、皮革、橡胶等各种材料,有"万能胶"之称。

五、涂料

涂料是涂刷在金属、木材、墙体等表面上的一种材料,一般呈液体状态,干燥后能形成一层薄膜而黏附在被涂刷物体的表面。涂料的功能很多,除保护和装饰功能外,有的还有某些特殊功能,如示温、夜光、防止生物附着、调节热和电的传导等。

目前所用的涂料主要指油漆类,如清漆、底漆、磁漆等,它们一般以有机高分子化合物为主体,再配以溶剂、颜料和助剂等成分。涂料中各成分的组成和性能主要有以下几种。

1. 成膜物质

成膜物质是涂料中能形成漆膜的主要物质,它是决定涂料性能的主要成分。它通过干燥成膜和交联固化成膜两种方式而形成漆膜。成膜物质包括各种油脂(如动物油、桐油、豆油、蓖麻油)和树脂,其中合成树脂主要有酚醛、醇酸、氨基、丙烯酸、聚氨酯、环氧类。

2. 颜料

颜料是有色的微细粉状物质,能分散于涂料而形成色层。颜料应具有遮盖力、着色力,高分散度,色彩鲜明并对光稳定。常用的颜料有红丹(Pb_3O_4)、氧化铁红(Fe_2O_3)、锌铬黄($ZnCrO_4$)、钼酸锌($ZnMoO_4$)等。

3. 溶剂

溶剂是对成膜物质有溶解能力的物料,又称"稀释剂"。不同的涂料有特定的溶剂,不宜错用。如油脂漆、天然树脂漆的溶剂可选 200 号汽油或松节油,氨基醇烘漆可选二甲苯、丁醇。但是,多数涂料的溶剂是有机物,不仅易挥发、气味大,且易燃、有毒性。近几年大力开发使用的水溶漆、乳胶漆、电泳漆是以水为稀释剂,它们无毒无味、不易燃,使用时既保证了安全,又不危害环境和人体健康,被人们称为环保型涂料。

4. 助剂

助剂主要有催干剂、润湿剂、表面活性剂、增韧剂、防结皮剂、紫外线吸收剂等,它们对改善、提高漆膜的性能和成膜过程有重要的作用。

涂料分类是以其主要成膜物质或涂料中起决定作用的一种树脂为基础的。目前我国把涂料分为 17 大类，另外还有辅助材料，见表 8.5。

表 8.5 **涂料产品分类表**

序号	代号	涂料类别	序号	代号	涂料类别
1	Y	油脂涂料	10	X	乙烯树脂涂料
2	T	天然树脂涂料	11	B	丙烯酸树脂涂料
3	F	酚醛树脂涂料	12	Z	聚酯树脂涂料
4	L	沥青树脂涂料	13	H	环氧树脂涂料
5	C	醇酸树脂涂料	14	S	聚氨酯涂料
6	A	氨基树脂涂料	15	W	元素有机涂料
7	Q	硝基涂料	16	J	橡胶涂料
8	M	纤维素涂料	17	E	其他涂料
9	G	过氯乙烯涂料	18		辅助材料

阅读材料Ⅷ-1 复合材料

前面介绍的金属材料、无机非金属材料及有机高分子材料各有其自身的优点，但也有缺点。如金属材料容易遭受腐蚀，陶瓷材料脆性大、易破裂，高分子材料不耐高温、易老化等。若能将它们进行优化组合，互相取长补短，就可以得到各种综合性能较好的材料，这就是复合材料。复合材料的使用历史比较悠久，人们在长期的生产实践中早已使用了诸如钢筋水泥，沙子与石子、水泥混合而成的混凝土，泥土和稻草制作的泥砖等复合材料。近代复合材料的兴起和发展是从 1932 年玻璃钢(玻璃纤维增强塑料)的问世开始的。近几十年来，随着工程技术的发展，尤其是原子能、航空、宇航、电子、通信技术的发展，复合材料的品种日益增多，应用越来越广。

一、复合材料的分类和基本结构

复合材料是一种多相固体材料，全部相可分为两类：一类相叫基体，起黏结作用；另一类相为增强相，起着提高强度或韧性的作用。

基体材料有树脂、金属、陶瓷、橡胶等，它使增强材料成为一体，起到保护增强材料的作用，并能将载荷传递给增强材料。

增强材料是复合材料的骨架，它基本决定了复合材料的强度和刚度。增强材料主要有玻璃纤维、碳纤维、硼纤维、石棉、金属和陶瓷晶须等。

复合材料的分类尚不统一，按性能可分为结构复合材料和功能复合材料；按增强体的形态和性质，可分为细粒增强复合材料、短切纤维复合材料、层叠复合材料和连续纤维复合材料等。主要的复合结构如图Ⅷ-1 所示。

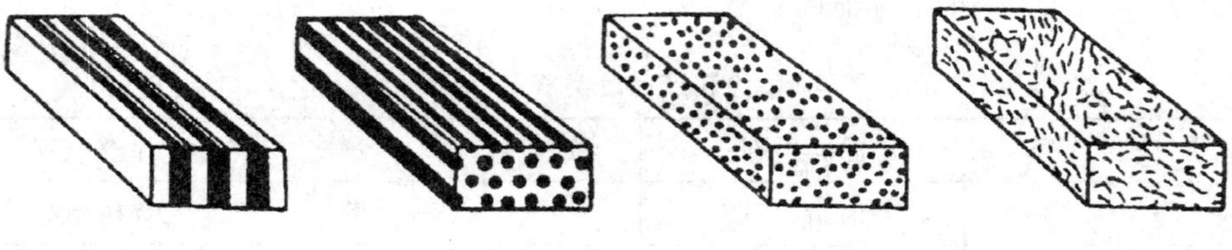

图Ⅷ-1　复合材料结构示意图

二、常用的复合材料

1. 纤维增强树脂基复合材料

(1)玻璃钢

玻璃钢是由玻璃纤维与聚酯类树脂复合而成的材料。将玻璃熔化并以极快的速度拉成细丝,经纺织得到直径为 5～10μm 的玻璃纤维,其强度比天然纤维高 5～30 倍。玻璃纤维可以制成纱、带材或织物,也可以切成短纤维加入到树脂基体中得到玻璃钢。玻璃钢质量轻、强度高、耐腐蚀、抗冲击、绝缘性好,广泛应用于飞机、汽车、船舶、建筑、家具等行业。

玻璃钢的基体也可以用尼龙、聚乙烯、环氧树脂、酚醛和有机硅树脂等。

(2)碳纤维增强塑料

这是以碳纤维为增强体、树脂为基体的复合材料。碳纤维原料来源广、成本低、性能好。目前制备碳纤维的方法是将聚丙烯腈合成纤维在 200℃～300℃空气中加热使其氧化,然后在 1000℃～1500℃的惰性气体中碳化,即可得到高强度的碳纤维。基体材料多选用环氧、酚醛、聚四氟乙烯等树脂。

碳纤维复合材料的强度和弹性模量都超过铝合金,甚至接近高强度钢,在自润滑性能和耐蚀性等方面均有显著优点。因此,它可以用作各种机器中的齿轮、轴承等受载磨损零件、活塞、密封圈等;也可用作化工容器;还可用作宇宙飞行器的外层材料,人造卫星、火箭的机架、壳体和天线构架。新一代的运动器材如羽毛球拍、网球拍、滑雪板、滑雪杖、撑杆、弓箭等都采用碳纤维增强塑料来制作。

2. 纤维增强金属基复合材料

由于树脂基复合材料耐热性较差,一般不超过 300℃,且不导电,因而限制了它们在某些条件下的使用。金属基复合材料在耐热、导电、导热方面具有优势,得到了较广泛的关注。

金属基复合材料的基体多用金属铝、镁、钛及某些合金,增强体则选用耐热性较高的硼纤维、碳纤维、碳化硅和氧化铝纤维,其中碳纤维是使用最多的增强材料。如碳纤维增强铝具有耐高温、耐热疲劳、耐紫外线和耐潮湿等性能,可制作飞机结构材料;硼纤维增强铝可用于空间技术和军事方面;碳化硅纤维增强铝由于比铝轻 10%,强度高 10%,刚性高一倍,具有优良的化学稳定性、耐热性和高温抗氧化性,可用于汽车和飞机制造。

3. 纤维增强陶瓷基复合材料

这是以纤维为增强体、以陶瓷为基体的复合材料。基体陶瓷主要有 Al_2O_3、$MgO \cdot Al_2O_3$、SiO_2、$Al_2O_3 \cdot ZrO_2$、Si_3N_4、SiC 等，增强材料多用碳纤维、碳化硅纤维和碳化硅晶须。

纤维增强陶瓷解决了陶瓷的脆性问题，具有强度高、韧性好、密度小等优点，动能吸收性能极佳，是理想的装甲材料。作为高温材料，陶瓷基复合材料可用作防热板、发动机叶片、火箭及航天飞机、导弹的某些部件。陶瓷基复合材料也是极有发展前途的生物医学材料。

阅读材料Ⅷ-2　绝缘材料

绝缘材料是指电导率较低（一般为 $10^{-9} \sim 10^{-19}\,S \cdot m^{-1}$），用来限制电流，使其按一定途径流动（如在电机、变压器、电器、电缆等中的绝缘）的材料；此外，也可利用其介电特性建立电场以储存电能（如在电容器中）。有时，绝缘材料还起着灭火、散热、冷却、防潮、防腐蚀、防辐照以及机械支撑、固定或保护导体等作用，故绝缘体材料是电气设备中必不可少的部分。

一、绝缘材料的主要性能

1. 电学性能

绝缘材料亦称“电介质”，是指能在电场中极化的材料。在电场作用下，电介质的束缚电荷发生弹性位移和偶极子的取向，此现象称为极化。

根据电介质分子极性的不同，可将其分为极性与非极性电介质两大类，无论哪一类电介质，在外电场作用下均能发生不同程度的极化。电介质极化能力的大小，用介电常数 ε 来表达，极化能力越强，ε 越大。

对于不同电气设备中的电介质，要求有不同的介电常数。如电容器中的电介质是储能用，要获得大的电容量，应选 ε 大的材料。但是作为绝缘结构如电缆、变压器、电极等，则希望介质的 ε 值小些，这样可减小工作时的充电电流。

实际上所有的电介质都不可能是理想的绝缘体。常用的绝缘材料在直流电压作用下，都会有一个很小的电流通过，我们称之为泄漏电流。绝缘材料产生泄漏电流的原因：一是材料内部存在游离的带电微粒，如离子、电子和空穴；二是材料中有杂质，在外电场作用下杂质发生电离，从而产生电流，这种现象称作电离电导；三是水分的存在促进了杂质的溶解和离解。因此，在制造绝缘材料时应注重原材料的纯度，使用时应保持工作场所和器材的清洁、干燥。

当施加于电介质上的电压增大到一定程度时，电介质的电阻急剧下降，由介电状态变成导电状态，这一突变现象称为电介质的击穿，此时的电压叫作电介质的击穿电场强度，或称为介电强度。击穿是绝缘材料的破坏现象，表现为电火花、电弧的产生和材料熔化、烧坏、开裂等。电介质击穿的原因是材料内部有缺陷、杂质或气孔，或处于高温、潮湿、有 O_3 及其他有害物质的工作环境中。所以，为保证电机、电气设备中的绝缘材料能长期工作，其工作电压应低于击穿电压。

2. 其他物理、化学性能

对绝缘材料其他性能的要求，除力学性能以外主要有耐热性、耐寒性、熔点、软化点、闪点等热学性能和化学稳定性、吸湿性。

电介质在电场作用下因产生能量损耗而发热，温度过高时会软化变形、熔融、烧焦或在长期工作过程中产生热老化，因此应限定每类绝缘材料的最高工作温度。

电介质在光、O_2、O_3、热和溶剂等作用下会发生化学变化而使性能恶化，最后导致击穿，因此在使用中应注意尽量避免上述因素的作用，并选择耐蚀性好的绝缘材料。

二、绝缘材料的种类

绝缘材料品种、类型繁多，分类方法也多种多样。按化学组成分为无机、有机两大类；按其制成成品的最终状态分为气体、液体、固体三类；按其用途分为覆盖、浸渍、涂漆、填料、胶合等几类。目前通用的分类方法可参阅《电气绝缘材料手册》。下面对常用的气体、液体、固体绝缘材料作简单的介绍。

1. 气体绝缘材料

常用的气体绝缘材料有空气、N_2、CO_2及人工合成的SF_6、氟利昂等气体。气体在架空线、空气电容器、充气电缆中是常用的电介质。其中干燥的空气$\varepsilon \approx 1$，除击穿强度低于液体、固体外，其他电性能指标都相当好，而且具有不燃、不爆、不易老化、化学稳定性好等优点。SF_6具有无臭无毒、不燃不爆、击穿强度高、灭弧性能好、性质稳定等优点。因其高压绝缘安全，故用作封闭组合电器、变压器、大容量断路器、避雷器及高压套管中的电介质。

2. 液体绝缘材料

液体绝缘材料主要有天然的矿物油和人工合成油两大类，此外，还有蓖麻油等植物油。它们主要用在变压器、电力电缆、电容器、油开关等电工设备中起绝缘浸渍、冷却和填充作用，在电容器中储存能量。液体电介质与气体一样，因有流动性，故击穿后有自愈作用。最常使用的是变压器油，包括变压器和油开关用油，也可用于电容器。它是重质润滑油，$\varepsilon \approx 2.3$，比电阻大，击穿电压为$80 \sim 220 kV \cdot cm^{-1}$，是优良的绝缘材料，也可以起到润滑、冷却、灭弧和迅速切断短路故障等作用。

3. 固体绝缘材料

固体绝缘材料分有机与无机两大类。无机绝缘材料有玻璃、陶瓷、云母、石棉等，其主要特点是耐热性高、化学稳定性好，缺点是脆性大。有机绝缘材料主要有热塑性塑料（如聚乙烯、聚氯乙烯、聚四氟乙烯）、热固性塑料（如酚醛树脂、环氧树脂）、橡胶、纤维（如绝缘纸、棉纱、布）和绝缘漆、绝缘胶。绝缘漆按其用途分为浸渍漆、漆包线漆、覆盖漆等类型。

固体绝缘材料中，合成高聚物品种的发展和复合绝缘材料的研制开发，对电工技术和高科技的发展起到了重要作用。

习　题

1. 什么是润滑剂？它有哪些种类？除润滑作用外，它还有哪些作用？

2. 润滑油主要的理化性能有哪些？影响其黏性的因素有哪些？

3. 润滑油有哪些添加剂？各有什么作用？

4. 润滑脂中稠化剂的作用是什么？

5. 如何回收利用废润滑油？

6. 给出下列高聚物的名称和单体：

(1) $\text{-}\!\!\left[CH_2—CH \right]\!\!\text{-}_n$
　　　　　|
　　　　C_6H_5

(2) $\text{-}\!\!\left[CH_2—C(CH_3) \right]\!\!\text{-}_n$
　　　　　|
　　　　$OCOCH_3$

(3) $\text{-}\!\!\left[NH(CH_2)_6NHCO(CH_2)_8CO \right]\!\!\text{-}_n$

(4) $\text{-}\!\!\left[CH_2—C{=}CH—CH_2 \right]\!\!\text{-}_n$
　　　　　|
　　　　CH_3

7. 填空题

(1)聚乙烯的刚性比聚氯乙烯__________,原因是__________。

(2)聚氯乙烯在室温时呈__________态。是因为其 T_g__________室温;氯丁橡胶在室温时呈__________态,是因为其 T_g__________室温。

(3)对橡胶来说,T_g越__________越好,T_f越__________越好。

(4)比较聚氯乙烯与聚乙烯,电绝缘性能较好的是__________。

8. 什么是高聚物的主价力、次价力？它们对高聚物的性能有何影响？

9. 什么是高聚物的老化？其主要机理是什么？如何延缓其老化？

10. 试比较下列高聚物的主要性能和用途：

(1)ABS　　(2)尼龙 6　　(3)聚四氟乙烯

(4)涤纶　　(5)丁苯橡胶

11. 作为黏结剂,在分子结构上应具有什么特点？

12. 环氧树脂为何可作黏结剂？使用时为何加入固化剂？参考阅读材料,说明环氧树脂的其他重要用途。

13. 涂料的功能和基本组成是什么？

14. 选择涂料的溶剂时应考虑哪些因素？

第九章　工程化学实验

化学是研究物质的组成、性质、结构及其变化规律的科学。工程化学是将现代化学原理应用于工程实际的桥梁，是工科各专业必修的一门工程基础课程。由于化学是以实验为基础的学科，因此，工程化学实验是工程化学课程必不可少的重要组成部分。

第一节　实验课的目的和要求

一、实验课的目的

工程化学实验课的目的主要有以下几点：

(1)使课堂讲授中获得的知识得到进一步巩固、扩大和加深理解。

(2)通过具体操作使学生掌握化学实验的基本方法和技能。

(3)培养学生独立工作的能力以及细致观察、正确记录实验现象并进行数据处理和得出科学结论的能力。

(4)培养学生实事求是的科学态度。

(5)培养勤于动手、勤于思考、讲求效率、合理安排乃至爱好整洁等良好习惯，从而逐步掌握进行科学实验和科学研究的方法。

二、实验课的要求

1. 预习

预习是实验课前必须完成的准备工作，是做好实验的前提。预习的目的在于明确实验目的和要求，从而保证实验能够获得良好的效果。每个实验之前必须进行预习，对没有预习或预习不符合要求者，任课教师有权停止本次实验。实验预习一般应达到下列要求：

(1)阅读实验教材，明确本次实验的目的及全部内容。必要时，可参看工程化学教科书中的有关内容。

(2)掌握本实验的主要内容以及实验的步骤，原理，所需仪器、药品和操作注意事项，做到心中对实验内容有一个大致了解。

(3)按教材规定设计实验方案，认真思考，解答本教材中关于该实验的思考题。

(4)写出实验预习报告。预习报告是实验的依据，应包括简要的实验步骤和操作以及主要注意事项。

2. 实验过程

实验是培养学生独立工作和思维能力的重要环节，必须认真、独立地完成实验任务。实验过程中，应根据教材上规定的方法进行操作，应做到：

(1)严格遵守实验室规则，注意安全和节约药品及水、电，爱护仪器，实验中应始终保持整齐、清洁。认真操作、细心观察、深入思考，得出结论。

(2)忠实记录实验现象和数据，不能只拣“好”的数据记录，甚至抄袭、杜撰(虚报)数据。

(3)实验中遇到疑难问题或出现“反常现象”时，首先应认真分析实验操作过程，思考原因。在经思考和参考教材无法解答时，可请指导老师帮助解答或在教师指导下，重做或补充进行某些实验。

(4)对于设计性实验，审题要确切，方案要合理，现象要清晰。若在实验过程中发现所设计的方案存在问题时，应找出原因，及时修改方案，直至达到实验要求。

(5)实验中每一步操作必须严格，这是做好或做准实验的基础。

3. 实验报告

实验报告是每次实验的总结，它反映每个学生的实验水平，必须严肃认真地如实填写，然后交指导老师审阅。实验报告要简明扼要，结论明确，字迹清楚，书写工整，一般应包括五部分内容：

(1)实验目的：简述实验目的。定量测定实验还应简介实验有关基本原理和主要反应方程式。

(2)实验步骤：尽量采用表格、简图、化学反应式、化学符号等清晰而简洁的表示方法进行说明。

(3)实验现象和数据记录：实验现象要表达正确，数据记录要完整，决不允许主观臆造、弄虚作假。

(4)解释、结论或数据计算：根据现象作出简明解释，写出主要反应方程式，分题目作出小结或者得出最后结论。若有数据计算，务必将所依据的公式和主要数据表达清楚。

(5)问题讨论：针对本实验中所遇到的疑难问题和补充实验，提出自己的见解或收获。定量实验应分析实验误差原因，也可对实验方法、教学方法、实验内容等提出自己的意见。

第二节　化学实验室安全守则及意外事故处理

一、化学实验室安全守则

化学实验室中有许多化学药品易燃、易爆或具有腐蚀性和毒性，存在着不安全因素。所以进行化学实验时，思想上必须重视安全问题，决不可麻痹大意。学生初次进行化学实验，应进行必要的安全教育。每次实验前应掌握本实验的安全注意事项。在实验过程中要严格遵守安全守则，避免事故的发生。

化学实验室安全守则如下：

(1)实验室内严禁饮食、吸烟,切勿品尝实验用化学药品。

(2)不准对性质不明的药品进行随意混合。

(3)一切有毒、有刺激性气体物质的实验,都要在通风橱中进行;一切涉及易燃易爆物质的实验都应在远离火种、电源的地方进行。

(4)水、电、气使用完毕应立即关闭。

(5)洗液、浓酸、浓碱具有强腐蚀性,应避免溅落在皮肤、衣服、书本上,更应防止溅入眼睛内。

(6)加热试管时,不要将试管口对着自己或别人,也不要俯视正在加热的液体,以免液体溅出受到伤害。

(7)嗅闻气体时,应用手轻拂,将少量气体扇向自己再嗅。

(8)有毒、有腐蚀性的液体不得倒入下水道,应回收后集中处理。

二、化学实验室意外事故的处理

化学实验室一旦发生意外事故,不可慌乱,要沉着冷静,按下列办法进行处理:

(1)如遇起火,首先移走易燃、易爆物品,切断电源,根据着火情况选择适当的灭火方法。一般小火可用湿布或沙土扑灭,火势较大时可使用灭火器,一般不可用水扑救。如遇电气设备着火,必须用四氯化碳灭火器灭火,切不可用水扑救。

(2)遇有烫伤事故,切勿用水冲洗,可用高锰酸钾或苦味酸溶液擦洗灼伤处,再搽上凡士林或烫伤油膏。

(3)若有强酸或强碱溅到皮肤或眼睛上,应立即用大量清水冲洗,然后相应地用碳酸氢钠溶液或硼酸溶液冲洗(若溅在皮肤上,冲洗后可涂些凡士林)。

(4)若吸入少量刺激性气体或有毒气体而感到不适时,应立即到室外呼吸新鲜空气;如吸入氯、氯化氢气体,可立即吸入少量酒精和乙醚的混合蒸气以解毒。

(5)被玻璃划伤时,伤口内若有玻璃碎片,需先挑出,然后搽上药水,再用纱布包扎。

(6)遇有触电事故,应先切断电源再行施救,切不可胡乱施救。

(7)对伤势较重者,应打 120 急救电话或自行立即送往医院。

第三节　有效数字及实验误差的基本概念

在化学实验中,为了得到正确的分析结果,不仅需要准确的测定,还需要正确的记录和计算分析结果。但在记录实验数据时应取几位数字,计算分析结果时应保留几位数字,这是首先需要解决的问题。为此,本节简单介绍有关有效数字的意义及计算,并介绍误差的基本概念。

一、有效数字的意义和位数

有效数字是指实验中能从仪器上直接读出的几位数字。例如,某物体在台式天平上称量得 4.6g,由于台式天平可称量至 0.1g,因此该物体的质量为(4.6±0.1)g,它的有效数字是两位。如果该物体在分析天平上称量,得 4.6155g,由于分析天平可称量至

0.0001g，因此该物体的质量为(4.6155±0.0001)g，它的有效数字是五位。又如，用滴定管取液体，能估计到0.01mL，该数若为23.43mL，则表示该测量数据为(23.43±0.01)mL，它的有效数字是四位。可见，在有效数字中，最后一位数字是估计出来的，不是十分准确的。除有特殊说明外，一般认为它有±1单位的误差，称作不定数字或可疑数字，其余数字都是准确数字。因此任何超过或低于仪器精确限度的有效数字的数字都是不恰当的。例如，上述滴定管读数为23.43mL，不能当作23.430mL，也不能当作23.4mL，因为前者夸大了仪器的精确度，而后者却缩小了仪器的精确度。因此实验测得的数据不仅表示测得结果的大小，还要反映测量的准确程度。

有效数字的位数可以由以下几个数值来说明(见表9.1)。

表9.1　　数值的有效数字位数

数值	13.00	13.0	13	0.1030	0.0103	0.0013
有效数字位数	4位	3位	2位	4位	3位	2位

通过表9.1可以看出：

(1)对一个数据的有效数字位数来说，从左边第一个非零的数字到可疑数字的数字个数，就是该有效数字的位数。

(2)零有双重意义。零在数字的中间或末端，则表示一定的数值，应包括在有效数字的位数中；如果零在第一个非零的数字的前面，只表示小数点的位置，所以不包括在有效数字的位数中。

二、有效数字的运算规则

在计算过程中，有效数字的取舍也很重要，必须按照一定的规则进行计算。常用的基本规则如下。

(1)有效数字的运算结果也应是有效数字。多余的数字按“四舍六入五留双”的原则处理。也就是说，在有效数字后面的尾数若为4或小于4时就弃去；若为6或大于6时就进位；等于5时，若进位后得偶数就进位，若进位后得奇数就弃去，总之保留尾数为偶数。上述过程叫修约数字。修约数字只允许对原测值一次修约到所需要的位数，不得连续修约。例如，将25.4546修约为两位有效数字时，不能如下修约：25.4546→25.455→25.46→25.5→26，而应一次修约：25.4546→25。

(2)当几个数相加减时，其和或差有效数字的保留，应以小数点后位数最少的数据为依据。例如，18.2154、2.563及0.55三数相加，则在0.55中小数点后第二位已为可疑，因此三数相加后，第二位小数已属可疑，其余数据应按“四舍六入五留双”的原则处理。即18.2154应改写为18.22，2.563应改写为2.56，于是三者之和为：18.22＋2.56＋0.55＝21.33。这表明结果中的第二位小数已有±0.01的误差，符合加减的原则。

(3)几个数相乘除时，积或商有效数字的保留应以有效数字位数最少者为准。例如，0.0121、1.058和25.64这三个数相乘时，其积应为：0.0121×1.06×25.6＝0.328。因为第一个数值0.0121只有三位有效数字，是所有数值中有效数字位数最少者，以此为准来确定其他数值的有效数字的位数(只保留三位)。计算结果亦是三位有效数字,符合乘除运算规则。

三、定量分析中误差的基本概念

本书编有少量定量分析实验。定量分析的任务是准确解决“量”的问题。我们不仅要学会测定物质含量的方法,也要善于判断分析结果的准确性及学会讨论误差出现的原因。

1. 误差

误差指测定值与真实值之差,用以量度准确度。

2. 准确度

准确度指测定值与真实值相符合的程度。

3. 精密度

精密度指各次测定(平行测定)结果相互间接近的程度。精密度高即数据再现性好,测定结果之间接近。

4. 误差的表示方法

$$绝对误差=测定值-真实值(E=X-T)$$

$$相对误差=\frac{测定值-真实值}{真实值}\times 100\%=\frac{E}{T}\times 100\%$$

测定结果的准确度通常用相对误差表示,特别是对真实值不同的测定结果的相互比较只能使用相对误差。

5. 偏差

在分析实验中,如果不知道真实值,通常可用多次平行分析结果的算术平均值代替,按上述方法计算所得称为偏差。

$$绝对偏差=个别测定值-算术平均值$$

$$相对偏差=\frac{绝对偏差}{算术平均值}\times 100\%$$

偏差大小反映了单次测定结果的精密度。

6. 误差的种类

(1)系统误差:由测定方法、仪器、试剂、个人生理特点造成,是重复出现的可测的误差,在测定中可尽量避免和使之减小。

(2)偶然误差:也称“随机误差”,是由某些难以控制的偶然原因所引起。它的特点是大小相近的正负误差出现机会相等,小误差出现频率高,多次重复测定后可发现上述规律。可用正态分布曲线表示,符合统计规律。此类误差难避免、不能校正,可增加平行测定次数而使其减小。

(3)操作(过失)误差:由分析人员粗枝大叶所造成。实验者应严守规程、认真操作,若发现过失误差应将此值弃去,不参与平均值计算。深层次误差理论问题不属于本书范畴。通过努力,获得准确度、精密度均高的测定结果是分析者的最终目的。

第四节 实验精选

实验一 醋酸离解度和离解常数的测定

一、实验目的

1. 掌握 pH 计法测定醋酸离解常数的原理和方法。

2. 学习 pH 计的使用方法,练习滴定的基本操作。

二、实验提要

醋酸 CH_3COOH(简写为 HAc)是弱电解质,在水溶液中存在着下列离解平衡:

$$HAc(aq) \rightleftharpoons H^+(aq) + Ac^-(aq)$$

其离解常数为:

$$K_a^\ominus = \frac{c(H^+)c(Ac^-)}{c(HAc)}$$

如果 HAc 的起始浓度为 c_0,其离解度为 α,由于 $c(H^+)=c_0\alpha$,所以上式变为

$$K_a^\ominus = \frac{(c_0\alpha)^2}{c_0(1-\alpha)} = \frac{c_0\alpha^2}{1-\alpha}$$

α 可由 $c(H^+)/c_0$ 计算出来;而 $c(H^+)$ 通过测定溶液的 pH 可求得。

弱电解质的离解常数仅与温度有关,而与其浓度无关,离解度则随浓度增大而降低。

三、仪器和药品

1. 仪器

25 型酸度计(附复合电极)以及常用仪器:烧杯(100mL,5 只)、锥形瓶(250mL,2 只)、铁架台、移液管(25mL,2 支)、吸气橡皮球、滴定管(酸式、碱式)、滴定管夹、洗瓶、玻璃棒、滤纸碎片等。

2. 药品

醋酸 HAc($0.1mol \cdot L^{-1}$)、标准 NaOH 溶液($0.1mol \cdot L^{-1}$、4 位有效数字)、酚酞(1%)。

四、实验内容

1. 醋酸溶液浓度的标定

用 25mL 移液管量取两份 $0.1mol \cdot L^{-1}$ 的 HAc 溶液,分别注入 2 只锥形瓶中,各加 2 滴酚酞作指示剂。

用 $0.1mol \cdot L^{-1}$ 的标准氢氧化钠溶液滴定至溶液刚变红色并且在半分钟内不消失,即为终点,记下滴定所消耗的标准氢氧化钠溶液的体积。两次滴定消耗的体积差应小于 0.1mL,否则应再滴一份,至符合要求为止。

根据滴定结果,计算 HAc 溶液的浓度。

2. 系列 HAc 溶液的配制

将已标定浓度的醋酸溶液盛装在酸式滴定管中,准确放出 48.00、24.00、12.00mL HAc 于 3 只干燥的烧杯中。从另一只盛装去离子水的滴定管中准确放出 24.00、

36.00mL 去离子水于后两只烧杯中。此时，各烧杯中溶液的体积皆为 48.00mL。

计算各烧杯中溶液的浓度。

3. pH 的测定

按 pH 计的操作步骤调整好仪器，将上述已配好的溶液按由稀到浓的顺序依次测定 pH。

4. 结束整理

所测数据经指导教师检查认可后，才能将溶液倒掉。将所用常规仪器洗涤干净、放归原处，清理好实验台面，方可离开实验室。

五、数据记录和处理

将实验数据及计算结果记录在表 9.2 中。

1. HAc 溶液浓度的标定

表 9.2

项　　目	实验数据及结果	
	1	2
滴定前 NaOH 液面的位置(mL)		
滴定后 NaOH 液面的位置(mL)		
滴定中用去 NaOH 溶液的体积(mL)		
用去 NaOH 溶液体积的平均值(mL)		
标准 NaOH 溶液的浓度($mol \cdot L^{-1}$)		
滴定时取用 HAc 溶液的体积(mL)		
计算得 HAc 溶液的浓度($mol \cdot L^{-1}$)		

2. HAc 离解度和离解常数的测定(填写表 9.3)

表 9.3　　　　实验温度________

编　号		1	2	3
HAc 溶液的配制	HAc 体积(mL)	48.00	24.00	12.00
	水体积(mL)	0.00	24.00	36.00
HAc 浓度($mol \cdot L^{-1}$)				
测定的 pH				
$c(H^+)$($mol \cdot L^{-1}$)				
离解度 α				
离解常数 $K_a^\ominus$				

六、实验思考题

1. 移液管、滴定管应如何正确使用?

2. 配溶液时,若1号烧杯没有干燥,对实验结果是否有影响?若溶液配好以后拿去测pH时,2号烧杯中的溶液不慎洒了一些,对实验结果是否有影响?

实验二 工业用油的酸值及其水溶液酸性的测定

一、实验目的

1. 了解工业用油的酸值及其水溶液酸性的测定原理和方法。

2. 掌握滴定的基本操作,学习使用微量滴定管。

二、实验提要

该实验主要用来测定电力系统常用的透平油、绝缘油及机械系统中常用的洗涤油(主要用航空汽油)、润滑油、防锈油等的酸值及其水溶液酸性。油的酸值和油的水溶液酸性是评定油脂质量的重要指标,若油脂的酸值和水溶液酸性不符合要求,在实践中,常使金属产生腐蚀速度加快等不良现象。

本实验采用沸腾乙醇抽出试油中的酸性组分,用标准氢氧化钾—乙醇溶液滴定,以碱蓝6B为指示剂,溶液由蓝色变为浅红色即达滴定终点。变压器油和汽轮机油的水抽出液的pH用酸度计测定。

所谓油脂的酸值是指中和1g试油中所含酸性组分所需要的氢氧化钾的毫克数。

油脂的酸值(X)(mg KOH · g^{-1})按下述公式计算:

$$X=\frac{(V-V_1)\times 56.1\times M}{G}$$

式中:V为滴定试油时所消耗的0.02mol · L^{-1}氢氧化钾—乙醇溶液的体积(mL);V_1为滴定空白(无水乙醇)所消耗的0.02mol · L^{-1}氢氧化钾—乙醇溶液的体积(mL);M为氢氧化钾—乙醇溶液的摩尔浓度;56.1为氢氧化钾的摩尔质量(mol · L^{-1});G为油样的质量(g)。

三、仪器和药品

1. 仪器

锥形瓶(200~300mL)2个、球形或直形空气回流冷凝器(长约30cm)1只、微量滴定管(1~2mL,分度为0.02mL)、酸度计、分液漏斗、量筒(100mL)、烧杯(50mL)、水浴锅、铁架台。

2. 药品

0.02~0.05mol · L^{-1}的氢氧化钾—乙醇溶液(AR)、无水乙醇(AR)、碱蓝6B指示剂、KCl(AR)、邻苯二甲酸氢钾(CR)、试油。

四、实验内容

1. 油的酸值测定方法

(1)取8~10g试油(称准至0.01g),注入干燥的锥形瓶中,然后加入50mL无水乙醇,在锥形瓶上装上冷凝器,于水浴上加热,在不断摇动下回流5min以除去溶解于乙醇内的CO_2,取下锥形瓶加入0.5mL碱蓝6B指示剂,趁热用0.02mol · L^{-1}的氢氧化钾—

乙醇溶液滴定，至溶液由蓝色变为浅红色为止，记录所消耗的氢氧化钾—乙醇溶液的体积(mL)。

若滴定溶液不能由蓝色变为浅红色，则以溶液的颜色发生明显的改变作为滴定终点。

在每次滴定时，由停止回流至滴定完毕，其所需时间不得超过3分钟。

(2)取无水乙醇50mL，按上述同样步骤，进行空白的测定。

2. 水溶液酸性的测定方法——酸度计法

(1)量取摇匀的试油50～70mL，注入锥形瓶中，加入等体积预先煮沸过的蒸馏水，于水浴中加热至70℃～80℃，并摇动5min。

(2)将锥形瓶中的液体倒入分液漏斗中，待分层冷却至室温后，往50mL烧杯中注入不含油污的30～50mL的水抽出液，用酸度计测定pH。

(3)本实验精确度：两次平行测定结果的差值不大于0.05。最后取两次平行测定结果的算术平均值作为试油的pH。

五、实验思考题

1. 标准0.1000mol·L^{-1}的氢氧化钾—乙醇溶液如何配制？能否直接用分析天平称量固体氢氧化钾来配制标准氢氧化钾溶液？

2. 用氢氧化钾—乙醇溶液滴定时，为什么速度要快些？

实验三　钢中锰含量的测定

一、实验目的

1. 了解光电比色法测定钢中锰含量的原理、方法。

2. 学习分光光度计的使用方法以及有关的实验操作和标准曲线的绘制。

二、实验提要

锰是钢铁中的常见元素。普通钢中锰含量为0.25%～0.8%，低合金钢中锰含量为0.8%～1.5%，高锰钢中锰含量可高达14%。锰不但可使钢的硬度和可锻性提高，而且也是炼钢时常用的脱氧剂和脱硫剂。锰除以金属状态存在于金属固溶体中，在普通钢铁中主要以MnS状态存在。

含锰的钢铁(本实验用碳素钢)可用硫酸、磷酸和硝酸的混合酸溶解成为钢样溶液。在硝酸作用下，生成Fe^{3+}和Mn^{2+}，其中Fe^{3+}又可与H_3PO_4形成无色的铁(Ⅲ)-磷酸盐配合物。

酸性溶液中的Mn^{2+}在催化剂$AgNO_3$作用下，以过二硫酸铵$(NH_4)_2S_2O_8$为氧化剂，加热煮沸，即被氧化为紫红色的MnO_4^-，其反应式为：

$$2Mn^{2+}+5S_2O_8^{2-}+8H_2O\xrightarrow{Ag^+}2MnO_4^-+10SO_4^{2-}+16H^+$$

所生成的MnO_4^-可用分光光度计以去离子水为空白液，在波长530nm下测定其吸光度。

将不同浓度的已知锰含量的系列标准$MnSO_4$溶液，按上述方法进行同样显色处理后，在波长530nm下一一测定其吸光度。以上述经显色处理后的标准溶液的吸光度为纵坐标、锰的毫克数为横坐标作图，所得曲线称为标准曲线。通过标准曲线可由待测溶液的吸光度查出锰的质量(mg)，按下式计算钢样中的锰含量。

$$Mn\% = \frac{m_{Mn}}{m \times 1000} \times 100\%$$

式中：m 为钢样的质量(g)；m_{Mn} 为由标准曲线查得的锰的质量(mg)。

三、仪器和药品

1. 仪器

常用仪器：分析天平、电炉、烧杯(100mL，2只)、表面皿、量筒(20mL，5mL)、容量瓶(50mL，5只)、移液管(5mL，1支；10mL，2支)、吸量管(5mL，2支)、吸气橡皮球、洗瓶、玻璃棒。

其他：721型分光光度计、水浴锅(公用)。

2. 药品

硫酸 H_2SO_4($2mol \cdot L^{-1}$)、混合酸、硝酸银 $AgNO_3$(1%，并用硝酸酸化)、过硫酸铵 $(NH_4)_2S_2O_8$(15%，新配制)、标准锰溶液、碳素钢。

四、实验内容

1. 称取钢样 0.030～0.035g 于 100mL 烧杯中，加混合酸 10mL，在电炉上加热煮沸至试样全部溶解，除去氮氧化物，冷却后，转入 50mL 容量瓶中，立即加入约 10 滴硝酸银溶液、5mL 过硫酸铵溶液，在水浴上加热，至出现稳定的紫红色后，取下冷却，用去离子水稀释至刻度，摇匀。在波长 530nm 下，以蒸馏水为空白，测其吸光度 A。

2. 用 5mL 移液管分别吸取锰标准溶液 1、2、3、4mL 分别置于 50mL 容量瓶中，加混合酸 5mL、硝酸银溶液 10 滴、过硫酸铵 5mL，在水浴锅上加热至出现稳定的紫红色为止，稀释至刻度。在同样条件下分别测定其吸光度(测定时应从稀到浓)，按表 9.4 记录数据。以吸光度为纵坐标，锰的毫克数为横坐标，绘制标准曲线(需用坐标纸)。

3. 以试样吸光度的值，在标准曲线上查出溶液中相当于锰的毫克数，然后计算钢中锰的含量。

注：钢样溶液和四个标准溶液应当使用同一台光度计测定吸光度。

五、实验报告要求

1. 数据记录

(1)钢样质量________ g。

(2)吸光度测定(填写表 9.4)。

表 9.4

标号 项目	1	2	3	4	钢 样
锰标准溶液体积(mL)					
含锰的毫克数					A= 查得毫克数=
吸光度(A)					

2. 绘制标准曲线

3. 计算式及结果(Mn%)

六、实验前准备的思考题

1. 分光光度法测定钢中锰含量的原理是什么?各试剂的作用是什么?

2. 加过硫酸铵溶液后,控制煮沸时间是本实验的关键,若加热时间过长或过短将会对测定结果带来什么影响?

3. 欲配制含锰 0.2mg·mL^{-1}的锰标准溶液 200mL,应称取分析纯硫酸锰多少克?

4. 若实验中使用的仪器没有洗净,混入少量氯离子,对测定结果有无影响?

实验四　水总硬度的测定

一、实验目的

1. 了解水的硬度测定的意义和常用的硬度表示方法。

2. 掌握 EDTA 络合滴定法测定水的硬度的原理和方法。

3. 认识铬黑 T 和钙指示剂的应用,了解金属指示剂的特点。

二、实验提要

一般含有钙、镁盐类的水叫作硬水(硬水和软水尚无明确的界限,硬度小于 5～6 度的,一般可称为软水)。水的硬度是指溶于水中的 Ca^{2+}、Mg^{2+} 等离子的含量。硬度有暂时硬度和永久硬度之分。

暂时硬度:水中含有钙、镁的酸式碳酸盐,遇热即成碳酸盐沉淀而失去其硬性。其反应如下:

$$Ca(HCO_3)_2 \xrightarrow{\triangle} CaCO_3(\text{完全沉淀}) + H_2O + CO_2\uparrow$$

$$Mg(HCO_3)_2 \xrightarrow{\triangle} MgCO_3(\text{不完全沉淀}) + H_2O + CO_2\uparrow$$

$$MgCO_3 + H_2O \longrightarrow Mg(OH)_2\downarrow + CO_2\uparrow$$

永久硬度:水中含有钙、镁的硫酸盐、氯化物、硝酸盐,在加热时亦不沉淀(但在锅炉运行温度下,溶解度低的可析出而成为锅垢)。

暂时硬度和永久硬度的总和称为总硬度。由钙离子形成的硬度称为钙硬,由镁离子形成的硬度称为镁硬。

水中钙、镁离子的含量,可用 EDTA 法测定。在用 EDTA 法滴定 Ca^{2+}、Mg^{2+} 总量时,一般在 pH=10 的氨性缓冲溶液中进行,用铬黑 T 作指示剂。到达化学计量点前,Ca^{2+}、Mg^{2+} 和指示剂形成紫红色络合物,当用 EDTA 滴定至化学计量点时,游离出指示剂,溶液呈纯蓝色。滴定时,水中 Fe^{3+}、Al^{3+} 的干扰用三乙醇胺掩蔽消除,Cu^{2+}、Pb^{2+}、Zn^{2+} 等金属离子可用 KCN、Na_2S 等掩蔽。

水的硬度的表示方法有多种,随各国的习惯而有所不同。有将水中的盐类都折算成 $CaCO_3$ 而以 $CaCO_3$ 的量作为硬度标准的;也有将盐类折算成 CaO 而以 CaO 的量来表示的。目前我国采用两种表示方法:一种以度(°)计,1 硬度单位表示十万份水中含 1 份 CaO,可见 1°=10ppmCaO(ppm 为百万分之几,为 parts per million 的缩写);另一种以 CaO 的毫克当量/升计,表示 1L 水中所含 CaO 的酸碱毫克当量数。CaO 的酸碱毫克当

量数为 $E=\frac{CaO}{2}$的分子量，即 1mol CaO 等于 2 克当量 CaO。用 EDTA 滴定时，1mol EDTA 相当于 1mol CaO。故 CaO(毫克当量)＝$2MV$。

$$总硬度(毫克当量/升)=\frac{2MV}{V_{水}}\times 1000$$

式中：M、V 分别为 EDTA 标准溶液的摩尔浓度和体积；$V_{水}$为所取水样的体积(mL)。

当以度(°)计时

$$硬度(°)=\frac{MV\times\frac{M_{CaO}}{1000}}{V_{水}}\times 10^5$$

式中：M_{CaO}为 CaO 的摩尔质量($g\cdot mol^{-1}$)。

三、仪器和试剂

1. 仪器

酸式滴定管(50mL)、锥形瓶(250mL，3 只)、移液管(50mL)、电炉。

2. 试剂

EDTA 标准溶液(0.02$mol\cdot L^{-1}$)，NH_3-NH_4Cl 缓冲溶液(pH≈10)，铬黑 T 溶液(5%)，Na_2S 溶液(2%)，三乙醇胺溶液(20%)，HCl(1∶1)。

四、实验内容

用 50mL 移液管移取水样三份置于锥形瓶中，加 1～2 滴 1∶1 HCl 溶液使水样酸化，煮沸数分钟以除去 CO_2。稍冷后，加入 1mL 三乙醇胺溶液、5mL 氨性缓冲溶液、1mL Na_2S 溶液、2～3 滴铬黑 T 指示剂。用 EDTA 标准溶液滴定至溶液由紫红色变为蓝色，即为终点。记录消耗的 EDTA 标准溶液的体积，计算水的硬度。

注：①由于铬黑 T 与 Mg^{2+} 显色的灵敏度高，与 Ca^{2+} 显色的灵敏度低，所以当水样中 Mg^{2+} 的含量较低时，用铬黑 T 作指示剂往往得不到敏锐的终点。此时可在缓冲液中加入一定量的 Mg-EDTA 盐。配制方法如下：称取 0.25g $MgCl_2\cdot 6H_2O$ 倒入 100mL 烧杯中，加少量水溶解后转入 100mL 容量瓶中，加水稀释至刻度。用干燥洁净的移液管吸取 50.00mL 溶液，加 5mL pH≈10 的氨性缓冲溶液，2～3 滴铬黑 T 指示剂，用 0.1$mol\cdot L^{-1}$的EDTA滴定至溶液由紫红色变为蓝色即为终点。取相同量的 EDTA 溶液加入容量瓶中剩余的镁溶液中，即成 Mg-EDTA 盐。将此溶液全部倾入氨性缓冲溶液中。

②在氨性溶液中，当 $Ca(HCO_3)_2$ 含量高时，可能因慢慢析出 $CaCO_3$ 沉淀而使终点拖长，变色不敏锐。所以滴定前最好将溶液酸化煮沸除去 CO_2。注意 HCl 不可多加。

③络合滴定中，由于络合反应一般比酸碱反应慢，滴定剂应慢慢加入。为了提高反应速度，滴定的适宜温度是 50℃～60℃。所以，若加热赶走 CO_2 时，可趁此冷却至 50℃～60℃，接着滴定，效果好。

④由于各地水样的微量金属离子含量有较大差异，所以加入掩蔽剂三乙醇胺、Na_2S 等的量应各有差异，要根据具体情况而定。

五、实验思考题

1. 什么叫水的硬度？试用两种硬度单位表示分析结果。

2. 滴定水时，为什么常加入少量 Mg-EDTA 溶液？它对测定有没有影响？

实验五　钢铁的发蓝与电镀

一、实验目的

1. 了解钢铁"发蓝"的基本原理和处理方法。

2. 了解电镀铜的基本原理和处理方法。

二、实验提要

钢铁的"发蓝"处理与电镀是常用的两种金属表面处理方法，它们对充分发挥材料潜力，节约材料资源，制备具有特殊表面性能的材料具有重要的意义。

1. 钢铁"发蓝"

钢铁经化学氧化的方法处理后，表面生成一层均匀而且稳定的氧化膜，它具有黑色、蓝色或棕黑色的光彩，这种表面处理的方法称为"发蓝"。钢铁表面进行发蓝处理既可以防止空气中钢铁的腐蚀，又能增加美观，而且氧化膜较薄，不会影响零件的精度。

发蓝处理的原理是钢铁在强碱性条件下，利用氧化剂亚硝酸钠与钢铁表面发生氧化还原反应，生成一层致密而牢固的氧化膜（Fe_3O_4），从而起到保护钢铁的作用。氧化液的主要成分是氧化剂 $NaNO_2$、$NaNO_3$ 和 NaOH。氧化膜的形成机理较复杂，主要是氧化反应和水解反应，主要反应过程可用以下方程式表示：

$$3Fe + NaNO_2 + 5NaOH = 3Na_2FeO_2 + NH_3 + H_2O$$

$$6Na_2FeO_2 + NaNO_2 + 5H_2O = 3Na_2Fe_2O_4 + NH_3 + 7NaOH$$

$$Na_2FeO_2 + Na_2Fe_2O_4 + 2H_2O = Fe_3O_4\downarrow + 4NaOH$$

为进一步提高氧化膜的抗腐蚀能力，发蓝后的钢铁工件还可用肥皂液和机械油进行浸泡，通过皂化和油封处理，使氧化膜生成憎水亲油的硬脂酸铁。

2. 金属电镀

金属电镀又称"常规电镀"，电镀原理是利用电解装置把一种金属覆盖到基体金属表面。待镀基体金属与直流电源负极相连，作电解池阴极；镀层金属与电源正极相连，作电解池阳极。用适当的电解液进行电镀。

本实验是在铁片上镀铜，两极反应如下：

阴极：$Cu^{2+} + 2e^- = Cu$

阳极：$Cu - 2e^- = Cu^{2+}$

金属活动顺序在 Al 以后和 Pt 以前的金属（除 Pb、Cr 易钝化金属）均可发生阳极溶解，作电镀阳极。欲镀 Pb、Cr 及不活泼金属（如 Au、Rh 等），阳极用惰性电极，镀层金属离子来源于电镀液。

电镀质量与前处理操作、电镀液成分、pH、温度和电流密度等因素有直接关系。

三、仪器与试剂

1. 仪器

硅整流器（90A～6A 24V）、电压表（10～25V）、电流表（0～5A）、直流电源、导线、滑线变阻器、调压变压器、电镀槽、万用表、电极（石墨）、铜片、砂纸、钢铁工件、温度计、镊子、夹子、烧杯、电吹风、滤纸。

2. 试剂

酸：H_2SO_4（15%或以上浓度）、HCl（浓）、HNO_3（6mol·L^{-1}）；

碱：NaOH（固）；

盐：$CuSO_4\cdot5H_2O$、Na_2CO_3、Na_3PO_4、Na_2SiO_3、$NaNO_2$、Na_2NO_3；

其他：麦芽糖（或糊精）、硫脲、乌洛托品、肥皂、20号机油；

除油液：NaOH 50g·L^{-1}、Na_2CO_3 25g·L^{-1}、Na_3PO_4 25g·L^{-1}、Na_2SiO_3 5～10g·L^{-1}；

除锈液：25mL浓盐酸加75mL水、0.1g乌洛托品；

氧化发蓝液：$NaNO_2$ 180g·L^{-1}、$NaNO_3$ 50g·L^{-1}、NaOH 600g·L^{-1}；

皂化液：3%肥皂溶液；

油封液：20号机油；

镀铜液：$CuSO_4\cdot5H_2O$ 200～250g·L^{-1}、H_2SO_4 50～75g·L^{-1}、硫脲 0.04g·L^{-1}、麦芽糖（糊精）0.8g·L^{-1}。

四、实验内容

1. 钢铁发蓝

（1）前处理

将钢铁片用铁砂纸磨光进行机械除锈；然后用自来水清洗，浸入除油液（70℃～90℃）中20～30min进行除油处理；取出后用自来水清洗，再浸入除锈液中0.5～1min，除锈；取出后用自来水清洗，放入盛有蒸馏水的烧杯中待用。

（2）氧化发蓝

将氧化液加热至138℃，不断搅拌，把钢铁片加入氧化液中，保持氧化温度在138℃～148℃，30min后取出。

（3）后处理

氧化后钢铁片用自来水清洗，浸入皂化液（80℃～90℃）中3～5min；取出，用自来水清洗后，用电吹风吹干（或晾干）；再浸入油封液（100℃～110℃）中5～7min；取出，用滤纸擦干。

（4）检验

在经发蓝处理过的钢铁片表面滴2～3滴3%$CuSO_4$溶液，30s后钢铁片表面没有淡红色（Cu）出现，表示产品氧化发蓝合格。

2. 电镀铜

（1）前处理

钢铁件电镀铜的前处理操作同钢铁发蓝的前处理。

（2）电镀铜

按图9.1所示连接电镀装置，在接通电源后，经过一段时间，镀件上即可镀上一层铜。镀完后，将镀件取出，用自来水冲净镀液，晾干即可。

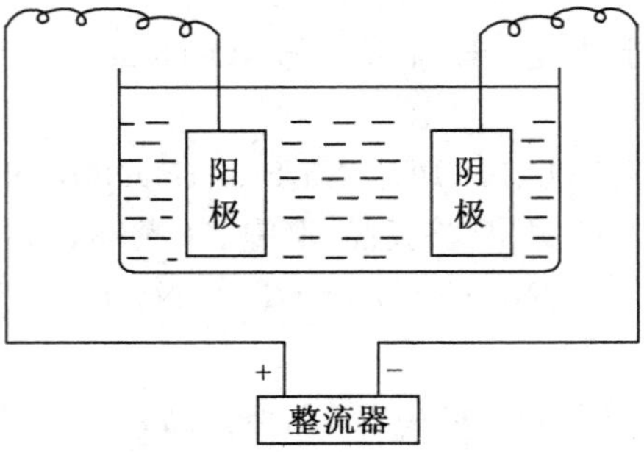

图 9.1　电镀铜示意图

(3)电镀控制条件

电流密度：$2\sim5A\cdot dm^{-1}$，温度：20℃～40℃，时间：由镀层厚度决定。

五、实验思考题

1. 电镀时为了使镀层致密牢固，需要控制哪些条件？

2. 钢铁发蓝的机理是什么？如何检验发蓝层的质量？

实验六　金属铝的表面处理——阳极氧化

一、实验目的

1. 了解铝阳极氧化的基本原理和方法及技术条件。

2. 了解铝阳极氧化后氧化膜的质量检验方法。

二、实验提要

铝在空气中形成的天然氧化膜很薄($4\times10^{-3}\sim5\times10^{-3}\mu m$)，不可能有效地防止金属遭受腐蚀。用电化学方法(电解)在铝或铝合金表面生成较厚的致密氧化膜($20\sim50\mu m$)的过程称为阳极氧化。阳极氧化可使铝的耐蚀性大大提高，而且氧化膜具有很高的电绝缘性和耐磨性，还可以用有机染料染成各种颜色。由于阳极氧化后铝及铝合金具有这些优良性能，所以在许多工程技术中得到广泛的应用。

阳极氧化过程，即以石墨(或铅)为阴极，铝片为阳极，在稀 H_2SO_4 溶液中进行电解，两极反应为：

阴极：$2H^+ + 2e^- = H_2\uparrow$

阳极：$Al - 3e^- = Al^{3+}$

$Al^{3+} + 3H_2O = Al(OH)_3 + 3H^+$

$2Al(OH)_3 = Al_2O_3 + 3H_2O$

电解过程中 H_2SO_4 又可以使形成的 Al_2O_3 膜部分溶解：

$$Al_2O_3 + 3H_2SO_4 = Al_2(SO_4)_3 + 3H_2O$$

所以氧化膜的形成依赖于金属氧化膜的形成速度和 Al_2O_3 的溶解速度。因此必须严格控制电解条件，使氧化膜的形成速度大于其溶解速度。硫酸的浓度、温度、电流密度等对铝的阳极氧化质量有很大影响。工件需带电入槽操作，这是决定阳极氧化成功与否的关键，在操作时必须引起注意。

生成的氧化膜具有空隙率和吸附性，可以放入染色液中进行染色或放入沸水中进行封闭处理，其反应为：

$$Al_2O_3 \xrightarrow[\triangle]{H_2O} Al_2O_3 \cdot H_2O$$

三、仪器和试剂

1. 仪器

烧杯（500mL，1只；150mL，3只）、电解槽一个、量筒（100mL、50mL、10mL各一个）、电压表（10～25V）、电流表（0～5A）、直流电源、导线、滑线变阻器、万用表、恒温槽、镊子、钳子、电极（石墨或Pb片）、铝片、分析天平、温度计。

2. 试剂

酸：HNO_3（2mol·L^{-1}）、H_2SO_4（15%或以上浓度）、H_3PO_4（85%）、HCl（3mol·L^{-1}）、HAc（0.1～1.5mol·L^{-1}）；

碱：NaOH（3mol·L^{-1}）、氨水（1.0%）；

盐：$K_2Cr_2O_7$(s)、$Na_2S_2O_3$(s)、$KMnO_4$(s)、$FeCl_3$(s)、K_2CrO_4(s)、$Pb(Ac)_2$(s)、$Co(Ac)_2$(s)。

其他：无水酒精、酸性大红（GR）、直接翠绿、活性艳橙等。

四、实验内容

1. 清洗铝表面

（1）取2片铝片用铝丝系好，量出每片铝片的表面积。

①碱洗：将铝片放在60℃～70℃、3mol·L^{-1}的NaOH溶液中浸1min左右，取出用自来水冲洗。

②酸洗：将碱洗过的铝片放在2mol·L^{-1}的HNO_3溶液中浸1min左右，取出用自来水冲洗，洗净的铝片应放在盛水的烧杯中待用。

2. 阳极氧化

（1）估算铝片浸入电解液部分的总面积，按照电流密度为10～15mA·cm^{-2}计算所需电流。

（2）将两个铝片作为阳极，石墨棒或铅板作为阴极，15% H_2SO_4溶液为电解液，按图9.2所示连接好线路。

（3）接通直流电源，调节可变电阻器，用较小的电流密度（<5mA·cm^{-2}）氧化1～2min，然后逐渐调整电流至所需数值（10～15mA·cm^{-2}）；电压约为10V，温度控制在13℃～26℃。

（4）通电10～30min后，切断电源，取出铝片，用自来水冲洗后立即染色并封闭处理，否则需存放在蒸馏水中待用。

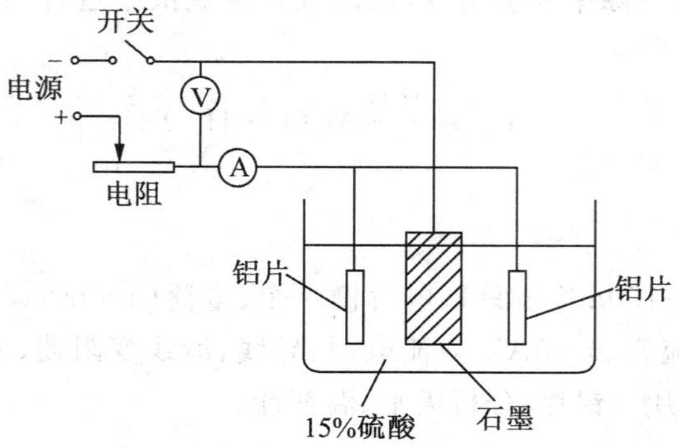

图 9.2　铝的阳极氧化

3. 染色

(1)无机染料染色：将氧化后的铝片浸入1号无机盐溶液中，取出用自来水清洗，再浸入2号无机盐溶液中。每种溶液中浸5～10min。若色泽不深，可重复浸渍。

(2)有机染料染色：先将染料用少量蒸馏水调成糊状，按浓度0.1～0.3mol·L^{-1}加水煮沸10～30min，再加入0.5～1.5mol·L^{-1}的HAc，使酸性染料及活性染料的pH在3～5(一般染料pH为5～6)。为提高染色质量，在染色前将铝片浸入1%氨水中0.5～1min，以中和表面酸性，温度控制在50℃～70℃范围内，时间为10～20min或更长。染好后立即用自来水洗净。

4. 封闭

将染好色的铝片放入90℃～100℃蒸馏水中20～30min，进行封闭处理，即可得到更加致密的彩色氧化膜铝材。

5. 质量检验(选做)

(1)绝缘性检验

利用串联小灯泡的电路(见图9.3)试验铝片氧化部分与未氧化部分的绝缘性能。

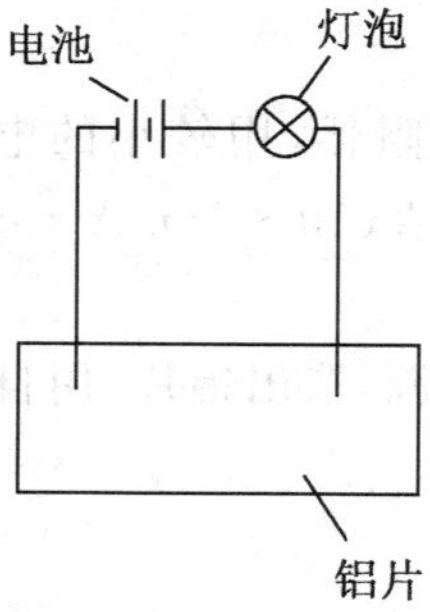

图 9.3　绝缘性检验

(2)氧化膜厚度测定(溶膜法)

溶膜液由H_3PO_4和CrO_3组成。此溶液可将氧化膜溶解，但不与铝反应。实验步骤如下：

①将铝片放于天平上称重，记下质量 W_1（称重后先做耐腐蚀性试验，然后再进行溶膜）。

②把铝片浸入 90℃～100℃溶膜液中煮 15min。取出后用水冲洗，浸入无水酒精，取出放干。

③用同一台天平称重，记下质量 W_2。

④计算氧化膜厚度：设氧化膜的平均密度为 $2.7g \cdot cm^{-3}$，$W_1 - W_2$ 为氧化膜质量。根据氧化膜的面积就可以计算出氧化膜的厚度。

(3)耐腐蚀性试验

在铝片上阳极氧化的部分和未阳极氧化的部分各滴一滴 $K_2Cr_2O_7$ 的盐酸溶液，观察反应。比较这两部分产生气泡和液滴变绿时间的快慢。写出反应方程式。

五、实验思考题

1. 本实验是怎样进行铝的阳极氧化的?

2. 用什么方法检验阳极氧化后氧化膜的绝缘性、耐腐蚀性和测量氧化膜厚度?

3. 如何测定铝阳极氧化后氧化膜的厚度?

附录1　一些物质的标准生成焓、标准生成吉布斯函数和标准熵

物质	$\frac{\Delta_f H_m^\ominus(298)}{kJ \cdot mol^{-1}}$	$\frac{\Delta_f G_m^\ominus(298)}{kJ \cdot mol^{-1}}$	$\frac{S_m^\ominus(298)}{J \cdot K^{-1} \cdot mol^{-1}}$
Ag(固)	0	0	42.55
AgCl(固)	−127.07	−109.80	96.2
AgI(固)	−61.84	−66.19	115.5
Al(固)	0	0	28.33
$AlCl_3$(固)	−704.2	−628.9	110.66
Al_2O_3(固)	−1675.7	−1582.4	50.92
Br_2(液)	0	0	152.23
Br_2(气)	35.91	3.142	245.35
C(固,金刚石)	1.8966	2.8955	2.377
C(固,石墨)	0	0	5.740
CCl_4(液)	−135.44	−65.27	216.40
CO(气)	−110.52	−137.15	197.56
CO_2(气)	−393.50	−394.36	213.64
Ca(固)	0	0	41.42
$CaCO_3$(固,方解石)	−1206.92	−1128.84	92.9
CaO(固)	−635.09	−604.04	39.75
$Ca(OH)_2$(固)	−986.09	−898.56	83.39
$CaSO_4$(固)	−1434.11	−1321.85	106.7
$CaSO_4 \cdot 2H_2O$(固)	−2022.63	−1797.45	194.1
Cl_2(气)	0	0	222.96
Co(固,α)	0	0	30.04
$CoCl_2$(固)	−312.5	−269.9	109.16
Cr(固)	0	0	23.77
Cr_2O_3(固)	−1139.7	−1058.1	81.2
Cu(固)	0	0	33.15
$CuCl_2$(固)	−220.1	−175.7	108.07
CuO(固)	−157.3	−129.7	42.63
Cu_2O(固)	−168.6	−146.0	93.14
CuS(固)	−53.1	−53.6	66.5
F_2(气)	0	0	202.67
Fe(固,α)	0	0	27.28

续表

物质	$\frac{\Delta_f H_m^\ominus(298)}{kJ \cdot mol^{-1}}$	$\frac{\Delta_f G_m^\ominus(298)}{kJ \cdot mol^{-1}}$	$\frac{S_m^\ominus(298)}{J \cdot K^{-1} \cdot mol^{-1}}$
$Fe_{0.947}O$(固，方铁矿)	−266.3	−246.4	57.49
FeO(固)	−272.0	—	—
Fe_2O_3(固，赤铁矿)	−824.2	−742.2	87.40
Fe_3O_4(固，磁铁矿)	−1118.4	−1015.5	146.4
$Fe(OH)_2$(固)	−569.0	−486.6	88
H_2(气)	0	0	130.574
H_2CO_3(aq)	−699.65	−623.16	187.4
HCl(气)	−92.307	−95.299	186.80
HF(气)	−271.1	−273.2	173.67
HNO_3(液)	−174.10	−80.79	155.60
H_2O(气)	−241.82	−228.59	188.72
H_2O(液)	−285.83	−237.18	69.91
H_2O_2(液)	−187.78	−120.42	109.62
H_2S(气)	−20.63	−33.56	205.69
Hg(气)	61.317	31.853	174.85
HgO(固，红)	−90.83	−58.555	70.29
I_2(气)	62.683	19.359	260.58
I_2(固)	0	0	116.14
K(固)	0	0	64.18
KCl(固)	−436.747	−409.15	82.59
Mg(固)	0	0	32.68
$MgCl_2$(固)	−641.32	−592.3	89.5
MgO(固)	−601.70	−569.44	26.94
$Mg(OH)_2$(固)	−924.54	−835.58	63.18
Mn(固，α)	0	0	32.01
MnO(固)	−385.22	−362.92	59.71
N_2(气)	0	0	191.50
NH_3(气)	−46.11	−16.48	192.50
NH_3(aq)	−80.29	−26.6	111.3
N_2H_4(液)	50.68	149.24	121.21
NH_4Cl(气)	−314.43	−202.97	94.6

续表

物质	$\frac{\Delta_f H_m^{\ominus}(298)}{kJ \cdot mol^{-1}}$	$\frac{\Delta_f G_m^{\ominus}(298)}{kJ \cdot mol^{-1}}$	$\frac{S_m^{\ominus}(298)}{J \cdot K^{-1} \cdot mol^{-1}}$
NO(气)	90.25	86.57	210.65
NO_2(气)	33.18	51.30	239.95
Na(固)	0	0	51.21
NaCl (固)	−411.15	−384.15	72.13
Na_2O(固)	−414.22	−375.47	75.06
NaOH(固)	−425.609	−379.53	64.455
Ni(固)	0	0	29.87
NiO(固)	−239.7	−211.7	37.99
O_2(气)	0	0	205.03
O_3(气)	142.7	163.2	238.82
P(固,白)	0	0	41.09
Pb(固)	0	0	64.81
$PbCl_2$(固)	−359.40	−317.90	136.0
PbO(固,黄)	−215.38	−187.90	68.70
S(固,正交)	0	0	31.80
SO_2(气)	−296.83	−300.19	248.11
SO_3(气)	−395.72	−371.08	256.65
Si(固)	0	0	18.83
SiO_2(固,α,石英)	−910.94	−856.67	41.84
Sn(固)	0	0	51.55
SnO_2(固)	−580.7	−519.7	52.3
Ti(固)	0	0	30.63
TiO_2(固)	−944.7	−889.5	50.33
Zn(固)	0	0	41.63
ZnO(固)	−348.28	−318.32	43.64
CH_4(气)	−74.848	−50.794	186.19
C_2H_2(气)	226.75	209.20	200.82
C_2H_4(气)	52.283	68.124	219.49
C_2H_6(气)	−84.667	−32.886	229.83
C_6H_6(气)	82.927	129.658	269.20
C_6H_6(液)	49.036	124.139	173.26
CH_3OH(液)	−239.03	−166.82	127.24
C_2H_5OH(液)	−277.69	−174.89	160.7
C_6H_5COOH(固)	−385.05	−245.27	167.57
$C_{12}H_{22}O_{11}$(固)	−2225.5	−1544.7	360.2

附录 2　一些水合离子的标准生成焓、标准生成吉布斯函数和标准熵

水合离子	$\frac{\Delta_f H_m^\ominus(298)}{kJ \cdot mol^{-1}}$	$\frac{\Delta_f G_m^\ominus(298)}{kJ \cdot mol^{-1}}$	$\frac{S_m^\ominus(298)}{J \cdot K^{-1} \cdot mol^{-1}}$
H^+	0.00	0.00	0.00
Na^+	−240.12	−261.89	59.0
K^+	−252.38	−283.26	102.5
Ag^+	105.58	77.124	72.68
NH_4^+	−132.51	−79.37	113.4
Ba^{2+}	−537.64	−560.54	9.6
Ca^{2+}	−542.83	−553.54	−53.1
Mg^{2+}	−466.85	−454.8	−138.1
Fe^{2+}	−89.1	−78.87	−137.7
Fe^{3+}	−48.5	−4.6	−315.9
Cu^{2+}	64.77	65.52	−99.6
Zn^{2+}	−153.89	−147.03	−112.1
Pb^{2+}	−1.7	−24.39	10.5
Mn^{2+}	−220.75	−228.0	−73.6
Al^{3+}	−531	−485	−321.7
OH^-	−229.99	−157.29	−10.75
F^-	−332.63	−278.82	−13.8
Cl^-	−167.16	−131.26	56.5
Br^-	−121.54	−103.97	82.4
I^-	−55.19	−51.59	111.8
HS^-	−17.6	12.05	62.8
HCO_3^-	−691.99	−586.85	91.2
NO_3^-	−207.54	−111.34	146.4
AlO_2^-	−918.8	−823.0	−21
S^{2-}	33.1	85.8	−14.6
SO_4^{2-}	−909.27	−744.63	20.1
CO_3^{2-}	−677.14	−527.90	−56.9

附录 3　一些弱电解质在水溶液中的离解常数(25℃)

酸	$K_a^\ominus$	$pK_a^\ominus$
亚硫酸 H_2SO_3	$(K_{a1}^\ominus)1.29\times10^{-2}$	1.89
	$(K_{a2}^\ominus)$ 6.3×10^{-8}	7.20
磷酸 H_3PO_4	$(K_{a1}^\ominus)7.52\times10^{-3}$	2.12
	$(K_{a2}^\ominus)6.23\times10^{-8}$	7.21
	$(K_{a3}^\ominus)4.8\times10^{-13}$	12.32
亚硝酸 HNO_2	5.1×10^{-4}	3.29
氟化氢 HF	6.8×10^{-4}	3.17
甲酸 HCOOH	1.77×10^{-4}	3.75
醋酸 CH_3COOH	1.76×10^{-5}	4.75
碳酸 H_2CO_3	$(K_{a1}^\ominus)4.30\times10^{-7}$ *	6.37
	$(K_{a2}^\ominus)5.61\times10^{-11}$	10.32
硫化氢 H_2S	$(K_{a1}^\ominus)9.1\times10^{-8}$	7.04
	$(K_{a2}^\ominus)1.1\times10^{-12}$	11.96
次氯酸 HClO	3.0×10^{-8}	7.52
硼酸 H_3BO_3	$(K_{a1}^\ominus)5.8\times10^{-10}$	9.14
氰化氢 HCN	4.93×10^{-10}	9.24
碱	$K_b^\ominus$	$pK_b^\ominus$
氨 NH_3	1.77×10^{-5}	4.75

* 这是习惯上沿用的碳酸一级离解常数，实际上它等于以下两个平衡的离解常数的积：

(1)$CO_2(aq)+H_2O \rightleftharpoons H_2CO_3(aq)$；$K_1^\ominus=\dfrac{c(H_2CO_3)}{c(CO_2)}=2.5\times10^{-2}$

(2)$H_2CO_3(aq) \rightleftharpoons H^+(aq)+HCO_3^-(aq)$；$K_2^\ominus=\dfrac{c(H^+)c(HCO_3^-)}{c(H_2CO_3)}=1.74\times10^{-4}$

(1)+(2)得 $CO_2(aq)+H_2O(l) \rightleftharpoons H^+(aq)+HCO_3^-(aq)$，

$$K^\ominus=\frac{c(H^+)c(HCO_3^-)}{c(CO_2)}=K_1^\ominus\cdot K_2^\ominus=4.3\times10^{-6}$$

附录 4　一些难溶电解质的溶度积(25℃)

难溶物质	化学式	溶度积
溴化银	$AgBr$	5.2×10^{-13}
氯化银	$AgCl$	1.8×10^{-10}
铬酸银	Ag_2CrO_4	1.1×10^{-12}
碘化银	AgI	8.3×10^{-17}
氢氧化银	$AgOH$	1.9×10^{-8}
硫化银	Ag_2S	6.3×10^{-50}
硫酸银	Ag_2SO_4	1.4×10^{-5}
碳酸钡	$BaCO_3$	5.1×10^{-9}
铬酸钡	$BaCrO_4$	1.2×10^{-10}
硫酸钡	$BaSO_4$	1.1×10^{-10}
碳酸钙	$CaCO_3$	2.8×10^{-9}
氟化钙	CaF_2	3.4×10^{-11}
硫酸钙	$CaSO_4$	9.1×10^{-6}
硫化镉	CdS	8.0×10^{-27}
氢氧化铜	$Cu(OH)_2$	2.2×10^{-20}
硫化铜	CuS	6.3×10^{-36}
氢氧化亚铁	$Fe(OH)_2$	8.0×10^{-16}
氢氧化铁	$Fe(OH)_3$	4.0×10^{-38}
硫化亚铁	FeS	6.3×10^{-18}
硫化汞	HgS(红)	4.0×10^{-53}
碳酸镁	$MgCO_3$	3.5×10^{-8}
氢氧化镁	$Mg(OH)_2$	1.8×10^{-11}
氢氧化锰	$Mn(OH)_2$	1.9×10^{-13}
氢氧化铬	$Cr(OH)_3$	6.3×10^{-31}
氢氧化镍	$Ni(OH)_2$	2.0×10^{-15}
碳酸铅	$PbCO_3$	7.4×10^{-14}
铬酸铅	$PbCrO_4$	2.8×10^{-13}
碘化铅	PbI_2	7.1×10^{-9}
硫化铅	PbS	1.0×10^{-28}
硫酸铅	$PbSO_4$	1.6×10^{-8}
氢氧化铅	$Pb(OH)_2$	1.2×10^{-15}
碳酸锌	$ZnCO_3$	1.4×10^{-11}
硫化锌(α)	ZnS	1.6×10^{-24}

附录 5　一些电对的标准电极电势(25℃)

电对 (氧化态/还原态)	电极反应 (氧化态 + ne^- ⇌ 还原态)	电极电势/V
Li^+/Li	$Li^+(aq)+e^- \rightleftharpoons Li(s)$	−3.045
K^+/K	$K^+(aq)+e^- \rightleftharpoons K(s)$	−2.924
Ca^{2+}/Ca	$Ca^{2+}(aq)+2e^- \rightleftharpoons Ca(s)$	−2.76
Na^+/Na	$Na^+(aq)+e^- \rightleftharpoons Na(s)$	−2.7109
Mg^{2+}/Mg	$Mg^{2+}(aq)+2e^- \rightleftharpoons Mg(s)$	−2.375
Al^{3+}/Al	$Al^{3+}(aq)+3e^- \rightleftharpoons Al(s)$(0.1mol·$L^{-1}$ NaOH)	−1.706
Mn^{2+}/Mn	$Mn^{2+}(aq)+2e^- \rightleftharpoons Mn(s)$	−1.029
Zn^{2+}/Zn	$Zn^{2+}(aq)+2e^- \rightleftharpoons Zn(s)$	−0.7628
Fe^{2+}/Fe	$Fe^{2+}(aq)+2e^- \rightleftharpoons Fe(s)$	−0.4402
Cd^{2+}/Cd	$Cd^{2+}(aq)+2e^- \rightleftharpoons Cd(s)$	−0.4026
Co^{2+}/Co	$Co^{2+}(aq)+2e^- \rightleftharpoons Co(s)$	−0.28
Ni^{2+}/Ni	$Ni^{2+}(aq)+2e^- \rightleftharpoons Ni(s)$	−0.23
Sn^{2+}/Sn	$Sn^{2+}(aq)+2e^- \rightleftharpoons Sn(s)$	−0.1364
Pb^{2+}/Pb	$Pb^{2+}(aq)+2e^- \rightleftharpoons Pb(s)$	−0.1263
H^+/H_2	$2H^+(aq)+2e^- \rightleftharpoons H_2$	0.0000
$S_4O_6^{2-}/S_2O_3^{2-}$	$S_4O_6^{2-}(aq)+2e^- \rightleftharpoons 2S_2O_3^{2-}$	0.09
S/H_2S	$S(s)+2H^+(aq)+2e^- \rightleftharpoons H_2S(aq)$	+0.141
Sn^{4+}/Sn^{2+}	$Sn^{4+}(aq)+2e^- \rightleftharpoons Sn^{2+}(aq)$	+0.15
SO_4^{2-}/H_2SO_3	$SO_4^{2-}(aq)+4H^+(aq)+2e^- \rightleftharpoons H_2SO_3(aq)+H_2O$	+0.20
$HgCl_2/Hg$	$Hg_2Cl_2(s)+2e^- \rightleftharpoons 2Hg(l)+2Cl^-(aq)$	+0.2682
Cu^{2+}/Cu	$Cu^{2+}(aq)+2e^- \rightleftharpoons Cu(s)$	+0.3402
O_2/OH^-	$O_2(g)+2H_2O+4e^- \rightleftharpoons 4OH^-(aq)$	+0.401
Cu^+/Cu	$Cu^+(aq)+e^- \rightleftharpoons Cu(s)$	+0.522
I_2/I^-	$I_2(s)+2e^- \rightleftharpoons 2I^-(aq)$	+0.535
O_2/H_2O_2	$O_2(g)+2H^+(aq)+2e^- \rightleftharpoons H_2O_2(aq)$	+0.682
Fe^{3+}/Fe^{2+}	$Fe^{3+}(aq)+e^- \rightleftharpoons Fe^{2+}(aq)$	0.770
Hg_2^{2+}/Hg	$Hg_2^{2+}(aq)+2e^- \rightleftharpoons 2Hg(l)$	+0.7986
Ag^+/Ag	$Ag^+(aq)+e^- \rightleftharpoons Ag(s)$	+0.7996
Hg^{2+}/Hg	$Hg^{2+}(aq)+2e^- \rightleftharpoons Hg(l)$	+0.851
NO_3^-/NO	$NO_3^-(aq)+4H^+(aq)+4e^- \rightleftharpoons NO(g)+2H_2O$	+0.96
HNO_2/NO	$HNO_2(aq)+H^+(aq)+e^- \rightleftharpoons NO(g)+H_2O$	+0.99
Br_2/Br^-	$Br_2(l)+2e^- \rightleftharpoons 2Br^-(aq)$	+1.065
MnO_2/Mn	$MnO_2(s)+4H^+(aq)+2e^- \rightleftharpoons Mn^{2+}(aq)+2H_2O$	+1.208
O_2/H_2O	$O_2(g)+4H^+(aq)+4e^- \rightleftharpoons 2H_2O$	+1.229
$Cr_2O_7^{2-}/Cr^{3+}$	$Cr_2O_7^{2-}(aq)+14H^+(aq)+6e^- \rightleftharpoons 2Cr^{3+}(aq)+7H_2O$	+1.33
Cl_2/Cl^-	$Cl_2(g)+2e^- \rightleftharpoons 2Cl^-(aq)$	+1.3583
MnO_4^-/Mn^{2+}	$MnO_4^-(aq)+8H^+(aq)+5e^- \rightleftharpoons Mn^{2+}(aq)+4H_2O$	+1.491
H_2O_2/H_2O	$H_2O_2(aq)+2H^+(aq)+2e^- \rightleftharpoons 2H_2O$	+1.776
$S_2O_8^{2-}/SO_4^{2-}$	$S_2O_8^{2-}(aq)+2e^- \rightleftharpoons 2SO_4^{2-}(aq)$	+2.0
F_2/F^-	$F_2(g)+2e^- \rightleftharpoons 2F^-(aq)$	+2.87

附录 6　一些配离子的稳定常数和不稳定常数(25℃)

配离子	$K_{稳}$	$\lg K_{稳}$	$K_{不稳}$	$\lg K_{不稳}$
$[AgBr_2]^-$	2.14×10^{7}	7.33	4.67×10^{-8}	−7.33
$[Ag(CN)_2]^-$	1.26×10^{21}	21.1	7.94×10^{-22}	−21.1
$[AgCl_2]^-$	1.10×10^{5}	5.04	9.09×10^{-6}	−5.04
$[AgI_2]^-$	5.5×10^{11}	11.74	1.82×10^{-12}	−11.74
$[Ag(NH_3)_2]^+$	1.12×10^{7}	7.05	8.93×10^{-8}	−7.05
$[Ag(S_2O_3)_2]^{3-}$	2.89×10^{13}	13.46	3.46×10^{-14}	−13.46
$[Ag(py)_2]^+$	1×10^{10}	10.0	1×10^{-10}	−10.0
$[Co(NH_3)_6]^{2+}$	1.29×10^{5}	5.11	7.75×10^{-6}	−5.11
$[Cu(CN)_2]^-$	1×10^{24}	24.0	1×10^{-24}	−24.0
$[Cu(NH_3)_2]^+$	7.24×10^{10}	10.86	1.38×10^{-11}	−10.86
$[Cu(NH_3)_4]^{2+}$	2.09×10^{13}	13.32	4.78×10^{-14}	−13.32
$[Cu(P_2O_7)_2]^{6-}$	1×10^{9}	9.0	1×10^{-9}	−9.0
$[Cu(SCN)_2]^-$	1.52×10^{5}	5.18	6.58×10^{-6}	−5.18
$[Fe(CN)_6]^{3-}$	1×10^{42}	42.0	1×10^{-42}	−42.0
$[FeF_6]^{3-}$	2.04×10^{14}	14.31	4.90×10^{-15}	−14.31
$[HgBr_4]^{2-}$	1×10^{21}	21.0	1×10^{-21}	−21.0
$[Hg(CN)_4]^{2-}$	2.51×10^{41}	41.4	3.98×10^{-42}	−41.4
$[HgCl_4]^{2-}$	1.17×10^{15}	15.07	8.55×10^{-16}	−15.07
$[HgI_4]^{2-}$	6.76×10^{29}	29.83	1.48×10^{-30}	−29.83
$[Ni(NH_3)_6]^{2+}$	5.50×10^{8}	8.74	1.82×10^{-9}	−8.74
$[Ni(en)_3]^{2+}$	2.14×10^{18}	18.33	4.67×10^{-19}	−18.33
$[Zn(CN)_4]^{2-}$	5.0×10^{16}	16.7	2.0×10^{-17}	−16.7
$[Zn(NH_3)_4]^{2+}$	2.87×10^{9}	9.46	3.48×10^{-10}	−9.46
$[Zn(en)_2]^{2+}$	6.67×10^{10}	10.83	1.48×10^{-11}	−10.83

元 素 周 期 表

原子序数——92U——元素符号
元素名称——铀
$5f^36d^17s^2$——外层电子排布，加括号指可能的排布
238.0——原子量
注*的是人造元素

族 周期	I A	II A	IIIB	IVB	VB	VIB	VIIB	VIII			I B	II B	IIIA	IVA	VA	VIA	VIIA	0	电子层
1	1H 氢 $1s^1$ 1.008																	2He 氦 $1s^2$ 4.003	K
2	3Li 锂 $2s^1$ 6.941	4Be 铍 $2s^2$ 9.012											5B 硼 $2s^22p^1$ 10.81	6C 碳 $2s^22p^2$ 12.01	7N 氮 $2s^22p^3$ 14.01	8O 氧 $2s^22p^4$ 16.00	9F 氟 $2s^22p^5$ 19.00	10Ne 氖 $2s^22p^6$ 20.18	L
3	11Na 钠 $3s^1$ 22.99	12Mg 镁 $3s^2$ 24.31											13Al 铝 $3s^23p^1$ 26.98	14Si 硅 $3s^23p^2$ 28.09	15P 磷 $3s^23p^3$ 30.97	16S 硫 $3s^23p^4$ 32.07	17Cl 氯 $3s^23p^5$ 35.45	18Ar 氩 $3s^23p^6$ 39.95	M
4	19K 钾 $4s^1$ 39.10	20Ca 钙 $4s^2$ 40.08	21Sc 钪 $3d^14s^2$ 44.96	22Ti 钛 $3d^24s^2$ 47.88	23V 钒 $3d^34s^2$ 50.94	24Cr 铬 $3d^54s^1$ 52.00	25Mn 锰 $3d^54s^2$ 54.94	26Fe 铁 $3d^64s^2$ 55.85	27Co 钴 $3d^74s^2$ 58.93	28Ni 镍 $3d^84s^2$ 58.69	29Cu 铜 $3d^{10}4s^1$ 63.55	30Zn 锌 $3d^{10}4s^2$ 65.39	31Ga 镓 $4s^24p^1$ 69.72	32Ge 锗 $4s^24p^2$ 72.61	33As 砷 $4s^24p^3$ 74.92	34Se 硒 $4s^24p^4$ 78.96	35Br 溴 $4s^24p^5$ 79.90	36Kr 氪 $4s^24p^6$ 83.80	N
5	37Rb 铷 $5s^1$ 85.47	38Sr 锶 $5s^2$ 87.62	39Y 钇 $4d^15s^2$ 88.91	40Zr 锆 $4d^25s^2$ 91.22	41Nb 铌 $4d^45s^1$ 92.91	42Mo 钼 $4d^55s^1$ 95.94	43Tc 锝 $4d^55s^2$ [98]	44Ru 钌 $4d^75s^1$ 101.1	45Rh 铑 $4d^85s^1$ 102.9	46Pd 钯 $4d^{10}$ 106.4	47Ag 银 $4d^{10}5s^1$ 107.9	48Cd 镉 $4d^{10}5s^2$ 112.4	49In 铟 $5s^25p^1$ 114.8	50Sn 锡 $5s^25p^2$ 118.7	51Sb 锑 $5s^25p^3$ 121.8	52Te 碲 $5s^25p^4$ 127.6	53I 碘 $5s^25p^5$ 126.9	54Xe 氙 $5s^25p^6$ 131.3	O
6	55Cs 铯 $6s^1$ 132.9	56Ba 钡 $6s^2$ 137.3	57-71 La-Lu 镧系	72Hf 铪 $5d^26s^2$ 178.5	73Ta 钽 $5d^36s^2$ 180.9	74W 钨 $5d^46s^2$ 183.9	75Re 铼 $5d^56s^2$ 186.2	76Os 锇 $5d^66s^2$ 190.2	77Ir 铱 $5d^76s^2$ 192.2	78Pt 铂 $5d^96s^1$ 195.1	79Au 金 $5d^{10}6s^1$ 197.0	80Hg 汞 $5d^{10}6s^2$ 200.6	81Tl 铊 $6s^26p^1$ 204.4	82Pb 铅 $6s^26p^2$ 207.2	83Bi 铋 $6s^26p^3$ 209.0	84Po 钋 $6s^26p^4$ [210]	85At 砹 $6s^26p^5$ [210]	86Rn 氡 $6s^26p^6$ [222]	P
7	87Fr 钫 $7s^1$ [223.0]	88Ra 镭 $7s^2$ 226.0	89-103 Ac-Lr 锕系	104Unq * $(6d^27s^2)$ [261]	105Unp * $(6d^37s^2)$ [262]	106Unh * $(6d^47s^2)$ [263]	107Uns * $(6d^57s^2)$ [262]	108Uno * $(6d^67s^2)$ [265]	109Une * $(6d^77s^2)$ [266]										Q

镧系	57La 镧 $5d^16s^2$ 138.9	58Ce 铈 $4f^15d^16s^2$ 140.1	59Pr 镨 $4f^36s^2$ 140.9	60Nd 钕 $4f^46s^2$ 144.2	61Pm 钷 $4f^56s^2$ [144.9]	62Sm 钐 $4f^66s^2$ 150.4	63Eu 铕 $4f^76s^2$ 152.0	64Gd 钆 $4f^75d^16s^2$ 157.3	65Tb 铽 $4f^96s^2$ 158.9	66Dy 镝 $4f^{10}6s^2$ 162.5	67Ho 钬 $4f^{11}6s^2$ 164.9	68Er 铒 $4f^{12}6s^2$ 167.3	69Tm 铥 $4f^{13}6s^2$ 168.9	70Yb 镱 $4f^{14}6s^2$ 173.0	71Lu 镥 $4f^{14}5d^16s^2$ 175.0
锕系	89Ac 锕 $6d^17s^2$ 227.0	90Th 钍 $6d^27s^2$ 232.0	91Pa 镤 $5f^26d^17s^2$ 231.0	92U 铀 $5f^36d^17s^2$ 238.0	93Np 镎 $5f^46d^17s^2$ 237.0	94Pu 钚 $5f^67s^2$ [239.1]	95Am 镅* $5f^77s^2$ [243.1]	96Cm 锔* $5f^76d^17s^2$ [247.1]	97Bk 锫* $5f^97s^2$ [247.1]	98Cf 锎* $5f^{10}7s^2$ [252.1]	99Es 锿* $5f^{11}7s^2$ [252.1]	100Fm 镄* $5f^{12}7s^2$ [257.1]	101Md 钔* $(5f^{13}7s^2)$ [256.1]	102No 锘* $(5f^{14}7s^2)$ [259.1]	103Lr 铹* $(5f^{14}6d^17s^2)$ [260.1]